II

뉴턴도 놀란

영재들의 물리노트

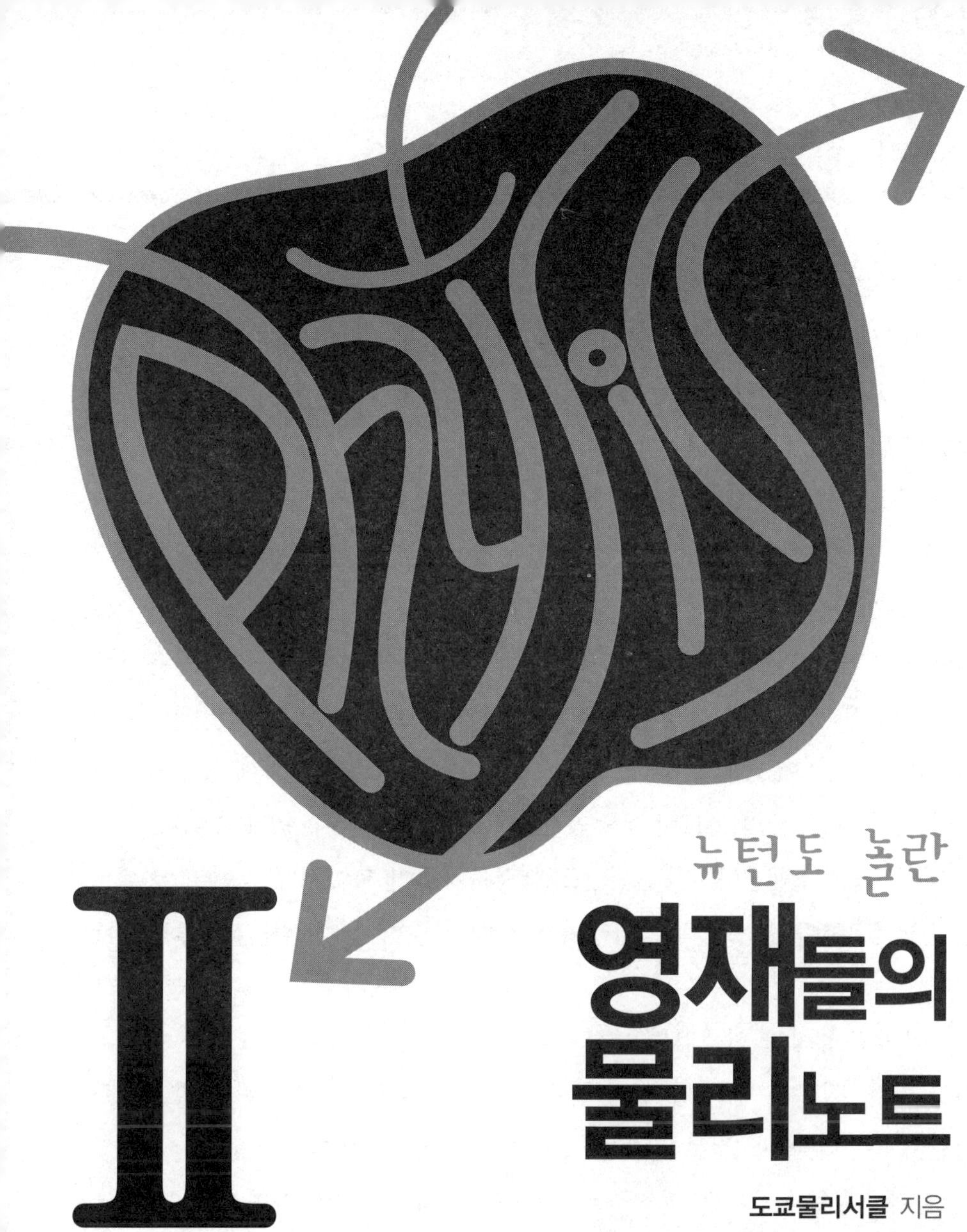

뉴턴도 놀란

영재들의 물리노트

II

도쿄물리서클 지음

영재들을 위한 과학교사 모임 옮김

이치 ichi SCIENCE

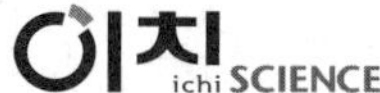

사람들은 자연을 알게 되면서 수없이 많이 '왜?' 라는 질문을 하게 된다. 그래서 이 책에서는 이러한 100여 가지의 질문에 답하고자 한다. 특히 중·고등학교에서 배우는 물리 과목에서 나올 수 있는 질문에 좋은 대답이 될 수 있을 것이다.

'왜?' 는 전국의 초등학교·중학교·고등학교의 선생님들이 수업 시간 또는 일상생활에서 가질 수 있는 가치 있는 질문에 대한 물음과 답을 모아 놓은 것이다.

예를 들면, '검은 것은 열선을 잘 흡수한다.' 고 이야기하면, 학생들은 '우주공간은 캄캄해서 태양열을 잘 흡수하기 때문에 매우 고온일 것이다.' 고 말한다. 이것에 대해 이어지는 질문과 답은 '열은 어떻게 흡수되는가?', '우주공간의 온도란 무엇인가?' 등으로 전개될 수 있을 것이다.

'왜?' 라는 질문을 받은 선생님들과 전문가들이 모여서 생각하고 토론하여 정리하였다. 또, 선생님들이 평소에 궁금하여 깨우친 질문들도 있다.

도쿄의 고등학교 선생님들은 정기적으로 연구를 하기 위한 모임을 가지고 있다. 질문에 대한 답을 이 연구회에서 토론하고 수정하면서 많은 시간이 흘렀다. 어떤 질문은 공동 집필로 바뀌기도 하였다.

의논을 계속하고 책을 편집하는 동인 많은 시간이 지니가면서 한 권으로 계획한 이 책이 보는 것처럼 2권이 되었다.

여러 사람들이 오랜 시간 의논하여 집필하였기 때문에 단위나 물리량의 표기가 통일되지 않은 것도 있다. 통일하는 것도 좋지만, 어느 것이나 현실에서 사용되고 있는 것이므로 그대로 둔 것이다. 예를 들면, 힘 단위의 표기에서 kg중, kgw, kgf를 모두 사용하였다.

이 책이 출판되었기 때문에 이제는 선생님들이 독자 여러분들에게 비판을 받을 차례이다. 아무쪼록 많은 의견을 보내주기 바란다. 이제는 여러분이 물리의 토론자이며, 편집자인 것이다.

이 책이 출판되기까지 많은 도움을 주신 여러분들에게 감사드린다.

편집위원회 에자와 히로시

머리말

이 책은 평소에 궁금해 하던 121가지 질문에 대해 상세하면서도 과학적으로 설명한 책이다. 121가지 질문과 답 중에서 몇 가지 예를 들면, 초능력은 믿을 수 있는가? 중력과 만유인력의 차이를 알려주시면 내공 20 드려요, 물리에 왜 미분 적분이 필요한가? 스윙바이란 무엇인가? 자전거는 왜 넘어지지 않는가? 스키의 회전은 어떻게 가능한가? 빛과 전자가 입자이면서 파동이라는 것의 의미는? 일반 상대론에 의하지 않는 쌍둥이 패러독스에 대하여 논하라, 원폭 개발과 아인슈타인의 책임에 대하여 논하라, 우주에 끝이 있는가? 궁극의 이론은 존재하는가 등이다.

인터넷으로 검색해 본 적이 있는 것도 있고, 과학 논술에 나온 적이 있는 주제도 있다. 어떤 부분은 조금 어려울 수도 있지만, 여러 전문가들이 책임감을 가지고 설명한 글을 보면서 이 세상과 우주에 대한 깨달음을 얻었으면 좋겠다. 아침 햇빛에 어두움이 걷히듯이 말이다.

의문을 가지는 것은 과학의 싹을 가진 것이고, 관찰하고 생각하고 정리하는 것은 과학의 줄기이며, 수수께끼가 풀리는 것은 과학의 꽃이라고 하였다. 싹을 틔우고 꽃을 피울 수 있을 정도로 좋은 글을 어러분도

읽을 수 있길 바란다.

　도쿄물리서클에서 많은 토론과 검토를 거쳐 설명한 주옥같은 글들을 부족한 역량으로 독자들에게 잘 전달하지 못할까봐 두렵기도 하다. 그러나 이치 사이언스의 적극적인 지원으로 출간하였으며, 독자 여러분들의 지도 편달로 완성될 것이다.

2008. 6. 역자

목차

7. 인간 · 사회와 물리의 왜?

8. 물체의 운동과는 전혀 다른 파동의 왜?

11 참된 모습의 물질 · 원자 · 원자핵의 왜?

인간·사회와
물리의
7
왜?

065: 물리는 전쟁 덕분에 발달했다는 것이 정말인가?

✪ 전쟁이 없으면 물리는 발전하지 않는가?

과학 기술은 전쟁 덕분에 발달한다. 또는 전쟁이 없으면 발달하지 않는다고 흔히 말한다. 그러나 이것은 잘못된 생각이다. 만약 전쟁에 사용하는 돈을 평화를 위한 과학에 투자하면 그만큼 더 발전할 것이다. 문제는 전쟁 중이 아니면 사회가 돈을 제공하지 않는다는 것이다. 이것에 대해서 사카타 쇼이치(坂田昌一)는 "역사상 새롭고 보다 우수한 병기를 만드는 기술의 진보는 자주 승리와 패배의 결정적인 계기가 되었다. 따라서 과학과 기술의 발전을 원하는 군사적 요구는 평화적인 요구에 비해서 훨씬 절실하였다. 지금까지의 사회 체제는 군사적 연구에는 항상 비용을 아끼지 않았으므로 평화를 위한 과학의 비용을 내기보다도, 전쟁을 위한 과학에 비용을 투자하려고 한 것이었다. 평화를 위한 과학 기술은 인류의 진보를 위하여 조화로운 발전을 수행하려고 한다. 전쟁을 위한 과학 기술은 '아우슈비츠(Auschwitz)'가 되고 '히로시마(Hiroshima)'가 된다. 따라서 과학을 발전시켰다고 해서 전쟁을 찬미하는 것은 잘못이

며, 인류의 진보 때문에 과학의 발전을 방해해온 모순을 포함한 사회체
제야말로 규탄되지 않으면 안 되는 것이다.”라고 말했다.

❂ 전쟁은 얼마만큼 자원을 낭비하는가?

막대한 금액이 군비에 투입되고 있는 것을 상식적으로 알고 있지만
구체적으로 자원이 얼마만큼 사용되고 있는가에 대해서 신뢰할 수 있는
통계는 그다지 찾아볼 수 없다. 지금은 휴간된 〈자연〉 1976년 3월호는
‘AMBIO’ 75년 제6호의 스톡홀름 국제평화문제연구소의 R. H.
Huisken의 보고를 게재하고 있다. 좀 오래됐지만 희귀한 자료이므로
한번 보도록 하자.

우선, 세계의 군비 투입 금액은 제2차 세계 대전 전의 세계 총생산의
3 %에서 1975년에는 6 %로 상승하고 있다.

다음으로, 어느 정도의 자원이 군비에 사용되고 있는가? 미국 이외에
신뢰할 수 있는 통계가 없으므로 미국의 예에서 보면, 1970년에 미국의
전체 수요에서 군수(軍需)가 차지하는 비율은 아래 표와 같다.

알루미늄 14.0 %	구리 13.7 %	납 11.0 %
철 7.5 %	석유 4.8 %	망간 7.5 %

구리의 군사적 사용량은 25만 톤이고 이것은 중국의 전 생산량의 2배
이다. 매우 많은 것은 티탄으로 전체 수요의 40 %인 4,800톤이 사용되
고 있다. 전투기 F 14, 15 등은 1/3이, 정찰기 SR 71은 대부분 티탄으
로 만들어져 있다. 최근 티탄 제품이 사용되고 있는 것은 이 영향일까?

석유 소비는 미국의 경우 7~7.5억 배럴로 추정되는데, 이것은 아프
리카 제국의 연간 소비량의 2배에 상당한다.

이만한 양의 자원이 인간생활과는 인연이 없는 곳에 사용되고 있다.

❖ 전쟁과 경제에 관한 보고

경제 전반에서는 어떠한가? '군축 문제를 생각하는 경제인 모임 ECCAR의 제2회 심포지움록(錄)'(《군축과 안전보장의 경제학》 핫토리 아키라(服部彰) 편, 다가(多賀)출판, 1995)에 의한 새로운 보고를 보자.

❶ 케네스애로(Kenneth · Joseph Arrow) 보고

전쟁 중에는 국민 소득의 60 % 이상이 군비의 조달이나 군사 인원을 유지하는 데 사용되고 그 대부분은 결국 급속하게 파괴된다. 이란과 이라크 전쟁은 100만 명의 인명이 희생되었고 만안 전쟁[1](걸프 전쟁)은 국제 연합 가맹국가에 700억 달러의 비용을 부담시켰으며, 이라크 전에 사용된 비용은 추정치조차 나와 있지 않다. 전쟁은 전체 국민의 생산 능력과 경제에 필요한 노동과 기능을 괴멸시킨다. 전 세계적으로 총생산의 약 5 % 정도가 군비에 소요되고 있다.

연구개발 연구원에 대한 군용 재료의 특징은 단위당의 산출액에 대해서 높은 비율, 즉 약 10배나 되는 비용을 사용한다(비싼 편이다).

서구 선진국에서는, 경제를 안정시키고 심각한 경제 후퇴로 빠지는 것을 막을 수 있는 유효 수요의 중요 요인 중 하나로, 군사 지출이 도움된다는 생각이 오랫동안 널리 받아들여지고 있었다. 실제로 미국이나 영국에서는 심각했던 1930년대의 불황을 전쟁에 의한 군사 지출로 극복하였다. 그렇지만 지금은 다른 형태의 정부 지출에 비해서 군사 지출

---

1 ● 만안 전쟁 : 이라크의 쿠웨이트 침탈이 계기가 되어 1991년 1월 17일~2월 28일까지 미국, 영국, 프랑스 등 34개 다국적군이 이라크를 상대로 이라크 쿠웨이트를 무대로 전개된 전쟁.

이 특별한 장점을 갖고 있지 않다.

❷ 미야자키 이사무(宮崎勇) 보고

군수 산업에서는 시장 원리가 충분히 작동되지 않는다(즉, 과잉 지출로 인한 낭비가 많다). 선진국의 ODA(정부개발원조)는 군사비의 약 17분의 1이다. 군비 축소를 통해 절감한 비용을 개발 도상국에 대한 경제 원조로 전환할 수 있다.

❸ 스타니슬라프 멘시코프(Stanislav Menshikov) 보고

구소련은 국내총생산(GDP)의 20 % 상당액을 군사 목적으로 지출하여 왔다.

❹ 로버트 J.슈와르츠(Robert J. Schwartz) 보고

국제 연합 개발 계획의 최신 연차 보고에 의하면 세계의 군사 지출은 8,150억 달러이다. 이것은 세계 인구의 49 %의 연간 총수입액에 해당한다. 모든 국가가 군사 지출을 연 3 % 줄이기만 해도 1995년부터 2000년 사이에 인적 개발을 위한 '배당' 이 4,600억 달러나 생긴다.

국제 연합의 추정 계산에 의하면 환경 계획에는 연간 1,250억 달러가 필요하다. 또 현재 세계 인구의 부유한 6분의 1이 전 세계 부의 6분의 5를 차지하며, 10억 명이 빈곤 상태로 방치되고 있다. 그러고도 개발 도상국에서는 정부 지출의 3분의 1은 정부 채무의 지불에 사용되며, 3분의 1은 급료의 지급에, 나머지 3분의 1은 사회 복지에 사용되고 있다. 만약 군사력 증강에 낭비하고 있는 이들 자원을 생산적 활동에 투자하면 지속 가능한 개발이 가능하게 되며, 모든 사람들이 생산적이고 풍요로운 생활을 할 수 있다.

민간 산업은 군수 산업으로 활용되지만 군수 산업에서 개발된 기술은 민간 산업에 그리 도움이 되지 않는다.

❺ J. 브래우어(J. Brawre) 보고

공격과 방어의 비용을 비교해 보면 지키는 쪽이 싸다.

공격 측 　　니미츠(Nimitz)형 항공모함 190~200억 달러에 대하여,

방위 측 　　엑조세 미사일(Exocet missile)은 25만~50만 달러.

공격 측 　　전차 100만~200만 달러에 대해,

방위 측 　　대전차 미사일은 1만~5만 달러.

공격 측 　　F16 3500만 달러에 대하여,

방위 측 　　대공미사일은 10만 달러.

✪ 일본의 전쟁과 경제

〈자연〉 1954년 4월 호로부터 1년 동안에 하야시 가쓰야(林克也)가 '일본의 군사기술사'를 실었다. 그것에 의하면, 1926년부터 패전한 1945년 사이에

국민 소득 합계　　3,860억 6,000만 엔

정부 세입 총계　　1,165억 8,994만 엔

정부 지출　　　　1,074억 6,845만 엔

나머지　　　　　91억 2,149만 엔은 정부 잉여금 이익

이중 군사비　　육군비　　68억 7,247만 엔

　　　　　　　해군비　　115억 3,015만 엔

　　　　　　　군수성비　28억　989만 엔

　　　　　　　합계　　212억 1,251만 엔

으로 국민 소득의 5.5 %, 세출 결산의 19.8 %를 차지한다.

이 외에 기밀사용 용도의 임시 군사비 예산액 2,221억 6,500만 엔이 존재하며, 이 결산은 1,654억 1,400만 엔이다.

1926~1989년의 직접 군사비는 일반 회계와 임시 군사비 합계 1,945억 1,851만 엔이다. 간접 군사비를 합하면 2,000억 엔을 훨씬 넘는다. 이것은 일본 국민이 20년간에 걸쳐 생활을 희생하여 얻은 부의 52 %에 해당하며, 군사비를 제외한 정부 지출 총계 862억 5,594만 엔의 2.3배에 달한다(히로시게 데츠(廣重徹)《과학의 사회사》, 주오코론샤, 1973도 참조).

☼ 일본 군사비의 문제점

일본 군사비에 관한 내용을 하야시는 다음과 같이 분석한다.

❶ 옛날 메이지(明治) 유신 때 외국으로부터 남북전쟁·크리미어(Crimea)전쟁·나폴레옹(Napoleon)의 러시아 원정·프러시아(Prussia)-오스트리아 전쟁에서 사용했던 중고 소총을 대량으로 일본에 팔아 넘겼다. 일본은 국제적 군수 산업의 좋은 먹잇감이었다.

❷ 군수 산업과의 부패한 결탁을 볼 수 있다. 연간 생산 능력보다 발주액(發注額)이 훨씬 더 많은 예가 허다하다. 예를 들면, 군수성 항공병기총국은 고토(興東) 특수공업에 항공용 가솔린 자동차 930대를 1943년에 발주하고 총금액 456억 엔의 70 %를 지불하였는데, 패전까지 납품은 불과 32대에 불과하다. 미쓰비시(三菱) 중공업만 해도 패전 직전에 13억 엔이 지불되었으며 나카지마(中島) 비행기에는 자본금 3,000만 엔에 대하여 관 설비(官設備) 1억 엔을 붙여 2억 3,400만 엔을 지불하였다. 즉, 돈을 물 쓰듯 낭비하였고 특정한 기업을 우대하였다.

❸ 기술자를 우대하지 않고 기준도 없이 소집하여 일개 병사로서 낭비하였다.

❹ 비밀주의와 비과학적인 계획에 의해 오히려 생산력 저하를 초래하

여 기술의 체계화 및 조직화를 방해하였다.

즉, 눈앞의 군사용 우선 정책으로 오히려 과학과 생산 기술의 결합을 방해하는 등 전쟁에 의해서 과학이 발전하기는커녕 소외되었다는 분석이다.

또 특정한 군수 산업과의 유착에 의한 부패가 항상 생기고 있다. 1998년에 방위청 조달실시본부가 기업과 결탁해 필요 경비를 높게 견적하였고, 이로 인해 원래 기업이 국가에 반환하여야 하는 금액을 감액하여 총 35억 엔의 손해를 국민에게 안겨 주었다(1999년 동경지방재판소 판결). 그 담보물에 상급 관청이 일방적 지시를 요구하였던 것이다. 이것은 군 관련 업무의 폐쇄성에 언제나 붙어 다닌다고 할 수 있을 것이다. 또 비과학적인 가미카제(神風)특공대, 기지의 업무에 피폐된 인간을 몰아세우기 위하여 사용된 필로폰(Philopon) 등은 과학을 악용한 상징적 예이다.

과학이란 자연과 사회에 존재하는 객관적 사실과 그 논리이다. 그 자체는 선악도 없다. 그러나 그것을 기술로 응용할 때 사회적인 힘(의식도 포함해서)이 작용한다. 금세기에 들어서자 기술과 산업의 관계는 급속하게 긴밀해졌다. 지금까지 보아온 것처럼 기술이 군사와 강하게 결부하여, 또 기업의 이윤을 위한 대량 생산과도 밀접하게 결부됨에 따라, 과학의 논리보다도 군사나 이윤의 논리가 우선되었다. 따라서 과학자는 과학을 기술에 응용하는 데 있어서, 인류의 일원으로 그 기술이 과학적으로 어떠한 결과를 가져오는가에 대한 전망을 확실히 사람들에게 나타내는 것이 중요하게 되었다.

물리학자는
물리만 연구하면 되는가?

미국 물리학회에서의 토론

물리학자의 모임인 물리학회는 사회의 중요 문제에 대해서 어떻게 대응하여야 하는가? 이 문제에 대해 미국물리학회에서 1967년 5월부터 1년간 계속된 논쟁의 귀중한 기록(Physics Today가 무대가 된)이, 지금은 휴간된 잡지〈자연〉 1969년 3월호에 게재되어 있다. 귀중한 기록이라고 생각되어 그 내용의 개요를 여기에 다시 기록한다.

이사히(朝日) 신문에시는 1967년 5월, 일본 물리학회가 주최한 반도체 국세회의에 미군 사금이 노입뇌었다고 보노했다. 이 셜의는 일본 불리학회에서 논의된 후 유명해졌다. 이 무렵에 미국의 물리학자 슈와르츠(Charles Schwartz)는 베트남 전쟁에 대해서 미국 물리학회(APS) 회원의 지상 토론을 호소하는 편지를 〈Physics Today〉지에 투고한다. 슈와르츠는 스스로가 베트남 전쟁이 잘못이라는 입장을 명백히 하면서, 베트남 전쟁에 괸한 개인 수준의 긴행물상에서 논쟁이 일어나 수 개월 이내에 우리들이 무언가 의미 있는 행동을 취할 수 있도록 간절히

희망했다. 그리고 학회는 그와 같은 정치 문제에 말려 들어가서는 안 되며 틀림없이 그것에 관해서 공개 논쟁을 해야 한다고 이 편지의 목적에 대해 말했다.

또한 '수공업적인 물리(string and sealing-wax physics) 시대에는 학회가 회원의 공동 이익을 위해서만 존재하였다. 그러나 제2차 세계 대전 이래 학회의 회원 수는 대폭 증가하였지만, 이것은 연구에 대한 정부의 원조, 더욱이 기술적 협력을 얻고자 하는 산업계의 요청이 증대한 결과로서 일어난 것이다. 지금 물리학이 정부나 산업계와 긴밀하게 결탁하고 있는 것은 명백한 사실이다. 우리들은 국가에 이익을 가져다주는 역할을 맡음으로써 대단히 수지가 맞는 보수를 받아 왔다. 그러나 동시에 우리들은 사회의 다른 구성원에 대해서, 함께 현재 사회를 쌓아 올려온 자로서의 의무를 지지 않으면 안 된다. 지금 단지 우리들의 특수 기능을 근면하고 정직하게 기술면에 응용하는 것을 약속하려고 하는 것이 아니고, 한 걸음 더 나아가 그 진리를 어디서 찾든 그 진리를 탐구하여 그것을 과감히 말함으로써, 사회에 봉사하는 책임에 대해서 언급하고 있다. 진실을 꿰뚫어 보는 두뇌와 중대사의 조짐을 예견하는 통찰력을 가진 우리들이 일어서서, 이러한 사실을 모든 사람들에게 알리는 것이 우리들의 의무이다.'고 말했다.

그리고 그는 구체적으로 '제1단계로 베트남 전쟁에 대한 물리학자의 다수 의견을 반영하기 위해서 APS 또는 AIP의 회원 여론 조사를 실시하라.'고 제안했다.

그러나 이 편지는 '미국물리학회(AIP)와 거기서 발행하는 〈Physics Today〉지에 게재가 거부되었다. 순수하게 물리학 및 물리학자에게 기여하기 위한 목적에 어울리지 않는다.'는 이유였다. 또한 APS는 AIP

에 가입한 7학회 중의 하나이다.

그러나 슈와르츠는 단념하지 않았다. 그들은 APS의 중추부에 의한 독선적인 행위를 막고 전 회원이 운영에 참가할 수 있는 기구로 만들고자 하였다. 2~3주간에 걸쳐 서명을 받고 회원 1 %의 서명에 의해서 규약개정안을 제출하였다. 개정안은 〈Physics Today〉 1967년 11월 호에 게재되었다. 12월 호에는 '1968년 1월 30일 시카고에서 검토를 한다', '수개월 후 우편 투표를 시행한다' 는 것들이 알려졌다. 규약개정안의 주요 내용은 '회원은 미리 제시된 한 항목 또는 몇 항목의 결의 사항에 대한 투표를 통해 학회와 관련된 어떠한 사항에 대해서 의견을 표명할 수 있다' 는 것이었다.

이 건에 대해서 APS 수뇌부는 시종 부정적이었다. 그리고 이사회의 부정적 견해가 투표용지에 첨부되었다. 그래서 슈와르츠 등은 이사회가 마치 '공정한 판단자' 와 같이 행동하는 것에 항의하였다.

〈Physics Today〉 3월호에 실린 양측의 의견을 소개한다.

반대 측

- 단순화된 모델에만 익숙한 물리학자는 복잡한 국제 정치를 디루는 데에는 부적격하다.
- 과학자의 정치적 발언은 지금까지 많은 사람들에 의해서 쌓아 올려진 과학자의 사회적 지위를 위태롭게 한다.
- APS는 '물리학의 진보와 보급' 을 위한 물리학자의 조직이므로 정치를 논하는 것은 바람직하지 않다.

찬성 측

- 과학 기술은 필연적으로 전쟁과 평화의 문제에 관해서 과학과 정치 사이의 피할 수 없는 관계를 만들어냈다. 베트남 전쟁에 의하여 우리들은 정부의 연구 개발비 감소 및 징병에 의한 인재 부족이라는 직접적인 영향도 받고 있다. 우리들은 이와 같이 좋고 나쁨에 관계없이 자기의 연구 생활상에 직접 침입해 오는 정치적 영향에 정치적인 판단을 내릴 필요가 있다. 또한 사실에 입각한 진실을 널리 전하는 의무를 지고 있는 과학자로서, 또 인도적인 견지로부터도 사람을 죽이거나 무력하게 만드는 무기나 장치의 연구 개발에 이의를 제기할 의무를 지니고 있다. 이 의무를 게을리하는 것은 나치스의 독가스 사용에 항의하지 않았던 독일 과학자의 잘못을 되풀이하는 것이 된다.

- 물리학의 진보와 보급의 결과도 일반 사람들의 일상생활에 반영된다. 우리들은 이 현실에 책임을 질 필요가 있다. 또 APS는 정치가 '물리학의 진보와 보급' 에 타격을 주고 있는가의 여부를 판단할 의무가 있다. 우리의 제안은 이들이 판단을 하는데 널리 회원이 참가할 수 있는 기구를 만들자는 것이며, 이와 같은 의논을 피해온 APS의 관습을 바꾸는 것이다.

계속해서 토론은 다음과 같이 전개한다.

반대 그와 같이 확대 해석하면 APS가 성치 토론의 장소로 변질되어 버린다.

찬성 개정안은 '학회와 관련된 사항' 으로 제한하고 있다.

반대 정부의 정책은 선거의 결과를 반영해서 결정되므로 이의가 있으면 개인이 국회의원에게 편지를 쓰면 된다. 다른 미디어를 이용해야 한다.

찬성 국무성은 소련의 학자들에게 허용하는 비자 발급에 압력을 넣었
다. 개인의 교류가 국가에 의해 저지되었다. 이러한 때 물리학회가
이러한 정치적 간섭은 바람직하지 않다고 정부에 충고할 수 있으
면 좋다.

반대 정치적인 결의를 하면 소수 의견이 말살된다.

찬성 채결될 때까지 의논을 되풀이함으로써 오해를 제거할 수 있을 것
이다.

규약개정안은 반년에 걸친 토론 후 1968년 5월에 우표 투표가 개시되
었다. APS 사상 처음으로 55 %의 회원이 투표에 참가하여 찬성 3,554
표, 반대 9,214표로 부결되었다.

067

물리와 자유의지.

예를 들어 공을 던질 때, 처음에 던지는 위치와 속도를 알고 있으면 운동의 법칙을 이용하여 이후에는 어디에서 어떻게 운동하고 있을지를 정확하게 구할 수 있다. 만약 바람이 불면 바람도 분자의 운동이므로 역시 계산에 집어넣을 수 있다. 마찬가지로, 만약 현재 세계에 있는 모든 입자의 상태(위치와 속도)를 알고 있으면, 그 후의 상태는 ─각각 입자들 간의 상호작용을 모두 알고 있을 경우─ 뉴턴의 운동 방정식으로 계산할 수 있어서 모두 결정되어 버린다. 아니, 현재도 사실은 과거의 상태에 의해서 이미 결정되어 있었던 것이 된다. 그래서 라플라스(Laplace, 1749~1827)는 "우주의 현재 상태는 그 이전 상태에 따른 결과이며, 이 결과는 또 다른 상태의 원인이라고 생각하지 않으면 안 된다. 예를 들면, 어떤 순간에 자연을 움직이고 있는 모든 힘과 자연을 구성하고 있는 물체의 상대적인 위치를 알 수 있는 지성 ─그들의 자료를 분석하기에 충분할 만큼의 뛰어난 지적 능력─ 이 있다면, 그것은 우주의 가장 큰 천체의 운동뿐만 아니라 가장 가벼운 원자의 운동을 동일한 식 속에 넣어 계산할 수 있을 것이다. 그 계산 과정에서 불확실한 것은 아무것도 없고 미래도 과거도 현재도 모두 같은 식에 의해 결정될 것이다."라고 말했다.

그렇다면 세계의 미래가 확정되지 않은 것은 결국 현재의 지식이 부족해서 일어나는 것이며, 모든 것은 이미 결정되어 있다는 것인가? 인간이 아무리 발버둥 쳐도 모든 것은 이미 예정된 대로, 아니 버둥거리는 것도 예정되어 있는 걸까? 그러면 인간의 '자유의지'라는 것은 어디에도 없단 말인가?

◎ 루크레티우스

이것은 어떤 의미에서는 무서운 일이다. 이 문제에 대해서, 어떻게든 자연의 법칙 자체로부터 자유의지가 생긴다는 것을 증명하고자 하는 시도가 이루어지고 있다.

그 대표라고도 말할 수 있는, 에피쿠로스(Epikuros, B.C. 341~270)의 원자론을 승계한 루크레티우스(Titus Lucretius Carus, B.C. 99~55)의 시를 보자.

'인간의 생활이 답답한 미신에 의해 짓눌려서
보기에도 무참하게 지상에 누워 있으며
그 미신은 하늘의 영역에서 머리를 들어보게 하여서
죽어야 할 인간들을 그 무서운 모습으로 위에서 협박하고 있을 때
한 사람의 그리스 인(에피쿠로스)이 처음으로 이것을 향해 단호히
죽어아 할 자의 눈을 늘어 올려 마주보고 섰던 것이다.

신들의 이야기도, 번개와 빛도, 위압적인 하늘의 울려 퍼짐도
그를 누르지 못했다.'

　물체는 원자로 되어 있어서 원자는 텅 빈 공간에서 운동하는 것, 원자는
무게를 가지고 있어서 자기로부터 위쪽으로는 움직이지 않는다는 원자론
을 전개한 후, 루크레티우스는 언뜻 보아서 불가사의한 것을 첨가한다.

　'이러한 것에 대해서 당신이 알아주기 바라는 것이 있다.
　즉, 입자가 허공을 지나서 똑바로 그 자신의
　무게 때문에 아래로 향해서 떨어질 때,
　시각도 전혀 일정하지 않고 장소도 확정되지 않으나
　아주 약간, 그 진로에서 벗어나는 것이다.
　적어도 운동의 방향이 바뀌었다고 말할 수 있을 정도로.
　만약 벗어나지 않는다면, 모든 입자는 아래로 향해서
　바로 빗방울과 같이 깊은 공간을 지나서 떨어지며
　원소(원자)의 충돌도 일어나지 않고, 충격도 생기지 않고,
　이렇게 자연은 아무것도 만들어내지 않았을 것인데.'

　'만약 모든 운동이 언제나 연결되어
　오랜 운동부터 새로운 운동이 일정한 순서로 생겨
　만약 또 원자가 그 진로로부터 벗어나고
　숙명의 규정을 어기는 새로운 운동을 시작하는 일 없이
　원인과 원인이 한없이 계속된다면
　지상의 생물이 갖는 자유의지는 어디서 나타나며

어떻게 해서 이 자유로운 의지는 숙명의 손으로부터 벗어났다고 말하
는가?
사람은 그 의지에 의해서만, 기쁨이 인도하는 곳으로 나아가
시간을 정하지 않고, 장소도 확실하게 정하지 않고
마음이 하고 싶은 대로 운동을 벗어나게 하는 것은 아닌가?'

'그러므로 물체의 종자(원자)에 있어서도 인정하지 않으면 안 되는
충격이나 무게 외에도 무언가 운동의 원인이 있으며
그 자체로부터 우리들이 의지하는 능력이 생기는 것을
왜냐하면 무로부터는 아무것도 생기지 않기 때문이다.'

'정신 자체가 만사를 이루는 데에 내적인 강제를 갖지 않고
또 정복된 자와 같이 무리하게 강요되는 일이 없는 것은
장소와 때를 정하지 않고 일어나는
원자의 벗어남 때문이다'.

루크레티우스의 시는 켈빈(Kelvin)경, 뉴턴, 보일, 맥스웰, 튀들
(Tyndall)도 즐겼다고 한다. 그러나 이렇게 약간의 '벗어남'은 그 '비
과학성' 때문에 당시나 그 후에도 무시되거나 또는 비웃음거리가 되어
왔다. 그러나 그 중요성을 이해하여 논한 사람들도 있다. 바로 데라다
도라히코(寺田寅彦)와 칼 마르크스(Karl Marx)이다.

✪ 데라다 도라히코

데라다는 루크레티우스 '원자론(元子論)'의 개략을 설명한 후 "이 원

자의 우연적이고 임의적인 편향을 바꾸어서 자유의지의 존재와 결부시키고자 했다. 이것은 매우 주목할 만한 생각이다. 그는 인간이나 동물에게 자유의지의 존재를 무조건적으로 용인한다. 그러면 그의 원자론에 따라서 모든 원자가 자연법칙에 의해 직선 낙하 운동을 계속하든가, 또는 적어도 무언가의 확정적 법칙에 의해서 지배되고 있다면, 세계의 모든 현상은 완전히 예정된 것처럼 진행할 뿐이어서, 그동안에 '자유'라는 의지가 나타날 여지는 없는 것이다. 그러나 한편에서 의지의 존재를 허용한다면, 이것은 어디에서 시작하는가? 철저히 물질론자인 그는 그러한 존재를 물질 이외의 세계로부터 빌려 온다고 하는 이원론적 태도는 결코 취할 수 없었다. 따라서 당연히 그는 의지의 근원을 원자 그 자체에 부여한 것이다. 이 생각은 언뜻 보아서 매우 비과학적으로 보일 것이다. 당시에도 키케로(Cicero)에게는 어린이의 장난으로 보였다. 그러나 아직은 과학적 엄밀함이 떨어지지만 철저히 탐구하여 생물의 현상에까지 물리학의 영역을 확장하려는 경우에는, 누구든지 당연히 봉착하게 될 하나의 아이디어이다.

❂ 칼 마르크스

마르크스의 박사논문 주제는 '데모크리토스(Demokritos)의 자연철학과 에피쿠로스의 자연 철학의 차이'이다. 그 역시 위에서 말한 문제에 착안해서 논하고 있다. 철학 분야의 박사논문인 만큼 난해하지만 그는 데모크리토스의 원자론이 '주관적인 감각적 세계'를 배제하여, 객관적, 실증적인 세계만을 문제로 한 것에 대해서, 에피쿠로스는 감각적 세계도 객관적 현상이라고 포착하여 우연성도 인정하고 있다는 것을 논하고 있다. 그리고 데라다와 마찬가지로 에피쿠로스가 원자의 운동에 '방향의 우연적인 치우침'을 도입할 수밖에 없었던 것은, 자유의지를 옹호하기 위하여 데모크리토스적 결정론에 주저하지 않을 수 없었던 것을 인정한 바탕 위에서, 원자 운동의 성질은 원자 자신의 성질에 의해서 설명될 것이라는 논의를 하고 있는 것에 주목하였기 때문이다. 만약 원자 자신이 그 내부에 성질을 갖는다고 하면 '원자'라는 최종 구성 단위로서의 개념에 '모순'되는 것이 된다. 이것은 존재와 운동의 근원으로서 '모순'을 본 후 그의 변증법적 유물론에 연결되는 것이다. 이것은 궁극의 존재라는 것은 없고 항상 더욱 깊은 단계의 구조가 존재한다는 사고 방식과 연결된다. 원자의 경우는 실제로 더욱 깊은 단계의 전자와 원자핵이라는 존재가 있었다.

어쨌든 언뜻 보아서 공통점이 보이지 않는 데라다와 마르크스가 이 문제에 중요한 관심을 기울인 것은 흥미롭고, 또 이 '물리와 자유의지'라는 문제는 더욱 깊이 고찰할 가치가 있는 문제이다.

보주 ◉ 양자 역학의 불확정성 원리와 자유의지의 문제

이 문제를 현대 물리학의 양자 역학의 불확정성과 결부시키려는 시도가 있다. 예를 들면, 원자 중의 전자는 마치 구름과 같은 상태로 존재하며 그 위치를 관측하면 비로소 하나의 위치로 정해지지만, 그 위치는 파동 함수에 의해서 확률적으로 예측될 뿐이고 정확한 하나의 값으로 결정되는 것은 아니다. 이것으로부터 생물적 자연의 불확정성, 더 나아가 자유의지를 끌어낼 수는 없는가 라고 생각하였다.

이에 대해서, 양자 역학 수립의 중심이었던 슈뢰딩거(E. Schrodin－ger)는 그것이 환상이라고 하였다.

'만약 내가 아침밥을 먹기 전에 담배를 피우든지 안 피우든지(흡연은

나쁜 것이지만) 하이젠베르크의 불확정성 원리에 의해 설명이 된다면, 이 원리는 두 사건 사이에 일정한 통계적 비율(예를 들면, 30:70)이 결정되지만, 내가 결심하기에 따라 그 비율이 달라질 수 있다. 게다가 만약 그렇지 않다면, 내가 죄를 짓는 빈도가 하이젠베르크의 원리로 결정되어 있는데 내가 죄를 지은 것에 대해서 왜 내가 책임을 느껴야 하는가? 새로운 물리학은 성 어거스틴의 패러독스를 털끝만큼도 반박하지 못한다. 나의 견해에 의하면 앞의 유추는 잘못되었다. 왜냐하면, 자유의지에 따른 행위의 경우 가능한 여러 가지 사건 중의 하나가 일어난다고 하는 것은 자기기만이기 때문이다.'

'자유의지 덕분에 가상적으로 가능한 사건은 현실에서 일어나는 바로 그 사건이다.'

양자 역학에서 물체의 상태는 고전 물리와 달리 파동 함수로 기술된다. 그러나 파동 함수의 시간에 따른 진행은 슈뢰딩거 방정식에 의해서 엄밀하게 결정되며, 거기에 애매함은 존재하지 않는다. 그런 의미로 본다면 자연의 법칙에 의해서 원인에 의해 결과가 결정된다는 것도 고전 물리학과 차이가 없다. 확실히 관측의 결과는 확률적이지만 그 확률도 양자 역학에 의해서 예측할 수 있는 것이다(관측할 때 '파동 함수의 확률에 따른 한 사건의 결정'이 일어나는 것이지만, 이 '관측 문제'의 과학적 검토는 지금도 계속되고 있다).

따라서 이 문제는 양자 역학에서 해결된 것이 아니라 지금도 계속 고찰할 가치가 있는 문제이다.

물체의
운동과는 전혀 다른
파동의
8 왜?

068 종파와 횡파라고 할 때의 종횡은 무엇을 의미하는가?

종파, 횡파라고 하면 어떤 파동을 상상할까? 언젠가 고등학교 3학년의 '편광' 수업에서, 교사가 가르치는 내용이 학생들에게 잘 전달되지 않는다는 생각이 들었다. 학생들은 매질이 세로(상하 운동)로 진동하는 것은 종파, 가로(수평 방향)로 진동하는 것은 횡파(그림 1)라고 생각했다.

확실히 일본어의 '세로'에는 상하 방향과 '길이' 방향의 2가지 의미

그림 1

가 있다. 세로는 상하이고 가로는 수평이라는 생각은 당연한 것인지도 모른다.

그러나 학문적으로는 물질의 일부분을 진동시켰을 때 '진동 방향과 같은 방향으로 전파되는 파동을 종파, 진동 방향에 수직인 방향으로 전파되는 파동을 횡파' 라고 분명히 구별하여 쓰고 있다(그림 2).

영어로 횡파는 transverse wave라고 하며 transverse는 가로지르다라는 의미이다. 종파는 longitudinal wave라고 하며 longi-tudinal은 '길이 방향' 이라는 의미이다. 예를 들면, 배를 만들 때 배의 긴 방향으로 넣는 목재를 구별할 때와 같이, 일본에서는 물고기의 줄무늬 모양을 세로 줄무늬, 가로 줄무늬라고 말할 때에도 이와 같은 방법으로 구분하고 있다(그림 3). 이것 역시 자주 혼동되는 것은, 일본어의 세

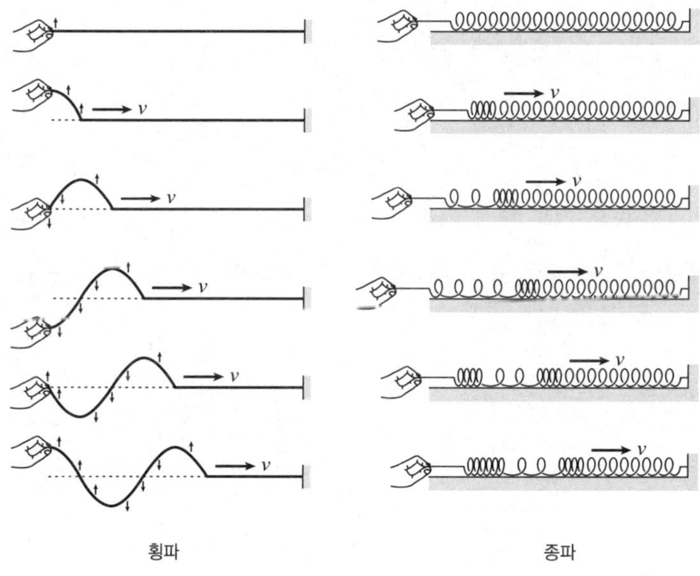

그림 2

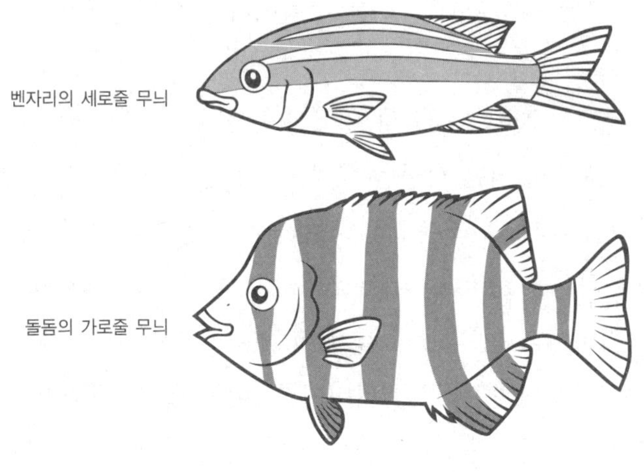

그림 3

로, 가로가 잘 맞지 않기 때문일 것이다. 셔츠 등의 세로줄, 가로줄도 이와 비슷하다.

영어에서는 확연히 구분되고 있는 것일까? 아니면 역시 혼동을 하고 있는 것일까?

그런 면에서 볼 때, 일본에서 사용하는 종파의 별명, '소밀파(疎密波)'는 단순하고 명쾌한 말이라고 할 수 있다. 횡파에 대해서도 이와 같은 용어가 있으면 좋겠는데 좋은 용어가 좀처럼 생각나지 않는다.

파동은 물체의 어느 한 부분에 생긴 일그러짐이 진동하여 점차 옆으로 전달되어 가는 현상이다. 이러한 파동의 움직임을 시각적으로 파악하기 위하여 웨이브 머신(wave machine)이라고 부르는 장치가 몇 가지 고안되어 있다. 가느다란 철사를 수평으로 늘어놓아 각각의 중심을 지나는 선상에 판용수철을 용접한 샤이브식 웨이브 머신(Shive's wave machine), 나란히 놓은 나무를 2개의 실로 이어서 매단 문발식 웨이브 머신, 등등.

여기서는 손쉽게 할 수 있는 빨대로 만든 웨이브 머신을 소개하고 그것을 사용해서 파동의 움직임을 조사하여 보자.

준비할 것

빨대(지름 6 mm, 길이 22.5 cm, 색깔이 있는 것이 좋다) 25개,
빨대의 위치를 결정하는 좌표판(B4판 크기),
나무(5 mm×5 mm, 길이 45 cm 정도) 1개,
젬클립(gem clip, 작은 것) 24개,
셀로판테이프(cellophane tape, 폭 12 mm)

만드는 법

① 빨대의 위치를 결정하는 좌표판을 만든다(다음 그림 참조). 이것을 책상 위에 평평하게 놓고, 네 기퉁이를 셀로판테이프로 책상

위에 고정한다.

② 셀로판테이프를 길이 약 60 cm로 잘라, 이것을 좌표판 중앙에 접착면을 위로 하여(좌표판에 셀로판테이프가 붙지 않도록 한다), 양 끝을 작게 자른 셀로판테이프(그림의 a, b)로 고정한다.

③ 좌표판에 표시한 위치에 빨대를 놓고 셀로판테이프의 접착면에 부착한다.

④ 25개의 빨대를 모두 붙이면 책상에서 벗겨 들어 올려, 전체를 뒤엎어, 빨대가 아래쪽으로 셀로판테이프가 위쪽으로 오게 하여 양 끝을 각각 나무에 고정한다.

⑤ 전체를 수평으로 유지하고, 끝 쪽의 빨대 끝을 위아래로 흔들어, 파동이 발생하여서 전파되는 것을 확인한다.

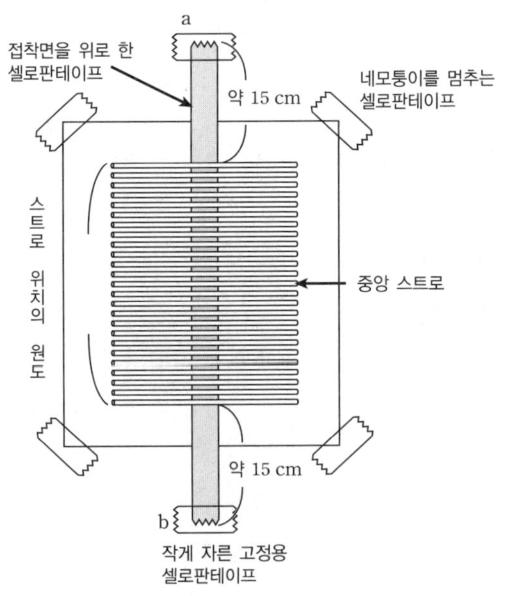

실험

① 셀로판테이프를 팽팽하게 당기는 힘을 바꾸어 본다. 강하게 당기면 파동은 빨리 전파하고 약하게 당기면 느리게 전파하는 것을 볼 수 있을 것이다. 즉, 파동을 전파하는 물질이 강하게 서로 끌어당겨 결합할수록, 파동의 전파 속력이 빠르다.

② 끝에서부터 12번째 빨대까지의 양 끝에 클립을 붙여서, 빨대를 무겁게 한다. 클립을 붙인 쪽의 끝을 상하로 흔들면 12번째와 13번째의 경계에서 파동의 속력이 갑자기 빨라지는 것을 볼 수 있을 것이다. 즉, 파동을 전파하는 물질의 밀도가 클수록 파동을 전파하는 속력이 느리다. 속력이 변하면 파동은 굴절한다. 단, 여기서는 방향이 한 방향으로 정해져 있으므로 방향이 바뀌는 것은 볼 수 없다.

③ 이번에는 클립을 붙이지 않은 쪽의 끝을 상하로 흔든다. 전파하던 파동이 12번째와 13번째의 경계에서 반사되어 되돌아오는 것을 볼 수 있다(사실은 ②에서도 반사되고 있다). 동시에, 경계를 넘어서 무거운 쪽으로 전파하는 느린 파동이 있다는 것도 알 수 있다. 경계에서는 파동의 속력이 변하므로, 만약 웨이브 머신으로 파동을 만들어 진파시기면 굴절이 일어나게 된다.

안다는 것

파동을 전파하는 물질을 매질(媒質)이라고 한다. 매질의 상태(결합 상태나 밀도)가 변하면 파동의 속력이 변한다. 역으로, 파동의 속력 차이로부터 매질의 상태를 조사할 수도 있다. 지구의 내부 구조를 조사하기 위해서 지구 자신을 매질로 하는 파동, 즉 지진파의 전파 상태를 조사하는 방법이 있다.

　내가 '빨대로 만든 웨이브 머신'의 아이디어를 처음으로 알게 된 것은 1987년 여름, 도쿄 이과대학의 《물리를 즐겁게 하는 실험교재》 강습회에 참석했을 때이다. 그 외에도 여러 가지로 개량된 장치가 있다.

069

파동이 포개지면 지워지는 경우가 있다. 에너지는 어떻게 되는가?

◈ 파동의 중첩

예를 들어, 동시에 물 위의 두 군데에서 파동이 발생하였다고 하자. 두 파동이 만나서 겹쳐졌을 때 어떠한 파동이 생길까? 파동은 서로 영향을 미치지 않고 원래의 방향으로 진행하므로, 겹쳐져도 크기가 바뀌지 않을 것으로 생각되지만, 실제로는 두 파동의 변위를 그대로 합한 크기가 된다. 이를 '중첩의 원리'라고 한다.

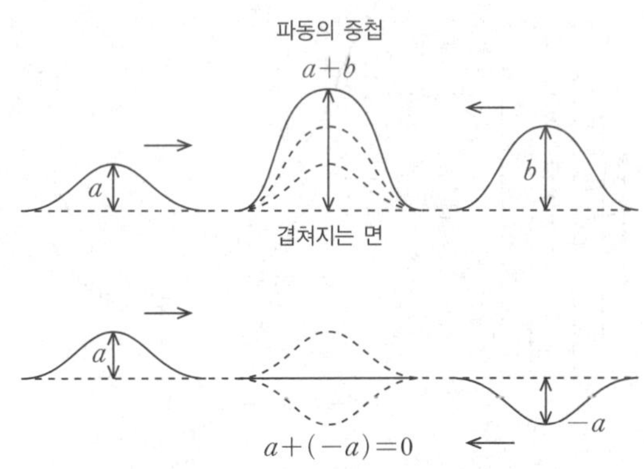

그래서 다음과 같은 경우를 생각해 볼 수 있다. 매우 가까이에 놓은 두 파동의 발생원(파원이라고 한다)으로부터 동시에 진동하는 파동을 발생시킨다. 둘 다 같은 진동(같은 위상이라고 말한다)을 하여 발걸음이 맞는 파동을 발생시키면 그것은 서로 강화되어서 진폭이 2배인 파동이 될 것이다. 또 둘이 서로 반대로 진동(반대 위상이라고 말한다)하면 한쪽이 산일 때 또 다른 한쪽은 반드시 골이 되므로 서로 상쇄된다. 실제로 전파나 음파 등에서 다양한 파동으로 중첩하는 결과를 볼 수 있으며 또 이용되고 있다.

✿ 에너지 수지가 맞지 않는다?

그러나 여기서 잠깐! 예를 들어, 전파를 생각하면 각각의 안테나에서 전자를 진동시켜 에너지를 내보내고 있다. 이제 파동의 에너지를 계산해 보자. 파동의 에너지는 진폭의 제곱에 비례한다는 것을 알고 있다. 그러면 두 파동이 같은 위상일 때, 파동의 진폭은 2배가 되므로 에너지는 4배가 된다. 1+1이 어떻게 4가 되는가? 추가로 생긴 에너지는 누가

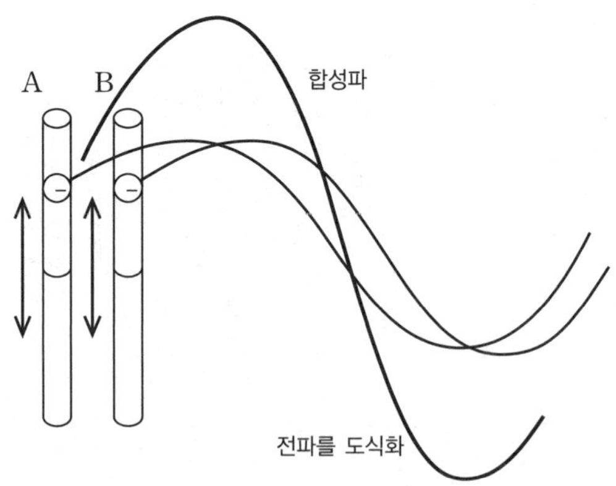

만들었는가? 또 반대의 위상일 때는 에너지가 0이 된다. 두 안테나로 파동을 만들기 위해서 사용한 에너지는 어디로 사라졌는가? 에너지보존이 성립하지 않는 것인가?

❂ 파동의 매질과 복원력에 의한 고찰 그리고 문제의 해결

이 문제를 해결하기 위해서 원점으로 되돌아가 보자. 파동이란 질량을 가진 매질끼리 복원력을 매개로 하여 상호작용 함으로써 전파된다. 간단하게 끈을 손으로 움직여서 파동을 만드는 경우를 생각하자. 끈의 끝부분과 손의 상호작용을 생각하여 손을 움직이는 방향의 성분만 생각하면, 손이 끈에 가한 힘과 같은 크기의 반작용을 끈이 손에 가하게 된다. 그 힘 F는 그림과 같이 장력 T의 수직 방향의 성분으로 표시된다. 끈이 손으로부터 힘을 받아서 진행파를 내보냄에 따라 끈이 손에 가하

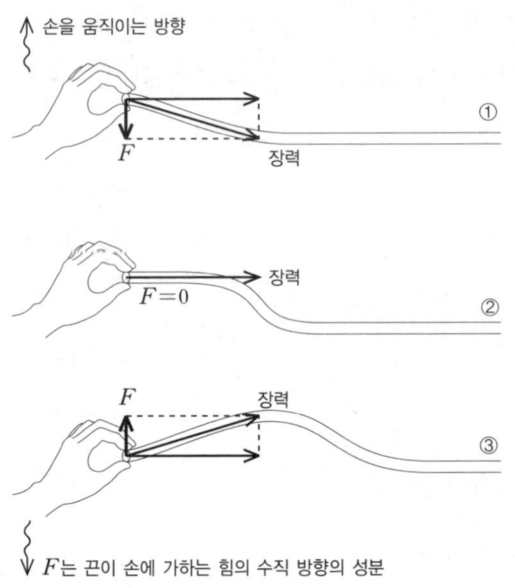

는 F의 크기와 방향은 그림과 같이 변하게 된다. 끈이 손에 가한 힘은 끈이 파동 운동을 함으로써 생긴 것이다. 이 힘 F는 마치 파동에 의한 저항 같이 느껴질 것이다.

◎ 파동의 반작용

손이 끈에 힘을 가해서 파동을 만들고, 반대로 끈은 매질끼리의 상호 작용에 의해서 손에 힘을 미친다. 이것은 파동 자신이 파원에 미치는 반작용이다. 끈뿐만 아니라 전파는 그 반작용을 전파원에 미친다.

그래서 이 문제의 경우, 즉 파원 A와 B가 가까운 곳에서 동시에 파동을 만들어 내는 경우를 고찰하자. 지금 A의 파원이 파동을 발생시키려고 할 때 거기에 B의 파동이 포개어지므로, 손은 A와 B의 파동이 합쳐져서 2배의 반작용 힘을 받게 된다. 이 때문에 A는 이전과 마찬가지로 파동을 만들고 있는 것처럼 보이지만 사실은 힘이 2배(저항이 2배라고 말해도 좋을 것이다)가 된다. 지금 손이 끈에 가한 힘과 이동거리의 곱이 파동을 내보내기 위해 소비하는 에너지를 공급한다. A는 2배의 힘이 있으므로 2배의 에너지를 소비하고 있는 것이다. 같은 원리로 A도 2배, B도 2배이므로 결국, 이전과 마찬가지로 진동시키려면 전체적으로 4배의 에너지를 투입하게 된다. 그러면 이치가 맞다.

여기까지 오면 반대위상의 경우는 간단하다. A가 손에 미치는 힘과 그

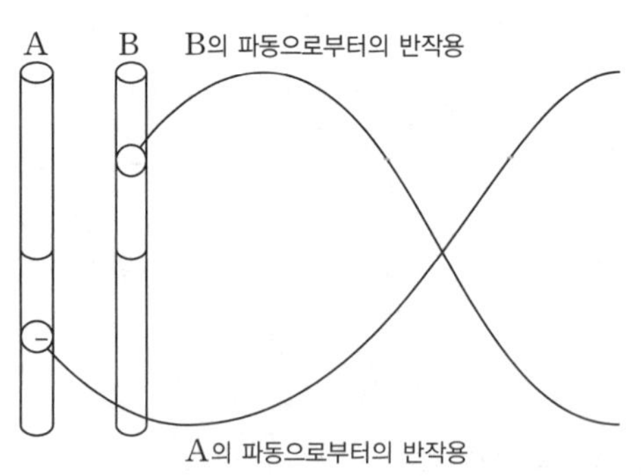

때 A에 도달한 B가 손에 미치는 힘은 반대가 되므로, A의 파원을 진동시키는 데에 힘이 들지 않는다. 결국 공명 에너지는 사용하지 않게 된다. A와 B는 서로 도와가며 헛되게 공진(共振)할 것이다. 이와 같이 에너지보존의 원리는 반작용을 제대로 고찰하면 역시 잘 맞아떨어진다고 할 수 있다.

그러면 양쪽의 파원(波源)이 서로 멀리 떨어져서 파동이 공간에 퍼지게 되는 경우는 어떨까? 이때는 어떤 곳에서 산과 산이 포개어져도 조금 벗어난 곳에서는 산과 골이 포개어지는 것과 같이 흐트러지게 되어, 평균적으로는 4배도 0배도 아니고 단순한 덧셈인 2배가 될 것이다.

심장의 박동에 의해서
혈관을 전파하는 파동이 생긴다.

혈액은 심장에서 주기적으로 밀려 나온다. 물론 혈액은 혈관 속을 흘러서 몸 안을 돌아다니지만 밀려 나온 변화는 그것보다 빠르게 파동으로 전해져 가는 것은 아닐까?

그것은 실제로 존재한다. 압력의 파동이 발생하므로 의학에서는 '대동맥파'라고 한다. 또 그 속도는 PWV(Pulse Wave Velocity)라고 부르며 코르테베그(Korteweg)에 의한 표식도 주어져 있다.

그 작동 원리를 생각해 보자. 여기서는 혈관이 부드럽기 때문에 혈액 자신의 밀도 변화가 아니라 혈관이 부풀고 그 탄성에 의하여 원래대로 되돌아가려고 하는 복원력이 생긴다. 말하자면 혈관 내의 유체의 압력으로 생긴 혈관의 부풀어 오름이 전파되어 간다고 해도 좋을 것이다. 그 속도는 파동의 일반적인 논의로부터 매질의 질량에 해당하는 혈액 밀도의 제곱근에 반비례하며, 복원력이 생기는 혈관의 탄성 강도의 제곱근에 비례할 것이다. 혈압과 혈관 단면적과의 관계를 계산하면 그 속도는 10 m/s 정도라고 생각된다. 일반적으로 부드러운 관 안에 액체가 채워져 있으면 이와 같이 관에 파동이 생긴다.

실제로 측정하는 방법은 심장, 경(頸)동맥, 그리고 고(股)동맥의 3개 지점에서 맥박을 측정하여, 전파 거리를 전파 시간으로 나누면 속도가 된다. 어떤 측정에 의하면 20대의 평균은 6.7 m/s, 70대의 평균은 9.2 m/s라고 한다. 물론 나이가 들수록 혈관이 탄력을 잃고 굳어져 파동의 전파 속도가 빨라지게 된다. 속도는 혈관의 반지름이나 혈압 등 개인적인 조건에 의해서도 변하지만, 이 측정을 잘하면 동맥경화 등의 진단에도 도움이 된다.

071 박쥐는 왜 어둠 속에서도 날 수 있는가?

✿ 초음파를 사용하는 동물

T 산에 올라가서 저 멀리 산을 향해 큰 소리로 '야호'라고 소리 지르면, 얼마 후 산울림이라고 부르는 반향(반사파)이 들리지요. 이것을 이용하면 산까지의 거리를 측정할 수 있습니다.

S 소리를 내서 되돌아오기까지 걸리는 시간의 절반에 음속을 곱하면 구할 수 있습니다.

T 그러면 초음파에 대해 알고 있습니까? 소리는 공기의 진동이 전해져서 고막을 진동시켜 들립니다. 인간이 귀로 들을 수 있는 가청음의 범위는, 상당히 개인차가 있지만, 진동수로 말해서 대략 16헤르츠부터 20,000헤르츠까지입니다. 초음파는 귀에 들리지 않는 20,000헤르츠 이상의 소리이지만, 실제로는 10,000헤르츠 정도의 소리도 초음파로 다루어지고 있는 것 같습니다. 이 초음파를 이용해서 자기와 상대의 위치를 찾는 동물이 있다는 것을 들어본 적이 없습니까?

S 박쥐 아닙니까?

T 육상에서는 박쥐(작은 박쥐류), 수중에서는 돌고래나 고래 등이 있습니다. 이 동물들은 자기가 초음파를 내고 상대에게 부딪쳐서 되돌아온 반향(반사파)을 포착하여 자기와 상대의 거리를 파악하는 것입니다. 박쥐는 건물 어딘가의 틈 등에 많이 무리 지어 살고 있어서, 저녁 일몰 무렵부터 캄캄해질 때까지 밖으로 나와 '찰칵' 하고 짧은 초음파를 내면서 날아다닙니다. 이 소리는 지속 시간이 1/100초 정도의 짧은 음파입니다. 보통 비행 중에는 1초간에 몇 회씩 입이나 코로 내지만, 만약 무엇인가 장애물이나 먹이가 되는 표적이 있어서 거기에서 반사파가 되돌아왔을 때에는, 보다 상세하게 알기 위하여 매초 100회 정도 소리를 냅니다. 이 반사파를 주의 깊게 귀로 듣고 표적까지의 거리, 방향, 접근 속도, 크기나 종류 등 많은 정보를 즉각 얻습니다. 이것을 에코 로케이션(echo location)이라고 합니다. 박쥐가 사용하는 진동수는 종류에 따라서 다르지만 거의 수만 헤르츠 부근이 많은 것 같습니다.

S 박쥐가 초음파와 같은 높은 진동수를 이용하는 이유는 무엇입니까?

T 파동에는 회절(回折)이라는 현상이 있는 것을 알고 있습니까?

S 장애물이나 틈의 크기가 파동의 파장과 같은 정도이거나 그보다 작을 때는 그들의 뒤쪽에도 파동이 돌아 들어가는 현상입니다.

T 박쥐가 내는 초음파의 진동수를 50,000헤르츠라고 하면, 그 파장은 상온에서 $\dfrac{340 \text{ m/s}}{50000 \text{ Hz}} = 0.0068 \text{ m}$, 약 7 mm입니다. 진동수가 500헤르츠인 소리의 파장은 0.7 m이지요. 낮은 진동수의 소리에서는 회절해서 잘 되돌아오지 않지만 초음파를 사용하면 작은 가지나 벌레와 같이 작은 것이라도 반사파가 되돌아와서 그들의 위치를 알 수 있다는 것입니다.

S 물체나 먹잇감의 위치뿐만 아니라 접근 속도도 알 수 있다고 말했습
　니다. 어떻게 해서 아는 것입니까?

T 도플러 효과라는 것을 알고 있습니까?

S 음원이 가까워지고 있을 때 소리의 진동수가 높아지는 것처럼, 음원
　이나 관측자가 움직일 때, 소리가 높게 들리거나 낮게 들리는 것이지
　요.

T 박쥐는 날면서 초음파를 내기 때문에 나무나 돌처럼 움직이지 않는
　것이라도 박쥐가 그것에 가까워질 때에는, 도플러 효과에 의해서 반
　사파는 원래의 소리보다 높아져서 되돌아옵니다. 또 벌레가 날면서
　박쥐에게 접근하려 할 때도 반사파는 높아집니다. 이 도플러 효과에
　의한 반사파의 진동수 변화를 포착함으로써, 속도를 측정하는 것입
　니다. 바로 스피드 건(speed gun)의 원리입니다.

　박쥐는 주파수의 폭이 넓은 소리만을 내는 종류와 일정한 주파수의
　소리 성분이 많이 포함된 소리를 내는 종류가 있으며, 후자가 도플러
　효과를 고려하기 쉬우므로 그 대표로서 수염박쥐를 들면, 일정한 성
　분으로 가장 강한 주파수는 61,000헤르츠의 소리를 사용하고 있습니
　다. 소리는 내이(內耳)의 필터에 의해서 진동수별로 나누어져 신경의
　뉴런(neuron)에 전달되지만, 수염박쥐는 발달한 내이와 특히
　61,000헤르츠의 소리에 맞춰져 있는 매우 예민한 뉴런의 흥분야(興
　奮野)를 가지고 있습니다. 이들은 나방이 가까이 올 때 뿐만 아니라,
　정지 상태에서 날개짓을 하는 동안 날개의 움직임에 의한 6헤르츠 정
　도의 도플러 효과에 의한 벗어남까지 감지하는 것입니다. 또, 예를
　들어 반사파가 63,000헤르츠가 되었다고 하면, 자기가 내는 소리의
　진동수를 낮춰서 59,000헤르츠 정도로 하여 반사파가 가장 민감한

61,000헤르츠가 되도록 조절합니다. 이 조절은 반사파의 진동수가 높아질 때만 하는 것이므로, 표적이 박쥐의 속도보다 더 빠르게 날아가서 멀어질 때는 감지되지 않게 되는 것이지요.

S 돌고래의 경우는 어떻습니까?

T 돌고래는 유영 중에 5초마다 1회 정도 초음파 펄스를 내는데 반사파가 되돌아오면 박쥐처럼 빈번하게 냅니다. 초음파는 콧구멍 안에서 발생시켜 머리의 둥근 부분(멜론이라고 한다)을 렌즈로 사용하여 퍼지는 파동을 모아 앞쪽으로만 똑바로 나아가도록 하여 수 십 미터 앞의 표적을 포착할 수 있습니다. 수중에서는 음속이 공기 중의 4.5배입니다만, 진동수는 2,000헤르츠 정도의 가청음으로부터 20만 헤르츠 정도까지의 성분을 사용하고 있는 것 같습니다. 지금, 진동수를 15만헤르츠로 하여도 수중에서는 파장이 $\dfrac{1500 \text{ m/s}}{150000 \text{ Hz}} = 0.01 \text{ m}$이므로, 1 cm 이상의 장애물이나 물고기로부터의 반사파가 가능한 것이 되지요.

✪ 초음파의 이용

S 인간이 초음파를 이용하게 된 것은 언제쯤일까요?

T 거기에는 2가지의 불행한 사건이 얽혀 있습니다. 그 하나는 1912년에 초호화 여객선 타이타닉(Titanic)호가 처녀 항해 도중 빙산에 충돌하여 침몰한 사건입니다. '어둠이나 안개 속에서도 빙산을 찾아내는 방법이 없을까?' 하는 의문에서 연구가 시작되었다고 합니다. 또 하나는 2년 후에 시작된 제1차 세계 대전에서, 독일의 해군이 잠수함을 사용하여 연합국 측에 무차별 공격을 가한 것입니다. 그래서 잠수함이 내는 소리, 특히 엔진이나 스크류가 내는 소리를 들을 수 있는

수중 음향 장치를 개발하거나, 음파를 발사하여 잠수함이 있는 곳을 밝혀내려고 연구가 진행된 것입니다. 연구 결과 프랑스의 랑주방(P. Langevin)에 의해서 수정(水晶)의 압전 효과를 이용하여 초음파를 발생시키고 그 반사파를 포착하여 잠수함이 있는 장소를 밝혀내는 '소나'(Sound Navigation and Ranging)라는 장치가 만들어졌습니다. 실용화를 눈앞에 두고 제1차 세계 대전은 끝났습니다만 제2차 세계 대전에서 다시 독일은 잠수함 작전을 전개하였기 때문에, 영미 함대는 소나를 공격에 사용하였습니다. 오늘날에도 특히 잠수함이 다른 배를 탐지하는 중요한 수단으로 사용되고 있습니다.

2001년 2월에 하와이의 오아후도(Oahu Island) 앞 바다에서 원자력 잠수함 그린빌(Greenville)이 급부상하다가 우와지마(宇和島) 수산 고교의 연습선 에히메마루(愛媛丸)와 충돌하여 침몰된 사고에서는, 그린빌의 소나가 에히메마루를 포착하고 있었음에도 불구하고 주의하지 않은 점이 문제가 되었습니다.

S 그밖에 초음파는 어떠한 곳에서 사용되고 있습니까?

T '소나'의 발전과 더불어 수심을 측정하는 '음향측심기', 물고기의 무리를 찾는 어군탐지기가 있습니다. 최근에는 초음파를 인체에 방사하여 내장이나 기관 등에 부딪쳐서 반사해 오는 반사파를 전기 신호로 바꾸어서, 브라운관(Braun tube)에 영상으로 나타내어 인체 내부의 모습을 볼 수 있는 초음파진단기도 활발히 사용되고 있습니다. X선 촬영을 할 때와 같이 위험이나 제약이 없고, 움직이는 모습도 볼 수 있어서 사용하기 편리하지요.

072

오케스트라 중에서 바이올린의 소리를 분간할 수 있다. 왜?

☼ 왜 같은 높이의 소리라도 악기에 따라서 다른 음색이 나는가?

인간은 소리를 듣기만 하여도 그것이 바이올린인지 플루트인지 혹은 기타인지를 안다. 그리고 연주자는 악기의 음색 차이를 안다. 그러나 어떤 기타라도 같은 프렛(fret)을 눌러서 치면 같은 높이, 즉 같은 진동수의 소리가 난다. 같은 진동수의 음파를 냈는데 다른 '음색'으로 들리는 것은 왜일까? 현을 타면 주요한 진동은 기본 진동(이것이 주요한 소리의 높이가 된다)이지만, 실은 그 2배(1옥타브 위), 3배…… 배음(倍音)이라는 진동도 동시에 생긴다. 그들의 진동이 동시에 겹쳐서 생기는 음파는 그것들을 단순히 합한 것이 되며, 그림 1과 같은 복잡한 파형이 된다. 이 모양은 2배, 3배의 진동이 각각 얼마만큼의 비율로 생기는가에 의해서 변화하며, 그 비율은 악기에 따라서, 타는 방법에 따라서 다르다. 이 파형의 차이가 음색의 차이가 된다. 이 원리를 이용하여 하나의 소리를 분해하여서 어떠한 배음이 얼마만큼 들어 있는가를 기계로 조사(스펙트럼 분해)할 수도 있으며, 반대로 그 비율로 소리를 섞으면 어떠

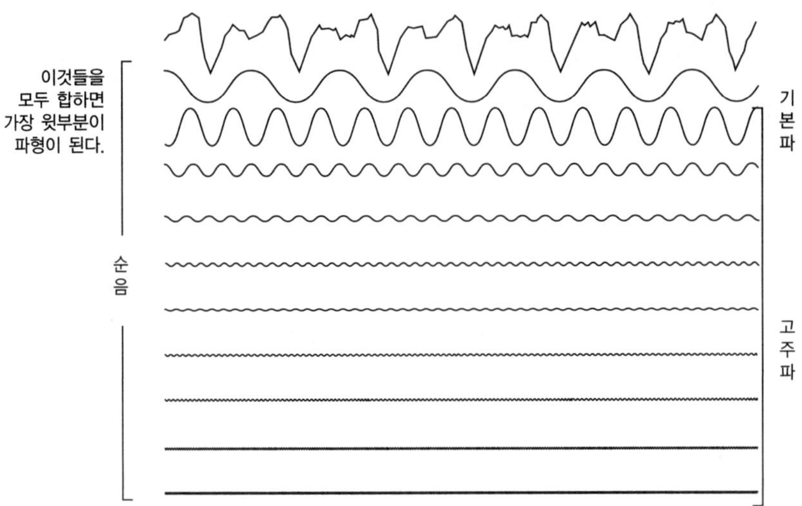

그림 1 • 기타 소리와 그 성분음
(야마다 무네무쓰[山田婉宗睦] 외 《귀는 무엇 때문에 있는가》 후진샤[風人社]에서 전재)

한 소리라도 합성할 수 있게 된다(예전의 신디사이저[synthesizer]는 이 원리를 이용하였다).

✪ 오케스트라의 연주를 듣고 어떻게 악기를 구분할 수 있는가?

소리는 파동이므로 몇 개의 파동이 포개어지면 그것이 합쳐진 하나의 파동이 된다. 그렇다면 오케스트라의 연주를 들을 때 그것은 전체 악기의 음파가 합성된 파동이 되는데, 사람은 왜 그 중에서 특정한 악기, 예를 들면 바이올린의 소리를 알아들을 수 있는가? 또는 많은 사람들이 서로 얘기하고 있을 때 여러 사람의 얘기 소리의 합성파 중에서 어떻게 특정한 친구의 소리만 따로 구별하여 이야기를 알아들을 수 있는가?(그것을 '칵테일 파티 효과' 라고도 한다) 결론부터 말하면 아직 모른다. 그러나 여러 가지의 탐색이 행해지고 있다. 그것에 대해 알아보자.

☼ 사람이 소리를 듣는 구조

우리들이 들을 수 있는 소리는 진동수를 기준으로 매초 20회부터 20,000회 범위의 공기 진동이다. 공기의 진동이 외이를 통해 고막으로 들어가 고막을 진동시키고 이소골(耳小骨)이라는 3개의 뼈(추골[鎚骨], 침골[砧骨], 등골[鐙骨])의 진동을 거쳐서 달팽이관이라는 기관에 전달된다. 달팽이관 내부의 임파액이 진동함에 따라 그곳에 있는 기저막[2]●(基底膜)이 팽창해서 막 위로 이동한다. 이동 중에 가장 크게 팽창하는 장소가 높이와 관련이 있는데, 그 장소는 고막에 가까운 쪽이 20,000헤르츠(Hz), 반대쪽이 20헤르츠(Hz)에 해당하며, 그것에 의해서 소리의 높낮이를 구분한다. 기저막에는 앞쪽에 단단한 털을 가진 신경 세포(유모 세포)가 있으며 각각 청신경과 연결되어 있다. 유모 세포에는 내유모 세포와 외유모 세포가 있으며, 막이 팽창하면서 유모 세포의 털이 구부러지며, 내유모 세포는 화학 변화를 일으켜 신경 신호의 펄스를 발생시킨다. 외유모 세포는 기저막의 팽창을 예민하게 증폭하는 작용을 한다.

☼ 사람이 소리를 들어 구별할 수 있는 가능성

신호는 청각 신경을 통해 뇌로 전달된다. 옛날에는 위에서 말한 바와 같이 단순히 소리는 기저막에서 각진동수마다의 강도로 분해된다고 생각하였지만, 합성파를 진동수로 나누었을 뿐 각각의 소리를 들어서 구별하는 것은 불가능하다. 현재는 청각 신경을 지나가는 신호가 원래 음

------

2 ● 기저막 : 내이의 고실과 달팽이 세관 사이에 있는 막이다. 외림프에 의한 음파의 진동을 달팽이관에 전달한다.

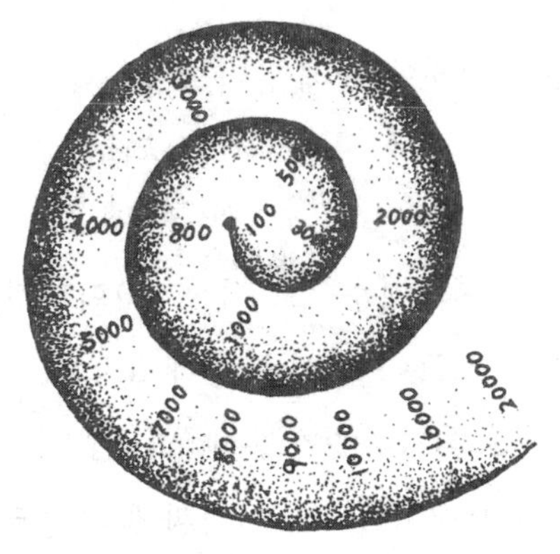

그림 2 ● 와우기저판의 최대진폭부위
(야마다 무네무쓰(山田宗睦)외
《귀는 무엇 때문에 있는가》 후진샤[風人社]에서전재)

파의 특징을 남기고 있어서 단지 주파수 성분으로 나눈 신호가 아니라는 동물 실험이 있으며 아직 논쟁이 계속되고 있다.

그러면 소리를 들어서 구별할 수 있는 실마리는 무엇일까? 하나는 음원의 위치를 아는 것이다. 우선 좌우의 귀에 들어가는 음파에는 시간 차와 강도 차가 있다. 음원이 우전방 30°의 방향이라고 하면 좌우 귀 사이의 거리는 평균 17 cm이므로 그 차이는 8.5 cm, 음속으로 나누면 0.00025초의 시간 차와 강도의 차이가 있다. 게다가 좌우의 귀에 들어오는 음파는 머리와 귀에 의한 회절 때문에, 시간 차(위상 차)와 강도 차가 소리의 주파수에 따라서 다르다. 이 주파수 특성을 머리부분 전달 함수라고 한다. 실제로 좌우의 귀에 마이크를 설치한 인간의 상반신과 꼭 닮은 인형을 만들어, 콘서트홀의 좌석에 앉혀 놓고 녹음하는 방법을 통해 이 함수를 조사하고 있다. 파장이 길고 낮은 소리일수록 회절하기 쉬우므로 높은 소리의 강도가 낮아진다. 따라서 소리의 방향이 변화하면 귀에 들리는 소리의 스펙트럼(주파수 분포)도 변화한다. 이것을 음색의 차이라고 해도 되지만, 실제로는 방향의 차이에 의해 지각된다는 것이다. 이 부분은 오히려 뇌에 의한 경험의 통합작용이라고 할 수 있다. 한편 화음은 동시에 연주하지 않아도 화음으로 들리므로 귀는 위상 차에 관한 정보는 거의 받아들이지 않는다는 설도 있다.

이와 같이 위치의 판정조차도 단순한 작용이 아니고, 뇌의 복잡한 기능이 관계하고 있을 가능성이 있다. 고막의 진동 패턴은 합성파형이 되지만, 그 중에서 특정한 악기나 사람의 소리만을 들어서 구별할 수 있는 것은 방향정위(方向定位) 능력과 또 청각으로부터 뇌에 이르는 종합적 정보처리가 관계한다고 생각된다. 청각 기관으로부터의 신호는 보다 고차원적인 과정에서 여러 가지의 특성을 실마리로 음원마다 재통합되는 것이다. 실제로 오케스트라 중에 플루트의 소리를 들으려면, 그러한 악기의 소리가 기억에 저장되어 있지 않으면 매우 곤란하다. 그 중에는 그 악기의 특징적인 처음의 상태가 있다는 의견도 있다. 처음의 상태란 현으로부터 몸통으로 옮겨서 소리의 진폭이 커지는 이행 과정이고 복잡한 파동이 생기는 것을 가리킨다. 또 동일 음원은 동시에 시작하여 동시에 변화하는 것이므로 합성파 중에서 특정한 소리만을 추적해 가는 뇌의 작용도 있다고 생각된다.

073 : 바람 소리는 왜 나는가?

바람 소리가 횡횡 들리는 경우가 있다. 전선이나 나뭇가지 그리고 건물 등에 바람이 닿아서 소리를 내는 것이지만, 도대체 왜 소리가 나는 것일까?

간단한 실험을 해 보자. 도시락 그릇이나 딸기 팩 등 간단한 수조(水槽)를 준비하여, 물의 움직임을 잘 볼 수 있도록 소량의 분필가루 등을 뿌린다. 그리고 젓가락이나 둥근 연필 등을 물에 넣어서 천천히 움직여 보자. 연필 뒤에 작은 소용돌이가 좌우로 번갈아 가며 규칙적으로 나타나는 것을 알 수 있다. 이 소용돌이는 1911년에 헝가리의 과학자 카르만(Theodor von Kárman, 1881~1963)이 그 성질을 연구한 것을 기념하여 카르만의 와류(渦列)[3]라고 부르고 있다. 앞의 실험과는 반대로 연필이 멈춰 있고 물이 흐르는 경우에도 와류가 생긴다(그림 1). 기둥 모양의 물체에 액체나 기체의 흐름이 닿으면 뒤쪽으로 흐름이 말려 들

---

3 ● 와류 : 소용돌이가 연속적으로 발생하는 것이다.

그림 1 ● 카르만의 와류

어가서 좌우 교대로 소용돌이가 발생하는 것이다. 이 소용돌이가 횡횡 들리는 바람 소리의 발생원이 된다. 1초 동안에 발생하는 소용돌이의 개수는 스트루할(V. Strouhal)이 1878년에 실험으로 찾아낸 식

$$N = 0.2 \times \frac{V}{D} \qquad \left(\begin{array}{l} V : \text{유체의 속도} \\ D : \text{원주나 전선의 지름} \end{array} \right)$$

로 표시된다. N은 단위시간당 소용돌이의 개수이며 횡횡 들리는 바람 소리의 진동수와 같다. 예를 들어, 지름 5 mm의 전선에 초속 10 m의 바람이 닿으면, $N = 0.2 \times 10/0.005$개/초로부터 진동수 400헤르츠의 소리가 된다. 실제 바람은 속도가 일정하지 않으므로 횡횡 하는 소리의 높이가 변하면서 들린다.

기상 위성 덕분에 구름의 모습을 적외선 사진으로 볼 수 있게 되었다. 그 결과 매우 진기한 모양의 구름 배열이 발견되었다. 그림 a, b는 각각 홋카이도 소야미사키(宗谷岬) 서해상과 규슈(九州) 남서해상의 구름 사진이다. 소야미사키의 서쪽에는 리시리도(利尻島), 규슈의 서쪽에는 제주도가 있으며 각각의 섬에 높은 산(리시리산 표고 1700 m, 한라산 표고 1950 m)이 있으며 이들 산에 겨울의 강한 계절풍이 닿는다. 이것만 조건이 정리되면 카르만의 와류가 발생하여도 그 어떤 불가사의한 것도 없다. 관측에 의하면 제주도의 경우 풍속 10 m/s일 때 소용돌이가 약 4

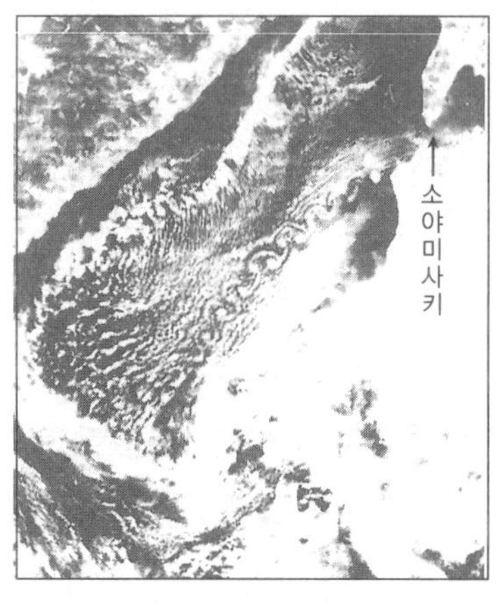

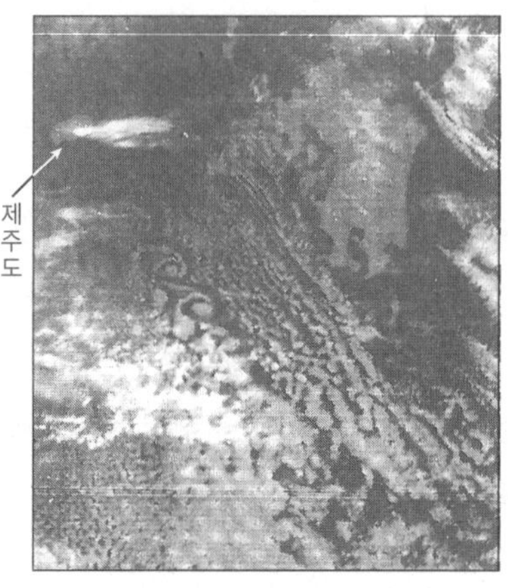

그림 a ● 홋카이도 소야미사키 서해상　　　　　　그림 b ● 규슈 남서해상

시간 반의 주기로 발생하며, 소용돌이와 소용돌이의 간격은 대략 100 km가 되는 것 같다. 여기서 시험적으로 1초간에 발생하는 소용돌이의 수를 구하는 식에 수치를 대입해 보자. 즉, V는 풍속 10 m/s, D는 한라산의 평균 지름 32 km로 하여서,

$$N = 0.2 \times \frac{10}{32 \times 1000} \text{개/초} = 6.25 \times 10^{-5} \text{개/초}$$

주기는 $1/N$이므로

$$\text{주기} = \frac{1}{6.25 \times 10^{-5}} \text{초} = 1.6 \times 10^{4} \text{초} = \text{약 4시간 반}$$

이 되며 실제의 관측과 잘 일치한다. 대자연에서도 딸기 팩 수조 속과 마찬가지의 물리 현상이 일어나고 있는 것이다.

　바람이 강한 날에 창문을 몇 cm만 열면 '휘잉' 하는 소리라든가 '바앙' 하는 소리가 들린다. 바로 틈새 바람 소리이다. 이 소리를 슬릿 톤(slit tone)이라고 하며 역시 공기의 소용돌이가 만드는 소리이다(그림 2).

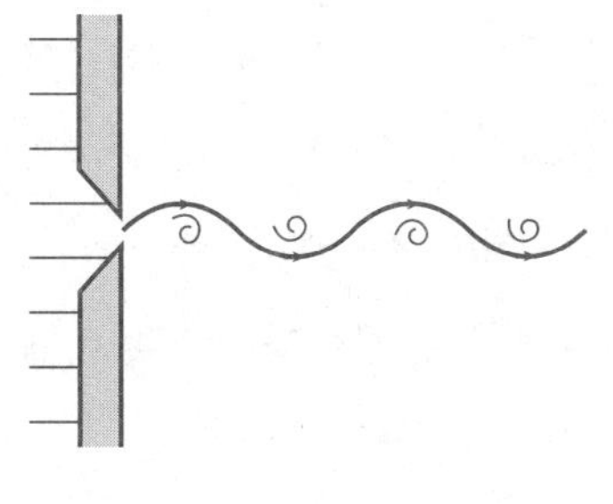

그림 2

공기의 소용돌이가 소리의 발생원이 되는 악기로 리코더(recorder)나 플루트가 있다. 작은 구멍(윈드웨이[windway])으로 불어낸 공기의 흐름이 악기의 벽(에지[edge])에 닿아서 소용돌이가 생긴다. 이 소용돌이도 카르만 소용돌이와 비슷하지만 다른 것이다. 악기의 고유 진동수와 소용돌이의 발생 개수가 일치하면 공명하면서 아름다운 소리가 나는 것이다. 이렇게 해서 나는 소리를 에지 톤(edge tone)이라고 한다(그림 3).

카르만 소용돌이가 소리의 발생원이 되고 있는 악기 중에 에올리안

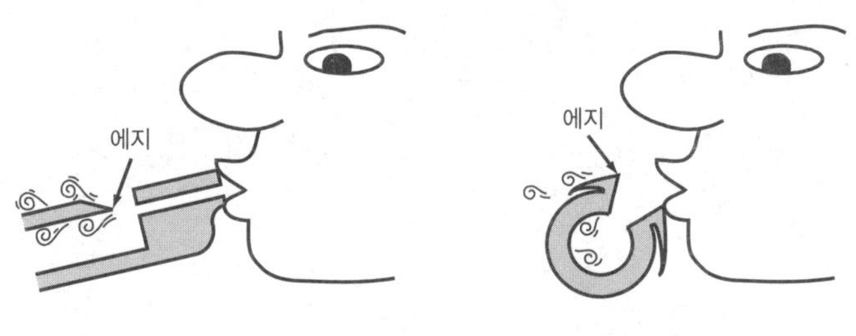

그림 3

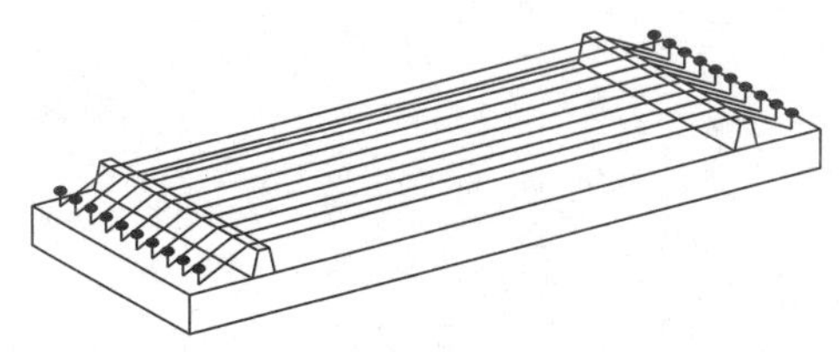

그림 4 • 에올리안하프
(하마마쓰시 악기박물관 소장 악기도록 2를 참고로 지도)

하프(aeolian harp)가 있다. 굵기나 장력이 다른 몇 개의 현을 같은 크기의 높이에 맞춰 현의 장력을 조절한다. 에올리안 하프는 고대 중국과 인도에서 알려졌고 중세에 유럽에도 전해져 19세기 전반에 유행하였다. 명칭은 그리스 바람의 신 에올루스(Aeolus)에서 유래한다. 바로 바람이 타는 하프이다(그림 4).

074

지진이 발생할 때 건물에 따라서 흔들리는 정도가 다르다. 왜?

지하에서 암반이 파괴되면 그 충격이 지표면에 전달되는데, 이것이 바로 지진이다. 암반 파괴는 보통 단층에 의해서 일어난다. 충격은 암석 속에 탄성파로 전달된다. 이것이 지진파이며 지표 가까이에서 속도가 3~6 km/s, 주기가 0.05~20초 정도(진동수로 말하면 0.05~20 Hz)로 알려져 있다. 지진파는 지표로부터 수십~수백 m의 깊이에서 발생하여 지반(지표면)에 도달하면 지면을 흔든다. 건물에 작용하는 것은 이 진동이며 변위, 속도, 가속도, 지속 시간 등이 문제가 된다. 가속도(gal(갤)=cm/s²이 단위로 사용한다)는 특히 중요하며 진도를 결정힐 때 기준이 된다. 속도가 아니라 가속도인 이유는 뉴턴의 운동 방정식에 의해서 (힘)=(질량)×(가속도)이므로 가속도와 질량을 알면 물체에 가해진 힘을 알 수 있기 때문이다. 또, 이것을 중력 가속도로 나눈 값을 가속도 진도(震度)라고 말한다(즉, 중력의 몇 배인가? 기호 k).

예) 진도 3인 경우, 변위는 1 mm, 가속도는 10 gal 정도, 진도 7에서 100 cm, 800 gal, $k=0.8$ (1995년 1월 효고[兵庫]현 남부 지진)

❂ 건물이 흔들리는 것은 일정하지 않다

지진이 일어나면 모든 건물들이 일정하게 흔들릴까? 그렇지 않다. 어떤 빌딩은 무너져도 옆의 빌딩은 멀쩡히 서 있다. 또 지면에 가까운 아래쪽이 많이 흔들리는 빌딩이 있는 반면, 아래층은 그다지 흔들리지 않는데 위층이 크게 흔들리는 빌딩도 있다. 왜 그럴까?

탄성체에 힘을 가하면 변형되지만 힘을 제거하면 원래대로 되돌아온다. 따라서 무너지기 전의 건물은 용수철처럼 진동할 것이다. 가장 간단한 모델로서 그림 1과 같은 모형을 몇 개 준비하자. 밑의 대를 흔들면 모두가 흔들리는 것이 아니라, 흔드는 방법에 따라서 어떤 것은 흔들리고 어떤 것은 흔들리지 않는다. 또 흔드는 방법도 그림 2와 같이 여러 가지이다. 이것이 바로 같은 지진이라도 흔들리는 건물과 흔들리지 않는 건물, 또 같은 빌딩이라도 흔들리는 장소, 흔들리지 않는 장소가 있다는 것의 기본적인 모델이다.

왜 이런 일이 일어날까? 탄성체에 있는 고유 진동수와 같은 진동수의 진동에는 공진하여서 크게 진동하지만, 진동수가 맞지 않으면 진동은 감쇄해서 커지지 않기 때문이다. 지진에 흔들리거나 흔들리지 않는 것

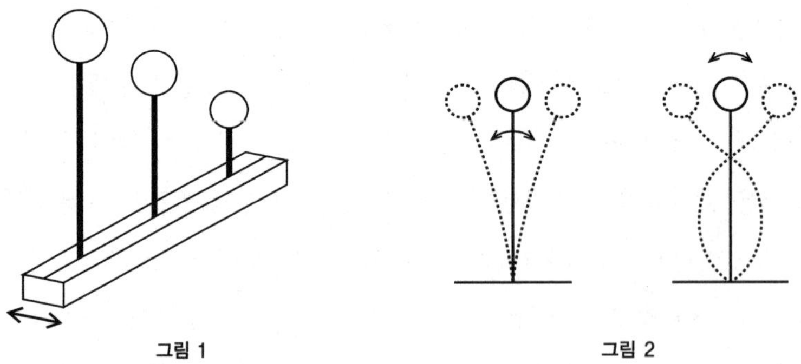

그림 1   그림 2

은 이 성질과 관계가 있다.

그러면 고유 진동수는 어떻게 결정될까? 그것은 진동하는 물체의 길이나 단단한 정도, 물체의 어느 부분이 고정되어 있는가(경계 조건)에 의해 결정된다. 예를 들면, 질량 m인 추는 탄성 계수 k이고 질량을 무시할 수 있는 막대기에 연결된 계의 고유 진동수 f는 그림 3의 (1)식으로 주어진다. 또 밀도 ρ, 영(Young)률 E, 길이 l, 진동 방향의 두께 d인 한쪽 끝을 고정시킨 판모양의 탄성체인 경우에는 (2)식으로 주어진다 (그림 3).

보통 사용하는 30 cm 플라스틱 자의 고유 진동수는 대략 5 Hz 정도이다. 실제 건물의 경우에는 간단하지 않지만 철, 콘크리트, 목재 등의 재질을 알면 대략적인 계산을 할 수 있다.

❂ 건물의 고유 진동

그러면 건물은 어느 정도의 진동수에 공진하는가? 대략의 기준을 알아보자. 일반적인 철골 구조에 의한 고층, 초고층 빌딩에 대해서는 대략적인 근사식으로 층수를 N이라고 할 때 고정 주기(고유 진동수의 역수) T(초)는,

$$T = 0.1N \quad \text{(다니구치[谷口]의 공식)} \tag{3}$$

이 되는 것으로 알려져 있다. 예를 들면, 10층 건물이 1초(1 Hz), 40층 건물이 4초(0.25 Hz) 정도 된다. 지진이 발생하여 이와 같은 건물에 옆으로 흔들리는 주기적인 힘이 가해진 경우, 지진에 의한 흔들림과 동시에 건물의 고유 진동에 의한 흔들림이 같이 일어난다. 건물이 충분히 부드럽고 강인하게(부드러운 구조로) 되어 있으면, 최초에는 크게 흔들리

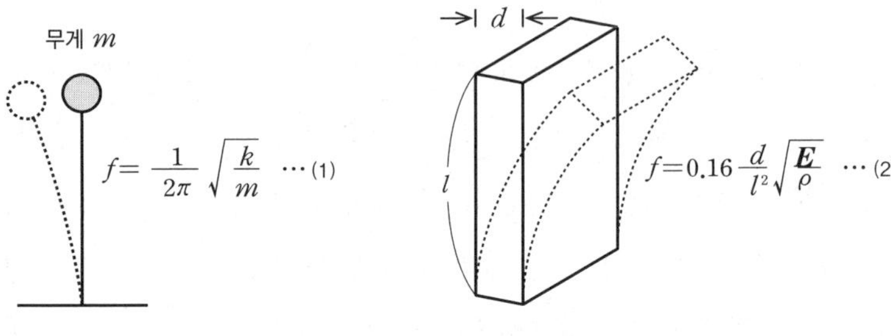

그림 3

지만 나중에는 천천히 감쇄한다. 건물의 중심이 흔들리는 진폭 X(cm)는, 지진동의 가속도 진도 k에 대해 대략 다음과 같은 식으로 나타난다.

$$X=45kT\,(\mathrm{cm}) \tag{4}$$

예를 들어, 40층의 빌딩을, 고베(神戸)의 지진 때 시가지에서 널리 측정된 $k=0.3$의 지진동이 고유 진동의 주기로 걸리면, 20층에서 왕복 1 m, 가장 위층에서 2 m 정도 흔들린다는 계산이 나온다.

지진에 의한 흔들림은 때때로 기준 진동뿐만 아니라, 기준 진동수의 정수배가 되는 2배 진동, 3배 진동이 동시에 일어난다. 기준 진동뿐이라면 가장 위층이 크게 흔들리지만, 진동수 3배의 파동이 포함되어 있으면 중간층에서 크게 흔들리는 일도 있다(그림 2와 같이).

만일 지진에 의한 흔들림 주기와 건물의 고유 진동 주기가 일치하면, 공명 진동이 일어나 엄청난 진동이 발생한다. 지진에 의한 흔들림의 주기는 0.05~1초가 많으므로 보통은 초고층 빌딩이 공진(共振)하는 가능성보다, 중·고층 빌딩이나 2층 건물 정도의 목조 주택이 공진할 가능성이 많다. 목조는 부드러우므로 앞의 식에서 비례 상수가 달라져서

$$T=0.3N \tag{5}$$

정도 된다고 하지만, 그럴 경우 2층 건물에서 0.6초, 3층 건물에서 0.9
초 정도가 되어 지진동의 주기와 일치하는 경우가 있다. 이렇게 되면 건
물에 걸리는 힘과, 흔들림의 진폭도 공진이 없는 경우의 몇 배가 된다.
목조 건물은 구조적으로나 재질에 따라 견딜 수 없어, 붕괴되거나 파괴
될 가능성이 있다. 초고층은 앞에서 계산한 바와 같은 고유 진동을 포함
하는 지진에 의한 흔들림이 있으면 그 진폭은 훨씬 커지고 그 강도(強
度)까지 고려하면 큰 피해를 입을 위험이 있다.

075

물이 담긴 컵을 들고 걸을 때, 컵의 반지름이 어떤 값보다 작으면 잘 넘치지 않는다. 왜?

간단하게 생각하기 위해서 직육면체 모양의 컵이 있다고 하자. 바닥면의 가로, 세로의 길이가 각각 $2L$, a이고, 이 컵에 높이 H까지 물을 담았다고 하자.

이 컵을 들고 걸어갈 때 물이 흔들려서 넘치는 이유는 컵의 흔들림과 물의 진동이 공명하는 경우일 것이다.

이제 컵의 크기와 물이 진동하는 진동수의 관계를 대략 살펴보자. 이것 역시 쉽게 이해하기 위해서 컵 안의 물이 진동하여도 수면은 평면이라고 하자. 수면의 최고점, 최저점의 높이가 컵 바닥으로부터 각각 $H+h$, $H-h$가 된 순간을 생각하자(그림 1).

이때, 물의 중심(重心)은

$$\text{수평 오른쪽으로} \quad x=\left(\frac{2}{3}L-\left(-\frac{2}{3}\right)L\right)\frac{m}{M} \tag{1}$$

$$\text{연직 위쪽으로} \quad y=\left(\frac{1}{3}h-\left(-\frac{1}{3}\right)h\right)\frac{m}{M} \tag{2}$$

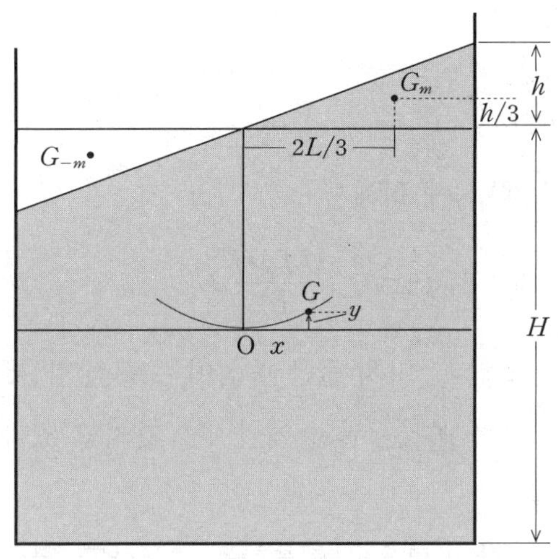

그림 4 • 직육면체의 컵

만큼 벗어나 있다. 여기에

$$m=\frac{1}{2}\rho Lha, \ M=\rho\cdot 2LHa$$

는 각각 평형점을 벗어난 물의 질량, 물 전체의 질량이다. 이들을 (1), (2)에 대입하면

$$x=\frac{L}{3H}h, \ y=\frac{1}{6H}h^2 \tag{3}$$

을 얻을 수 있다.

여기서 미소 진동으로 가정하면(h는 H나 L보다 훨씬 작다고 하면), $|y|\ll|x|$가 되므로 물의 중심은 오로지 수평 방향으로(좌우로) 진동한다고 볼 수 있다.

그렇다고 하여도 물이 진동하는 것은 중력 때문이다. 물의 중심이 y만큼 위쪽으로 이동하면 물의 위치 에너지는 Mgy만큼 증가한다. (3)의

제2식에 의하면

$$Mgy = \frac{Mg}{6H}h^2$$

이 되지만, (3)의 제1식에 의해서

$$위치 에너지 : Mgy = \frac{1}{2}\frac{3MgH}{L^2}x^2 \tag{4}$$

라고 고쳐 쓸 수도 있다. 마치 물은 중심이 수평 방향으로 x만큼 이동하였기 때문에 x^2에 비례하는 위치 에너지를 가지고 있다고 나타내는 식이다!

물의 중심이 수평 방향으로 이동하는 속도(x가 변하는 속도)를 v라 하면, 물은

$$운동 에너지 : \frac{1}{2}Mv^2 \tag{5}$$

을 갖는다.

(5), (4)는 용수철상수

$$k = \frac{3MgH}{L^2} \tag{6}$$

의 용수철에 질량 M을 연결하였을 때 M의 운동 에너지와 위치 에너지로 보이지 않는가! 용수철이 x만큼 늘어나거나 또는 줄어든 순간의 M의 속도를 v라고 하면, $\frac{1}{2}kx^2$이 M의 위치 에너지가 되고 $\frac{1}{2}Mv^2$이 M의 운동 에너지가 되기 때문이다.

이런 비유를 계속하면, 용수철상수 k의 용수철에 연결한 질량 M의 진동 주기의 공식

$$T = 2\pi\sqrt{\frac{M}{k}} \tag{7}$$

로부터 컵에 담긴 물의 진동 주기를 계산할 수 있다. 위에서 얻은 식 (6)을 (7)에 대입하면

$$\text{컵에 담긴 물의 진동 주기} : T = 2\pi\sqrt{\frac{L^2}{3gH}} \tag{8}$$

를 얻는다.

사람이 직접 걸으면서 발을 내딛는 주기를 측정하였더니 대개 0.5s였다. 컵에 물을 높이 $H = 5\,\text{cm} = 0.05\,\text{m}$까지 넣었을 때 물의 진동 주기가 0.5 s가 될 만한 컵의 크기 L을 계산해 보자. (8)로부터

$$L = \sqrt{3gH}\,\frac{T}{2\pi} \tag{9}$$

에 $H = 0.05\,\text{m}$, $T = 0.5\,\text{s}$와 중력 가속도 $g = 9.8\,\text{m/s}^2$을 넣으면

$$L = \sqrt{(3 \times 9.8\,\text{m/s}^2) \times (0.05\,\text{m})} \times \frac{0.5\text{s}}{2 \times 3.14} = 0.097\,\text{m}$$

가 된다. 대략 10 cm이다. 지름으로 하면 20 cm이다. 컵 치고는 좀 큰 것 같지만 발을 내딛는 주기를 1/4로 하여도 L은 절반밖에 안 된다. 물의 높이가 증가하면 컵의 크기 L도 증가한다.

'작은 컵으로는 공명이 일어나지 않는다.' 는 것은 짐작할 수 있다.

컵이나 대야에 물을 담아 들고 걸어보자.

*

또한, 다음과 같은 사고방법에 의해서도 거의 같은 결과를 얻을 수 있다.

컵 안의 수면의 운동을 모델화하여서 그림 2와 같은, T자형 저울의 운동이라고 생각한다. 저울의 고유 진동수는 그 팔의 길이 R과 물의 높이 L에 의해서 결정된다. 이것이 걷는 진동수와 일치하면 공명이 일어

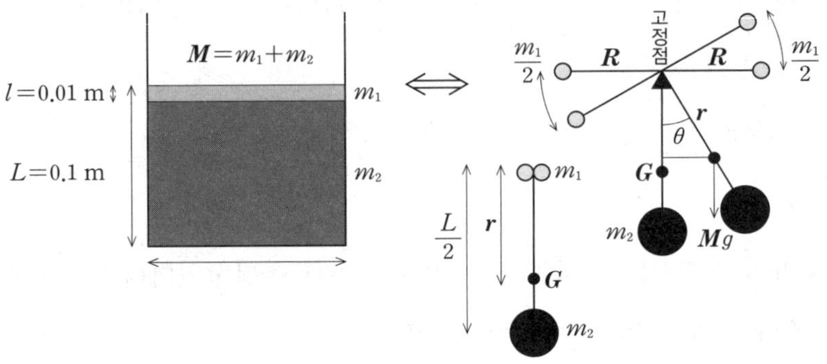

그림 2 • 저울 모델

나며, 저울의 팔은 크게 진동하게 된다.

즉, 수면이 크게 진동하여 물이 넘치게 된다.

저울의 관성 모멘트 I는

$$I=m_1R^2+m_2\left(\frac{L}{2}\right)^2 \tag{1}$$

토크 N은, θ가 작다고 하면

$$N=-Mgr\sin\theta \fallingdotseq -Mgr\theta \tag{2}$$

가 된다. 단, r은 T자형 저울의 팔과 중심 G와의 거리, g는 중력 가속도이다.

따라서, 운동 방정식은

$$I\cdot\frac{d^2\theta}{dt^2}=-Mgr\,\theta \tag{3}$$

가 되며 주기 T는

$$T=2\pi\sqrt{\frac{I}{Mgr}} \tag{4}$$

가 된다.

(1), (4)로부터,

$$R^2 = \frac{1}{m_1}\left\{ Mgr\left(\frac{T}{2\pi}\right)^2 - m_2\left(\frac{L}{2}\right)^2 \right\} \tag{5}$$

심하게 진동하는 물은 수면 근처의 10 % 정도 부분 즉,

$$\frac{m_2}{m_1} = 9$$

로서, $r = 0.05$ m로 계산하면 공명할 때는, 저울의 주기와 걸을 때의 주기가 같다고 생각한다. 주기 T를 발이 한 발 나가는 시간인 약 0.5초라고 하면 (5)로부터 걷는 고유 진동과 물의 정상파가 공명하는 것은, 이전과 마찬가지로 $R \fallingdotseq 0.09$ m $= 9$ cm일 때가 된다.

076

커다란 종을 손가락으로 쳐서 진동시킨다. 진폭이 1 cm가 되게 하려면 몇 번 치면 되는가?

벤케이(辨慶)라는 장사는 히에이잔(比叡山) 등 여러 나라에 종(鐘)을 운반하고, 또 종을 손가락으로 친 적이 있다고 한다.

우리들도 종을 손가락으로 칠 수 있을까? 인내심 강하게 계속해서 치면 진동이 일어날 지도 모른다. 종 아래 부분의 진폭을 1 cm로 하는 것을 목표로 하자. 최소 몇 번 치면 가능할까?

✪ 손가락으로 치는 힘

손가락에 얼마만큼의 힘을 주면 종을 칠 수 있을까? 페트병에 1 l의 물을 넣어, 인지(둘째 손가락)로 페트병을 위로 받쳐 보자. 페트병이 넘어지지 않도록 왼손으로 거들어야 하겠지만 인지로 1 l를 받쳐 들 수는 있다. 2 l로 해 보면 사람에 따라 다르지만 좀 힘들다.

1 l의 물은 질량이 $m=1$ kg이다. 이것을 밑에서부터 받치는 힘은, 중력 가속도 $g=9.8$ m/s^{2}을 이용하여

$$F=mg=1\,\text{kg}\times 9.8\,\text{m/s}^2 \simeq 10\,\text{N}$$

으로 계산된다. 이것을 손가락으로 종을 치는 힘이라고 하자.

❂ 진자를 손가락으로 친다

종과 같이 크기가 큰 물체의 진동을 다루는 데는 준비가 필요하다.

종과 같은 질량 M의 추(질점)를 길이 l의 밧줄로 늘어뜨린 단진자(그림 1)에 대해서 생각해 보자. 이 진자의 진동 주기는

$$T = 2\pi\sqrt{\frac{l}{g}} \qquad (1)$$

로 주어진다. $l = 1\text{ m}$로 하면

$$T = 2\pi\sqrt{\frac{1\text{ m}}{9.8\text{ m/s}^2}} \simeq 2\text{ s}$$

가 된다.

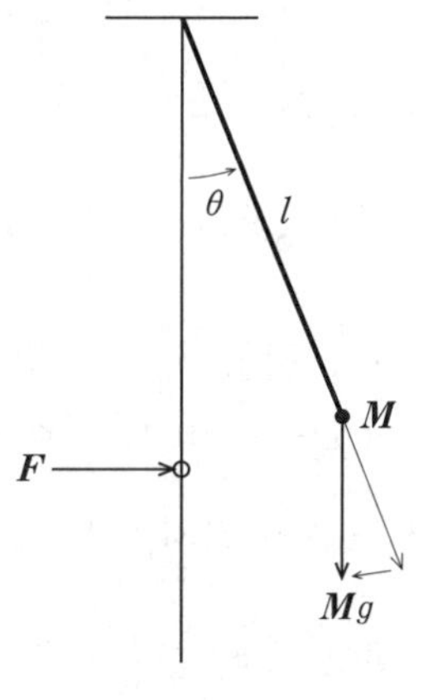

그림 1

◉ 한 번 친 경우

진자가 연직으로 늘어져 정지하고 있을 때, 힘 $F = 10\text{ N}$을 시간 $\Delta t = 0.5\text{ s}$ 동안만 가해 주면 추의 속도는 (추에 가힌 힘의 적분)/(추의 질량)으로 구할 수 있는데[4], $M = 1\text{ t}(1톤)$이라 하면

$$v_1 = \frac{F\Delta t}{M} = \frac{10\text{ N} \times 0.5\text{ s}}{10^3\text{ kg}} = 5 \times 10^{-3}\text{ m/s} \qquad (2)$$

가 된다. 이 정도의 속도로 추는 움직여 나간다. 즉, 5 mm/s이다.

그러나, 추가 움직여서 밧줄이 연직선으로부터 벗어나면, 그림 1로부

---

4 ● 힘의 적분이란 힘과 그것이 작용하는 시간의 곱, 그 힘이 일으키는 운동량 변화와 같다.

터 알 수 있는 것과 같이 밧줄이 추를 끌어당긴다. 평형의 위치 $x=0$ 쪽으로 끌어당겨 제자리로 되돌리려고 한다. 끌어당겨 제자리로 되돌리려고 하는 힘(복원력)은, 매단 밧줄이 연직선으로부터 각 θ만큼 벗어났을 때(그림 1)

$$f=-Mg\sin\theta \sim -Mg\theta \tag{3}$$

가 된다. 단, θ가 작다고 하여 $\sin\theta \simeq \theta$의 근사를 하였다.

이때, 추의 수평 변위는 $x=l\ \sin\theta \simeq l\theta$이다. 따라서 복원력 (3)은

$$f=f(x)=-\frac{Mg}{l}x \tag{4}$$

가 된다. 이것은, 용수철을 x만큼 잡아 늘렸을 때의 복원력 $f(x)=-kx$와 같은 모양이다. 용수철상수 k에 해당하는 것은 Mg/l이다. 용수철의 경우에 위치 에너지는 $V(x)=\frac{1}{2}kx^2$이다. 진자의 경우로 번역하면

$$V(x)=\frac{1}{2}\frac{Mg}{l}x^2$$

이 된다. 그 위치에서 추의 속도를 $v(x)$라 하면, 에너지보존 법칙

$$\frac{1}{2}M[v(x)]^2+\frac{1}{2}\frac{Mg}{l}x^2=(\text{일정})$$

이 성립한다. $x=0$인 순간에는 위치 에너지가 0이므로

$$\frac{1}{2}M[v(x)]^2+\frac{1}{2}\frac{Mg}{l}x^2=\frac{1}{2}M[v(0)]^2 \tag{5}$$

이 성립한다.

추를 손가락으로 한 번 쳤을 경우, $x=0$에서의 추의 속도 $v(0)$은 식 (2)로 주어지므로, 에너지보존 법칙의 식 (5)는

$$\frac{1}{2}M[v(x)]^2+\frac{1}{2}\frac{Mg}{l}x^2=\frac{1}{2}Mv_1^2 \tag{6}$$

이 된다.

추가 진동하는 진폭 A_1은 $v(x)=0$이 되는 x값이므로

$$A_1=\sqrt{\frac{l}{g}}\,v_1=\frac{T}{2\pi}v_1 \tag{7}$$

가 된다. 여기서 만약 일반적으로 (5)로부터 같은 계산을 하여서 진폭 A라고 놓으면 우변에는 v_1 대신에 $v(0)$가 나타났을 것이다. 추의 진폭은 $x=0$을 통과하는 순간의 속도에 비례하는 것이다. 이것을 잘 기억하자.

추를 손가락으로 한 번 쳤을 경우의 진폭을 식 (7)을 이용하여 구해 보자. 이 식은 벤케이가 종을 쳤을 경우에도 성립하지만, 우리들의 손가락으로는 처음에 계산한 대로 $v_1 \simeq 5 \times 10^{-3}$ m/s, $T \simeq 2$s이므로

$$A_1=\frac{5\times10^{-3}\,\mathrm{m/s}}{2\pi}\times2\mathrm{s}\simeq2\times10^{-3}\,\mathrm{m} \tag{8}$$

이 된다. 즉, 2 mm이고 이 값은 작다. 우리들이 손가락으로 한 번 $0.5\,s$ 동안 친 것으로는 이 정도밖에 종이 흔들리지 않는다.

⊙ 공명을 일으키도록 같은 주기로 계속 쳤을 경우

진자의 추가 $x=A_1$까지 움직였다가 $x=0$으로 되돌아와서(그때 추의 속도는 $-v_1$) 그 지점을 통과하여 반대쪽으로 $x=-A_1$까지 움직였다가, 다시 $x=0$으로 되돌아올 때에 — 그때 추의 속도는 다시 $+v_1$이 된다 — 손가락으로 추가 움직이는 방향으로 시간 Δt만큼 가하면, 추의 속도는

$$v_2=v_1+\frac{F\Delta t}{M}=2\frac{F\Delta t}{M}=4\,\mathrm{mm/s} \tag{9}$$

로 증가한다. 즉, 속도는 2배가 된다. 그러면, 추의 진폭은— $v(0)$에 비례하므로— 식 (7)의 2배가 된다.

$$A_2 = 2A_1 \tag{10}$$

진자의 추가 한 번 진동한 후 다시 $x=0$을 통과하는 순간 손가락으로 힘을(속도와 같은 방향으로) 시간 Δt만큼 가하면 이번에는 추의 속도가 $3v_1$으로 증가한다. 진폭도 $3A_1$이 된다.

이것을 최초에 한 번 쳤을 때부터 세어서 n회 되풀이하면, $x=0$로 되돌아왔을 때 추의 속도는

$$v(0) = v_n = nv_1 \tag{11}$$

으로 증가하고, 진폭은 $v(0)$에 비례하므로

$$A_n = nA_1 \tag{12}$$

으로 증가한다. 이와 같이 진폭이 치는 횟수 n에 비례해서 증가하는 것은, 종의 운동에 타이밍을 맞춰서—종이 원래의 상태로 되돌아올 때마다 속도의 방향으로 —치기 때문이다. 종이 종치기에 공명하고 있다.

종의 진폭 (12)가 $1\,\mathrm{cm}$가 될 때까지 종을 쳐야 할 횟수는, 공명의 경우에 가장 적다. 그 횟수 n은, (12)로부터

$$nA_1 = 1\,\mathrm{cm}$$

로 하여 (7)의 값을 대입하면

$$n = 1\,\mathrm{cm}/A_1 = 1\,\mathrm{cm}/2\,\mathrm{mm} = 5(회) \tag{13}$$

가 된다.

✿ 막대기 모양의 종

종은 진자와 형태가 다르다. 진짜 종에 대해 알
아보기 전에 막대기(그림 2)의 진동을 알아보자.

⦿ 막대기의 방정식

뉴턴의 역학은 질점(크기는 없지만 질량을 갖
는)의 운동을 기본으로 하고 있다. 그래서 막대기
의 운동을 다룰 때에는, 이것을 매우 작게 잘라서
질점의 모임으로 간주한다. 작게 자른 것을 위에
서부터 번호 $i=1, 2, \cdots, N$을 붙이자. 고정점의
위치가 원점이 되도록 직각 좌표계를 취하여(그림 4), 점 i의 좌표를 $(x_i,$
$y_i)$라고 하자. 원점은 번호 $i=0$이 되고 막대기를 흔들어도 $i=0$의 좌표
는 $(x_0, y_0)=(0, 0)$으로 하면 편리하다. 질점 i의 운동 방정식은

$$m_i \frac{d^2 x_i}{dt^2} = f^{x}_{i,\,i-1} + f^{x}_{i,\,i+1}$$

$$m_i \frac{d^2 y_i}{dt^2} = f^{y}_{i,\,i-1} + f^{y}_{i,\,i+1} - m_i\, g$$

$$(14)$$

이 된다. 여기서 $f^{x}_{i,j}, f^{y}_{i,j}$는 질점 i에 질점 j가 미치는 힘의 x성분, y성
분이다. 힘은 서로 이웃하는 두 질점들 사이에 작용하는 것이며, 작용 ·
반작용의 법칙

$$(f^{x}_{i,\,j},\ f^{y}_{i,\,j}) = (-f^{x}_{j,\,i},\ -f^{y}_{i,\,i})$$

$$(15)$$

이 성립한다. 그리고 $(f^{x}_{1,\,0}, f^{y}_{1,\,0})$는 질점 $i=1$에 고정점 $j=0$이 미치는
힘이다. 또, $(f^{x}_{N,N+1}, f^{y}_{N,N+1})=0$으로 한다.

여기에 유익한 학습거리가 있다.

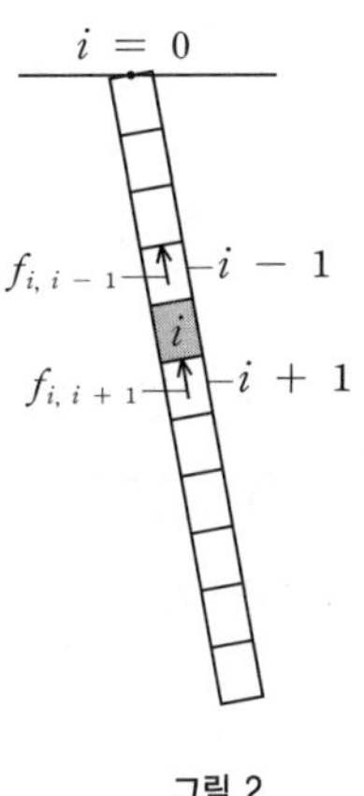

그림 2

(a) 학습의 제1단계

(14)의 둘째 식에 x_i를, 첫째 식에 y_i를 곱해서 빼면

$$(\text{좌변}) = m_i\left(x_i\frac{d^2y_i}{dt^2} - y_i\frac{d^2x_i}{dt^2}\right) = \frac{d}{dt}m_i\left(x_i\frac{dy_i}{dt} - y_i\frac{dx_i}{dt}\right)$$

및 $(\text{우변}) = x_i(f^y_{i,\,i-1} - f^y_{i+1,\,i}) - y_i(f^x_{i,\,i-1} - f^x_{i+1,\,i}) - gm_ix_i$

이 된다. 여기서 작용 · 반작용의 법칙 (15)를 사용하였다.

이들의 식을 i에 대해서 1부터 N까지 모두 합한다. 우선 우변을 계산하면

$$\begin{aligned}
\text{식(우변의 합)} = {}& x_1(f^y_{1,0} - f^y_{2,1}) + x_2(f^y_{2,1} - f^y_{3,2}) + \cdots + x_N f^y_{N,N-1} \\
& - (x \rightleftharpoons y) - (m_1x_1 + m_2x_2 + \cdots + m_Nx_N)g \qquad (16)
\end{aligned}$$

이 된다. $f^x_{N+1,\,N} = 0,\ f^y_{N+1,\,N} = 0$에 주의하라. 이것은 $x_0 = 0$을 이용하여

$$\begin{aligned}
& (x_1 - x_0)f^y_{1,0} + (x_2 - x_1)f^y_{2,1} + \cdots + (x_N - x_{N-1})f^y_{N,N-1} \\
& \qquad - (x \rightleftharpoons y) - (m_1x_1 + m_2x_2 + \cdots + m_Nx_N)g \qquad (17)
\end{aligned}$$

으로 바꿀 수 있다. 그런데 질점 $i,\ j$가 서로 미치는 힘의 작용선은 각각의 위치를 연결하는 선분에 평행할 것이므로

$$\frac{f^x_{i,\,i+1}}{x_i - x_{i+1}} = \frac{f^y_{i,\,i+1}}{y_i - y_{i+1}}$$

이 성립한다. 따라서 (17)의 제1행은 0이 된다. 학습 제1단계의 결과는 이것이며, 질점 사이에 서로 미치는 힘이라는 귀찮은 항이 지워져서, (16)은

$$\text{식 (우변의 합)} = (m_1x_1 + m_2x_2 + \cdots + m_Nx_N)g$$

이 된다. 이것은, 질점들 전체 중심의 x좌표

$$X_G = \frac{m_1 x_1 + m_2 x_2 + \cdots + m_N x_N}{m_1 + m_2 + \cdots + m_N} \tag{18}$$

을 사용하면

$$식(우변의\ 합) = M g X_G \quad (M = m_1 + m_2 + \cdots + m_N) \tag{19}$$

이라고 쓸 수 있다. M은 질점들의 총질량 즉, 막대기의 질량이다.

좌변 쪽의 합은, 질점의 각운동량이라고 부르는

$$L_i = m_i \frac{d}{dt}\left(x_i \frac{dy_i}{dt} - y_i \frac{dx_i}{dt} \right) \tag{20}$$

의 총합의 시간적 변화율

$$(좌변의\ 합) = \frac{d}{dt}(L_1 + L_2 + \cdots + L_N) \tag{21}$$

라고 쓸 수 있다. 이것은 그 자체로 아름다운 결과이지만 지금의 경우, 막대기가 변형되지 않는다고 가정하면 더 간단하게 된다.

(b) 학습의 제2단계

막대기가 연직선과 이루는 각을 θ로 하고, 막대기의 고정점으로부터 질전 i까지의 거리를 r_i라 하면

$$x_i(t) = r_i \sin\theta(t), \ y_i = -r_i \cos\theta(t)$$

라고 쓸 수 있다. r_i는 시간에 따라 변하지 않는다. 따라서

$$\frac{dx_i}{dt} = r_i \cos\theta \cdot \frac{d\theta}{dt}, \ \frac{dy_i}{dt} = r_i \sin\theta \cdot \frac{d\theta}{dt}$$

이 되며, 질점의 각운동량은

$$L_i = m_i r_i^2 \frac{d\theta}{dt}$$

라는 간단한 모양이 된다. 그리고 (21) 은

$$\text{식(좌변의 합)} = (m_1 r_1^{\,2} + m_2 r_2^{\,2} + \cdots + m_N r_N^{\,2})\frac{d^2\theta}{dt^2}$$

으로 정리된다. 즉,

$$\text{(좌변의 합)} = I\frac{d^2\theta}{dt^2} \tag{22}$$

여기서

$$I = m_1 r_1^{\,2} + m_2 r_2^{\,2} + \cdots + m_N r_N^{\,2} \tag{23}$$

으로 놓았다. 이것은, 지금 막대기가 변형하지 않으므로 시간에 무관한 정수이고, 막대기의 고유한 양인 것이다.

실제로 막대기를 N등분하여 계산해 보면, 막대기의 길이를 L, 단위 길이당 질량을 ρ라고 하여 $m_i = \rho L/N$, $r_i = iL/N$이 되는 것에 주의한 다면

$$I = \frac{\rho L}{N}\left(\frac{L}{N}\right)^2(1^2 + 2^2 + \cdots N^2) = \frac{\rho L^3}{N^3}\cdot\frac{1}{6}N(N+1)(2N+1)$$

이 된다. 막대기를 극히 잘게 나누어 $N \to \infty$ 라고 하면

$$\frac{1}{6}\frac{N(N+1)(2N+1)}{N^3} = \frac{1}{6}\left(1+\frac{1}{N}\right)\left(2+\frac{1}{N}\right)\underset{N\to\infty}{\longrightarrow}\frac{1}{3}$$

에 의하여

$$I = \frac{1}{3}ML^2 \tag{24}$$

을 얻는다. 이것을 막대기의 관성 모멘트라고 말한다. 정확히 하자면 질량 M, 길이 L인 막대기의 한쪽 끝을 중심으로 회전할 때의 관성 모멘트이다. 이것을 사용하여 (좌변의 합)=(우변의 합), 즉 (22)=(19)를 쓰면

$$I\frac{d^2\theta}{dt^2}=-Mg\frac{L}{2}\sin\theta \tag{25}$$

이 된다. 여기서, 막대기의 고정점으로부터 중심까지의 거리가 $L/2$인 것을 사용하여 $X_G=\dfrac{L}{2}\sin\theta$라고 썼다

이것이 강체인 막대기의 운동 방정식이다. 좀더 자세히 말하면, 한 끝을 고정축으로 하여, 한 평면 내에서 회전하는 강체 막대기의 운동 방정식이다.

각 θ가 작으면, $\sin\theta\simeq\theta$로 하여서

$$I\frac{d^2\theta}{dt^2}=-Mg\frac{L}{2}\theta \tag{26}$$

라고 근사적으로 나타낼 수 있다.

✿ 막대기와 등가(等價)인 진자의 길이

처음에 생각한 진자의 운동 방정식을 쓰면

$$M\frac{d^2x}{dt^2}=-Mg\frac{1}{l}x$$

이 된다. 한편, 막대기의 운동 방정식 ⑳은 $L\theta=x$라 놓고 ㉔를 고려하면

$$M\frac{d^2x}{dt^2}=Mg\frac{3}{2L}x$$

라고 쓸 수 있다. 이 두 식은

$$l=\frac{2}{3}L \tag{27}$$

이라고 놓으면 일치하므로, 이 l을 길이 L인 막대기와 등가(等價)인 진자의 길이라고 한다. 여기서 비례 상수 $\dfrac{2}{3}$는 종을 단진자로 대체한 최초

의 계산 결과에 큰 차이는 가져오지 않는다.

종과 같이 땅딸막한 물체에 대해서도 등가인 진자의 길이를 정의할 수 있다. 이 경우에도, 종의 높이를 길이로 하는 단진자로 대체하여도 큰 오류는 없다.

❄ 패러독스

막대기의 진동을 생각했을 때에는, 막대기를 세분하여서 질점의 모임으로 보았다. 그리고 질점 i와 $i+1$이 서로 미치는 힘의 작용선이 두 질점의 위치를 연결하는 직선과 겹치는 것에 착안하여서 막대기 전체의 운동 방정식 (25)를 유도하였다.

막대기가 고정점을 지나는 직선상에 있으므로, 질점 i와 $i+1$이 서로 미치는 힘은 막대기에 수직한 성분을 갖지 않는다. 따라서 어느 순간이라도 막대기에 수직하게 ξ축을 잡으면

$$m_1\frac{d^2\xi_1}{dt^2}=-m_1g\frac{\xi_1}{r_1}$$

$$m_2\frac{d^2\xi_1}{dt^2}=-m_2g\frac{\xi_2}{r_2}$$

$$\vdots \quad = \quad \vdots \tag{28}$$

$$m_N\frac{d^2\xi_N}{dt^2}=-m_Ng\frac{\xi_N}{r_N}$$

이 성립하게 된다. 질점 i와 $i+1$이 서로 미치는 힘 $f_{i,\,i+1}$이 나타나는 것은 막대기와 나란하게 잡은 η축에 관한 운동 방정식이 된다.

이것이 옳다면 ξ_1의 미소 진동의 진동 주기는

$$T_i = 2\pi\sqrt{\frac{r_i}{g}} \quad (i=1,\ 2,\ \cdots,\ N)$$

이 되어 질점마다 모두 다르다. 이 결과는 막대기를 직선이라고 한 가정에 모순이다! 패러독스(paradox)이다.

실제로 막대기는 계속해서 완전한 직선일 수는 없다. 만약 직선이라면 질점 m_i의 진동 주기는 m_{i+1}의 주기보다 짧아지므로, 막대기가 끊어지지 않도록 하기 위해서는 m_{i+1}이 m_i를 붙들지 않으면 안 된다. 그러기 위해서는 $f_{i,\ i+1}$가 ξ성분을 가져야만 하고, 그 때문에 막대기는 다소나마 휠 수밖에 없다. 그러나 단단한 막대기라고 가정하여도 계산 결과에는 거의 차이가 없다.

077: 연결된 진자는 서로 번갈아 가면서 크게 흔들린다. 왜?

✹ 두 진자의 불가사의한 움직임은 보기만 해도 재미있다

마찰이 없다면 진자는 한 번 움직이면 그 진자의 고유 주기(1회 왕복하는 시간)로 언제까지나 움직인다. 흔들리기 시작할 때 크게 흔들리는 것에 비해서, 공기의 저항이나 마찰로 진동이 약해져서 움직임이 느려지면 주기도 길어지지 않을까? 그런 일은 없다. 진폭이 작아져서 거의 멈추려고 할 때조차도 주기는 변하지 않는다. 이것을 진자의 등시성(等時性)이라고 말한다.

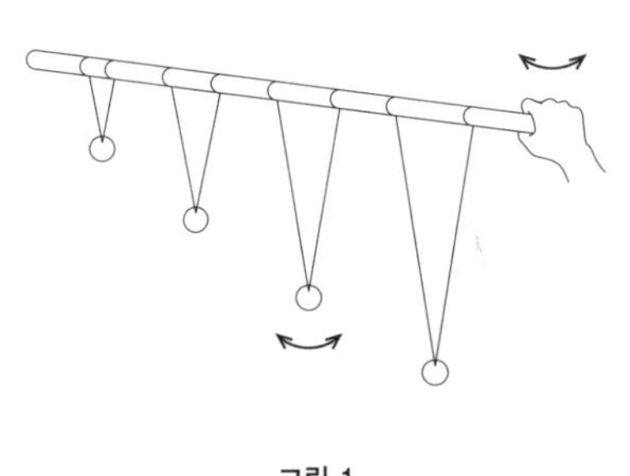

그림 1

진자의 진동과 일치하는 주기로 진자에 힘을 가해 주면 어떻게 될까? 힘과 진자의 운동이 동조하므로, 진자가 움직이는 방향과 같은 방향으로 힘을 가하면 진자는 일을 받아 에너지를 흡수해서 그 진폭은 점점 커진다. 예를 들어, 그림 1과 같이 길이가 다르고, 따라서 주기도 다른 몇

개의 진자를 매달아서 어떤 주기로
막대기를 흔들면, 그 주기에 일치
하는 주기의 진자만이 잇따라 크게
흔들리고, 주기가 맞지 않는 것은
거의 움직이지 않는다. 이것이 공
명이라는 현상이다(심령술의 트릭
에 사용되는 경우도 있다). 그러나
만약 같은 주기의 힘이라도 진자의
운동과 반대 방향으로 가해지면,

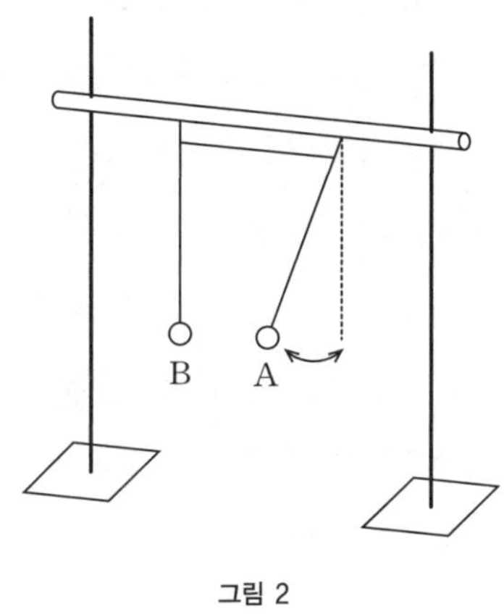

그림 2

이번에는 운동을 방해하므로 오히려 진자가 일을 해서 에너지를 잃고
진폭은 점차 작아진다. 전자는 에너지의 공명 흡수, 후자는 공명 방출이
라고 말한다.

그림 2와 같이 주기가 같은 두 진자를 준비한 다음, 실을 이용하여 두
진자를 연결해 두자. 지금 B의 진자를 멈추고 A를 흔들어 놓는다. 실을
통해서 A가 B에 힘을 가하여 B를 움직이는데, A와 B의 주기가 같으
므로 공명이 일어난다. 이 때문에 A는 계속 에너지를 잃고 진폭이 점점
작아지며, 반대로 B는 에너지를 흡수해서 점점 크게 흔들린다. 재미있
는 것은 A와 B의 진폭이 같아질 때까지 즉, 에너지가 같아졌을 때 에너
지의 이동이 멈출 것으로 생각되지만, 실제로는 A가 에너지를 전부 잃
어서 완전히 멈출 때까지 에너지의 이동은 계속된다. A가 멈추고 B만
움직이는 상태가 되면 A와 B의 입장이 바뀌므로, 이번에는 B에서 A
로 에너지가 이동하게 된다. 그 후에는 계속해서 A에서 B로, B에서 A
로 진동이 왔다 갔다 한다. 이 현상을 보고 있으면 정말 재미있다.

✿ 왜 에너지가 왔다 갔다 하는가?

주기(진동수라고 해도 된다)가 같은 진자 두 개를 어떻게든 연결해서 상호작용시키면 언제나 이 현상을 볼 수 있다. 즉, 에너지는 한쪽으로 완전히 옮겨갈 때까지 이동하는 것이다. 상하로 진동하는 용수철 진자와 그 용수철을 중심으로 추가 회전하는 진동 사이에서도 이와 같은 공명을 일으킬 수 있다.

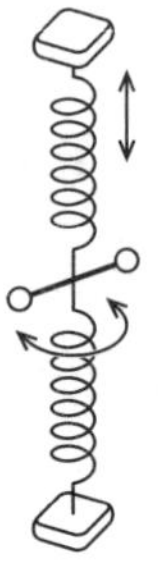

그림 3

그렇다면, 왜 양쪽이 똑같이 에너지를 서로 나누어 갖지 않고 완전히 상대에게 에너지를 주는 것인가? 그것은 이렇게 생각할 수 있을 것이다. 위의 A, B는 주기가 같으므로, A가 먼저 움직이면 항상 A는 B보다 일정 부분 앞서가서 추월당하는 일이 없다. 따라서 A가 멈추기까지 항상 B에 앞서가서 진동을 크게 하도록 B에 힘을 가한다. B는 역으로 A를 늦추려고 힘을 가한다. 따라서 공명 흡수와 공명 방출이 일어나며, A가 멈출 때까지 일방적으로 계속된다.

✿ 두 진동을 맥놀이라고 보는 방법

이 현상을 설명하는 다른 방법은 두 진자를 공명으로 보는 방법이다. 사실은 두 진자 전체를 하나의 것으로 볼 수도 있다. 진자(연성(連成) 진자라고 부른다) 전체의 운동으로 취급할 때, 시간이 지나도 바뀌지 않도록 흔드는 방법이 두 가지 있다(정상 진동 또는 규준 모드의 진동이라고 말한다). 그것은 그림 4와 같이 A와 B가 함께 흔들리는 상태 1과 서로 대칭이 되도록 흔들리는 두 가지이다. 이 두 진동은 각각 일정한 주기를 갖지만 1과 2에서 약간 다르다.

이제 실제로 임의의 연성 진자의 운동을 구하려면 운동 방정식(뉴턴

의 운동 방정식)을 세워 풀
면 된다. 계산은 나중에 보
도록 하고 결론부터 알아
보자. 진폭이 작다면 상태
1과 상태 2를 진폭과 진동
시작 시간을 바꾸어서 포
개면(양편의 흔들림을 더
하면), 임의의 연성 진자의

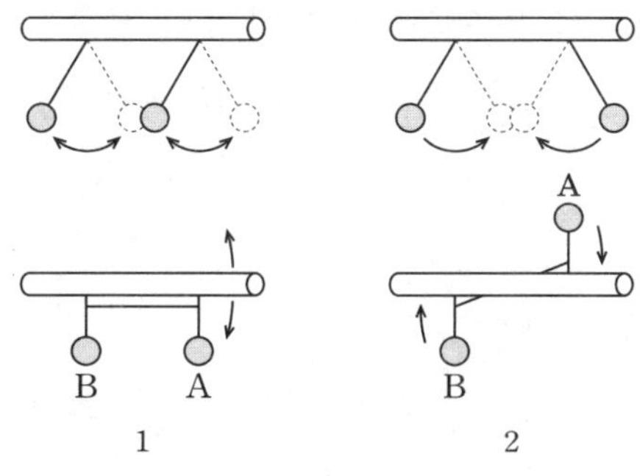

그림 4 • 위에서 본 그림

운동을 만들 수 있다. 예를 들어 B는 정지한 채로, A는 평형점으로부터
벗어나게 해서 놓아주는 경우는 1의 상태와 2의 상태를 합해서 시작한
다고 생각하면 된다. 손을 놓은 후의 운동은 그 시각의 1과 2를 겹치면
된다. 그런데 시간이 지나도 각각의 진동은 바뀌지 않으나, 위상이 조금
엇갈려 있으므로 둘을 겹쳐 합친 것은 시간에 따라 조금씩 변화한다. 이
것은 진동수가 약간 다른 두 소리를 동시에 듣는 것과 완전히 같은 현상
인 맥놀이가 일어난다. 이것과 마찬가지로 각 진자의 진폭도 커지거나
작아진다. 이것이 진동이 왔다 갔다 하는 것의 다른 표현이다. 맥놀이의
진동수는 두 진동수의 차이가 된다. 실제로 연성 진자를 만들어 스튜워

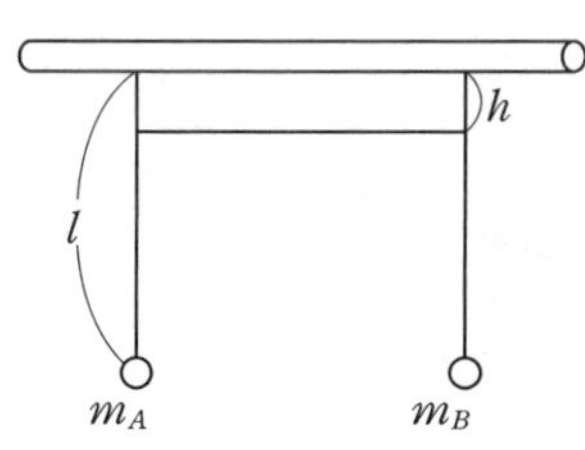

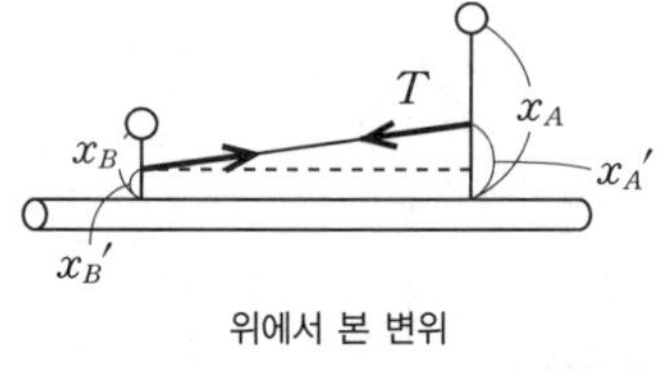

위에서 본 변위

그림 5

치로 주기를 측정해 보면, 1의 진동수와 2의 진동수의 차이 만큼의 진동
수로 에너지가 A, B 사이를 왔다 갔다 한다. 재미있으니 꼭 확인해 보
자.

✪ 계산

그림 5와 같이 A, B 진자의 질량과 길이를 각각 m, l, 변위를 x_A, x_B
로 하고, h를 연결하였다고 하자. 하나의 진자만 있는 경우의 각진동수
를

$$\omega = \frac{2\pi}{주기}$$

라고 정의하면, 하나의 진자만 흔들리고 있는 경우의 운동 방정식
$F=ma$는 미분을 이용하여

$$m\ddot{x} = -m\omega^2 x$$

라고 쓸 수 있다.

한편, 연결했을 때 상호작용하는 힘을 고려해야 한다. 변위가 크지 않
으니 실의 장력(張力)은 'T = 일정' 으로 하자. 또 진자가 거의 구부러지
지 않는다고 하면 h인 곳의 변위를 x'로 하여서

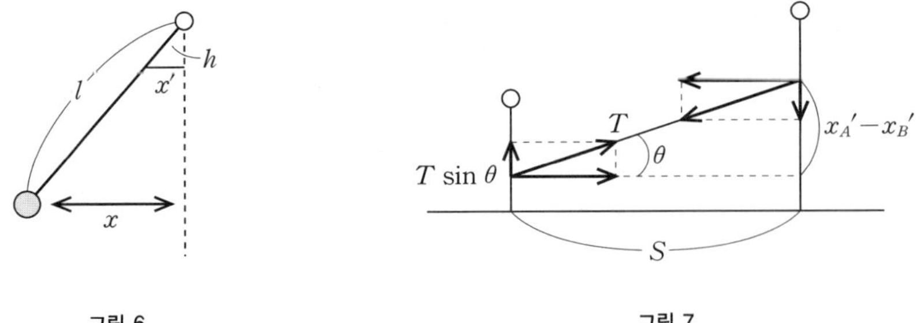

그림 6   그림 7

$$x'_A = \frac{h}{l} x_A, \quad x'_B = \frac{h}{l} x_B$$

라고 쓸 수 있으므로

$$x'_A - x'_B = \frac{h}{l}(x_A - x_B)$$

여기서 진자의 운동 방향으로의 힘은, θ가 작다고 하면

$$T\sin\theta \fallingdotseq T\tan\theta = T \cdot \frac{x'_A - x'_B}{S}$$
$$= \frac{T}{S}\frac{h}{l}(x_A - x_B) = k\,(x_A - x_B)$$

라고 쓸 수 있다. $k = \dfrac{Th}{Sl}$ 가 두 진자가 상호작용하는 강도를 나타낸다.
이것을 이용하여 A, B의 운동 방정식을 세운다.

$$\begin{cases} m\ddot{x}_A = -m\omega^2 x_A - k(x_A - x_B) \\ m\ddot{x}_B = -m\omega^2 x_B - k(x_A - x_B) \end{cases}$$

여기서 시간에 따른 진자의 운동을 나타내는 해를

$$\begin{cases} x_A = A \sin Wt \\ x_B = B \sin Wt \end{cases}$$

라고 가정하자. 이것을 대입하면 운동 방정식은

$$\begin{cases} -mW^2 A \sin Wt = -m\omega^2 A \sin Wt - k(A-B)\sin Wt \\ -mW^2 B \sin Wt = -m\omega^2 B \sin Wt + k(A-B)\sin Wt \end{cases}$$

가 된다. sin의 계수를 같다고 놓으면

$$\begin{cases} (m(\omega^2 - W^2) + k)\,A - kB = 0 \\ -kA + \{m(\omega^2 - W^2) + k\}B = 0 \end{cases}$$

이 된다. 이 A, B의 연립 방정식이 0이 아닌 해를 갖는 조건은,

$$\{m(\omega^2 - W^2) + k\}^2 - (-k)(-k) = 0$$

이다. 이것을 만족하는 W를 구한다.

하나는 $W = \omega$(+를 취한다)라는 것은 간단히 알 수 있다. $W \neq \omega$인 경우에는

$$m^2(\omega^2 - W^2)^2 = -2km(\omega^2 - W^2)$$

$W \neq \omega$라고 하였으므로

$$\omega^2 - W^2 = -2\frac{k}{m}$$

$$\therefore \ W = \sqrt{\omega^2 + 2 \cdot \frac{k}{m}} \text{(여기서도 +를 취한다)}$$

(k는 상호작용의 계수라는 것에 주의하자)

이것으로 두 가지 정상 상태의 진동수가 구해졌다.

$W = \omega$일 때는

$$kA - kB = 0 \ \text{이 되므로} \ B = A,$$

$W = \sqrt{\omega^2 + 2\frac{k}{m}}$일 때는

$$\{m \cdot \left(-2\frac{k}{m}\right) + k\}A - kB = 0$$

로부터

$$-kA - kB = 0 \ \text{따라서} \ B = -A$$

이다. 따라서

$$\left(\begin{matrix} x_A = A\,\sin W_1 t \\ x_B = A\,\sin W_1 t \end{matrix} \right) \text{와} \left(\begin{matrix} x_A = A'\,\sin W_2 t \\ x_B = -A'\,\sin W_2 t \end{matrix} \right)$$

단,

$$W_1 = \omega, \quad W_2 = \sqrt{\omega^2 + \frac{2k}{m}}$$

가 독립인 두 개의 해이고, 이 두 진폭과 위상(시간 차)을 임의로 해서 더하면 일반 해를 얻을 수 있다.

$$\begin{cases} x_A = a\,\sin(W_1 t + \alpha) + b\,\sin(W_2 t + \beta) \\ x_B = a\,\sin(W_1 t + \alpha) - b\,\sin(W_2 t + \beta) \end{cases}$$

라고 쓸 수 있다. 주어진 초기 조건을 이용하여 해를 구하면 되지만 물리적으로 생각해 보자. 각각 처음의 상태로 고정시킨 후

라고 포개어 합치면(위의 식에서 $\alpha = \dfrac{\pi}{2}$, $\beta = \dfrac{\pi}{2}$라고 놓는다)

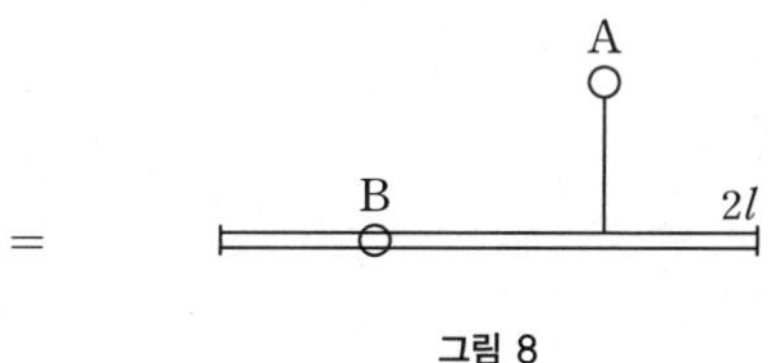

그림 8

이 되어, 이후의 운동은

$$\begin{cases} x_A = l\,\cos W_1 t + l\,\cos W_2 t \\ x_B = l\,\cos W_1 t - l\,\cos W_2 t \end{cases}$$

로 주어진다.

따라서 $\sin A + \sin B = 2\sin\dfrac{A+B}{2}\cos\dfrac{A-B}{2}$ 를 이용하면

$$x_A = 2l\,\cos\frac{W_1+W_2}{2}t\,\cos\frac{W_1+W_2}{2}t$$

$$x_B = -2l\,\sin\frac{W_1+W_2}{2}t\,\sin\frac{W_1+W_2}{2}t$$

이것은 $\dfrac{W_1-W_2}{2}$ 의 각진동수로 진동하면서 다시 전체적으로 진동하는 것을 나타낸다. 즉, $\sin$ 또는 $\cos\dfrac{W_1+W_2}{2}t$ 로 가늘게 진동하면서, 진폭이 $\sin$ 또는 $\left(\cos\dfrac{W_1-W_2}{2}t\right)\times 2l$ 로 x_A 와 x_B 가 서로 번갈아 가면서 천천히 커지거나 작아진다.

$W_1,\,W_2$ 에 대한 그래프는 다음과 같다.

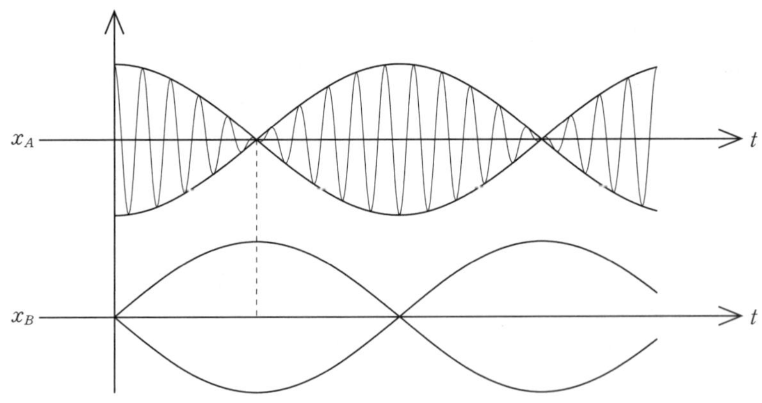

그림 9

078

적교(사장교)를 만들 때
진동이 어떻게 도움이 되는가?

✹ 사장교란?

요코하마(横濱) 베이 브리지(bay bridge)나 쓰루미(鶴見) 날개다리
와 같이, 커다란 기둥에 연결된 케이블이 다리의 주항(가로 바닥판)을
지탱하는 형식의 교량을 사장교(斜張橋)라고 한다. 완성된 모습이 하프
(harp)처럼 보여서 매우 아름다워 관광 명소가 되어 있다. 이 형식은 선
박의 출입이 많은 항구의 입구와 같이 교각을 많이 만들 수 없을 때 주
로 사용된다.

사용되는 케이블은, 예를 들면 지름 7 mm의 소선(素線)을 수백 개

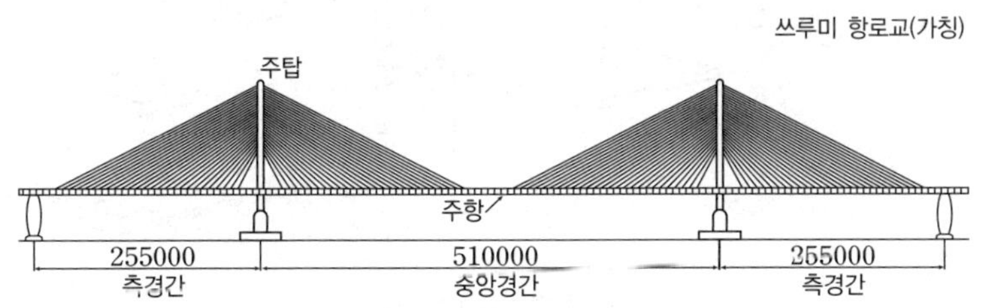

묶은 주위를 폴리에틸렌으로 코팅한 것이며, 쓰루미 날개다리의 경우는 최대 외경(外徑) 192 mm(길이 284 m)에서 최소 외경 149 mm(길이 84 m)의 것을 총 68개 사용하고 있다. 케이블의 양 끝이 주탑과 주항에 고정되어서 쳐져 있는데, 이때 케이블에 걸리는 장력은 600톤에서 1200 톤에 이르는 큰 힘이다.

✪ 가설과 형상 관리

사장교는 케이블로 주항(主桁)을 하나씩 매다는 방법으로 가설한다. 이 공법에서는 케이블을 친 각 단계마다 다리가 원래의 모양이나 치수에 맞게 제대로 가설되어 있는지를 확인한다. 만약 오차가 큰 경우에는 조금씩 수정해 가면서 공사를 진행하여 공사의 최종 단계에서는 설계한 대로 모

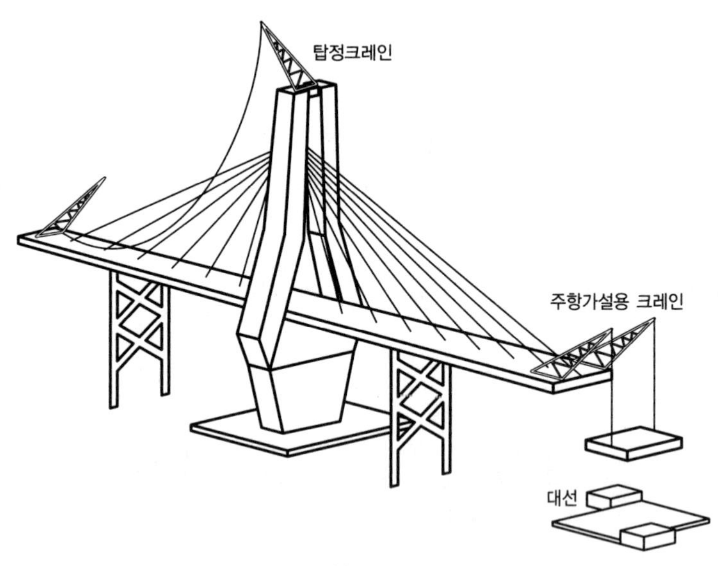

그림 2 ● 달아맨 가교

양과 치수에 정확히 맞추어야 한다. 이 작업을 형상 관리라고 한다.

✪ 주항의 높이 측정

주항의 각 점의 높이 측정은, 주항 가운데에 연통관(連通管)을 설치하여 관내 기주(氣柱)의 높이를 측정함으로써 할 수 있다. 여기에는 가청

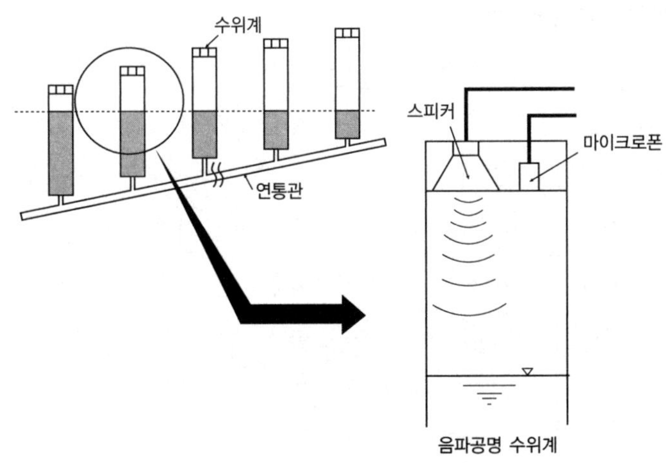

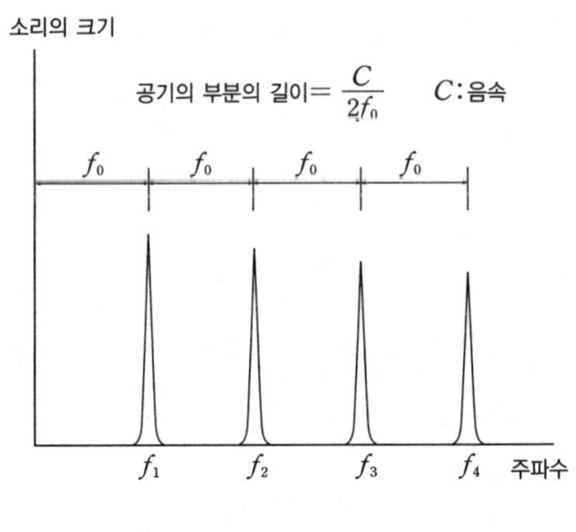

공기의 부분의 길이$= \dfrac{C}{2f_0}$ $\quad C$:음속

그림 3

음의 공명 현상을 이용한다. 고교 물리에서 배우는 '기주공명(氣柱共鳴)' 실험의 응용이다. 즉, 공명 진동수는 관내의 공기 부분의 길이로 결정되므로, 관 위쪽에 설치한 스피커와 마이크로 관의 공명 진동수를 검출하여, 이것으로부터 관과 수면 간의 거리를 구한다. 이들의 차이로 기울기를 알 수 있다.

✪ 케이블의 장력 측정

케이블의 장력을 측정하는 방법은 여러 가지가 있다. 직접적인 방법으로는 케이블을 고정시킨 지점에 변형측정기나 유압잭(jack)을 놓고 장력을 측정하는 방법이 있고, 간접적인 방법으로는 케이블의 새그(sag, 휘는 양)나 고유 진동수를 측정하여서 장력으로 환산하는 방법이 있다. 직접적인 방법은 작업성, 비용 면에서 곤란하다. 케이블의 새그를 측정하는 방법은, 매달린 케이블이 그리는 현수 곡선과의 벗어남을 측정하는 것이지만, 정확하게 측정하는 것은 꽤 어렵고 정밀도에도 문제가 있다.

그래서, 일반적으로는 비용이나 작업성 측면에서 가장 간편한, 케이블의 고유 진동수를 측정하여 장력으로 환산하는 방법(진동법)이 사용된다.

✪ 진동법이란?

진동법은 현의 이론을 사용하는 방법이다. 고교 물리에서 파동을 배운 사람은, 현이 전달하는 파동의 속도 공식을 외우고 있을 것이다. 즉,

$$V = \sqrt{\frac{T}{\rho}} \quad \text{단}, \ T : \text{장력}, \ \rho : \text{선밀도}$$

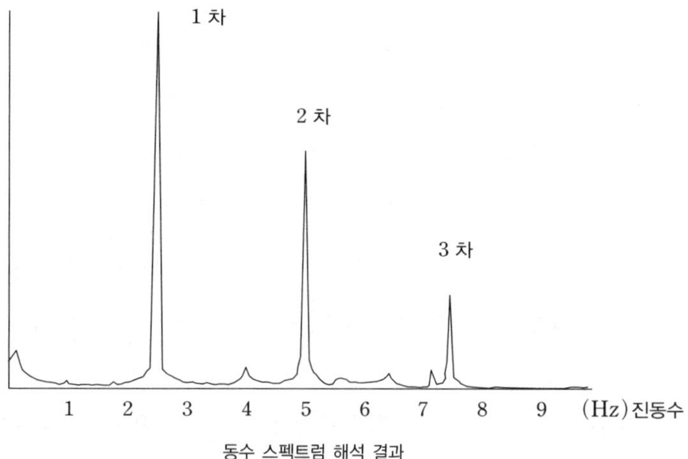

그림 4

또, 현의 정상파의 파장 λ_n은 다음 식으로 표시된다.

$$\lambda_n = \frac{2L}{n} \quad 단,\ L: 현의 길이,\ n:차수$$

이것에, $V = f_n \lambda_n$ 의 식을 조합하면, 장력 T와 고유 진동수 f_n 사이에는 다음과 같은 관계가 성립한다.

$$T = \frac{4\rho L^2}{n^2} \cdot (f_n)^2$$

L, ρ는 이미 알고 있으므로, f_n을 정확히 측정하면 장력은 계산을 통해 구할 수 있다.

❂ 고유 진동수 f_n은 어떻게 구하는가?

그러면, 고유 진동수 f_n을 어떻게 측정하는가? 케이블은 바람 등에 의해서 언제나 진동하고 있으므로, 장력을 알고 싶은 케이블의 적당한 위치에 가속도계를 설치하여 그 위치에서 케이블이 진동할 때의 가속도를 일정 시간 동안 측정한다. 그러면 그림 4와 같이 얼핏 보아 불규칙한 파형이 얻어진다. 이것을 푸리에(Fourier) 해석이라는 수학적 방법을 이용하여 기본적인 정현파의 합 $A_1 \sin(2\pi f_1 t) + A_2 \sin(2\pi f_2 t) + \cdots\cdots$으로 분해한다. 물론 실제 계산은 컴퓨터가 실행하는 것이다. 구해진 정현파에 대해서 가로축에 진동수 f_n, 세로축에 진폭 A_n을 나타내는 그래프를 그리면 몇 개의 피크를 갖는 그림 4를 얻을 수 있다. 이 피크의 위치가 고유 진동수를 알려 준다.

이렇게 하여 고유 진동수를 구하면 앞의 식을 이용하여 장력을 계산할 수 있는 것이다.

❂ 케이블 장력의 조정

케이블의 실제 장력을 알았으면 이것과 설계상의 장력을 비교한다. 오차가 크면 원하는 장력이 되도록 조정을 한다. 케이블의 고정점 사이의 길이를 조정하면 된다. 주항 쪽의 고정점에는 조정판이 설치되어 있으므로, 그 개수를 바꿈으로써 케이블의 길이를 조정한다.

이와 같이 케이블을 한 줄 칠 때마다 측정을 하고 오차를 체크해 간다. 그때마다 모든 케이블에 대해서 장력을 조정하는 것이 이상적이지만, 실제로는 케이블의 개수가 많기 때문에 작업을 끝낸 앞쪽의 케이블로 조정을 한다. 그러나 사장교는 많은 수의 케이블로 주항을 매다는 구조이며, 주탑, 케이블, 주항의 3가지가 균형을 이루어 만들어진다. 따라서 1개의 케이블이 더 들어가도 다른 케이블의 장력, 주탑의 기울기, 주항의 높이 모두에 영향을 미친다. 그래서 앞쪽 케이블의 조정판 두께를 몇 mm로 하면, 케이블 장력, 주탑의 기울기, 주항 높이의 오차 모두가 잘 교정되는가 생각한 뒤 최적화 계산을 한다. 이렇게 하여 조정판 두께를 결정하고 조정판의 교체 작업을 한 후, 다시 측정을 하여 오차 정도를 확인한다. 오차 값이 만족할 수 있을 정도의 작은 값이라면, 그 단계에서 케이블 가설이 완료되고 다음 케이블을 가설해 나가는 것이다.

❂ '물리는 도움이 되는가?'에 대한 하나의 대답

자! 어떤가? 고교에서 배우는 물리가 생산, 건설의 현장에서 그대로 사용되고 있는 한 예이다. '물리 같은 것은 실생활과 관계가 없다.'고 생각했던 사람은, 이제 그 생각을 고쳐야 할 것이다.

공간의 차원에 따라서
어떠한 차이가 있는가?

✿ 공간의 차원이란 무엇인가?

우리들이 생활하고 있는 공간은 3차원이다. 이것은 공간의 한 점의 위치를 정하는데 (x, y, z)와 같이 3개의 좌표가 필요하다는 것이다. 평면상의 세계와 같이 두 좌표 (x, y)로 위치가 정해지는 것이라면, 그것은 2차원 공간이다. 또, 직선상의 세계라면

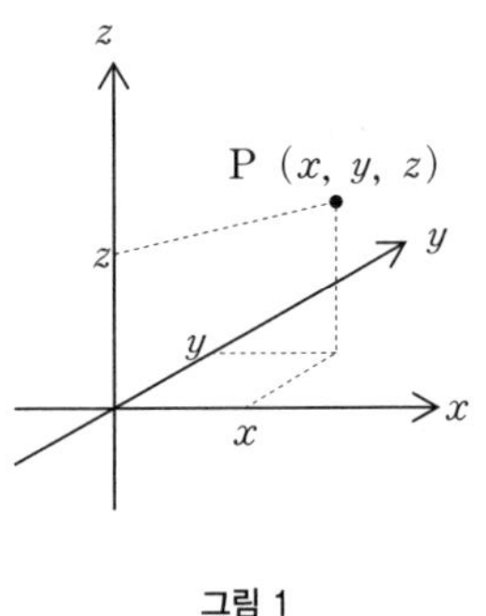

그림 1

위치를 결정하는 데에 하나의 좌표만 필요하므로 1차원 공간이 된다. 흔히 우리가 생활하는 세계가 4차원이라는 것은 공간을 나타내는 3개의 좌표에 시간 좌표가 더해진 것이다. 물리에서는 차원의 개념을 확장하여서, 소립자(素粒子)의 내부 공간이라든가, 무한 차원의 위상 공간 등 여러 가지가 나오지만, 여기서는 직관적인 공간의 확장으로 생각하자. 또한 물리량의 단위에 대해서 차원을 생각하는 경우도 있지만, 공간의 차원과는 다른 것이며 여기서는 언급하지 않는다.

❂ 차원에 의한 법칙의 차이

상상력을 넓히면 우리들 3차원 세계의 물리 법칙이, 다른 차원에서는 어떻게 되는가를 고찰할 수 있다. 우선 '빛의 밝기'를 생각해 보자.

공간상의 한 점에 전구를 놓고, 여기부터 거리 r만큼 떨어진 장소에 스크린을 전구에 대해 수직하게 배치한다. 스크린의 단위넓이 단위시간 동안 받아들이는 빛의 에너지양이 밝기를 나타낸다. 3차원 세계에 사는 우리들은, 이것이 거리 r의 제곱에 반비례하는 것을 알고 있다. 어째서 그렇게 되는 것일까? 전구는 공간의 모든 방향으로 고르게 일정한 양의 빛을 방출한다. 그림 2와 같이 전구를 중심으로 지름 r의 구면을 생각하면, 전구로부터 나온 빛의 에너지는 구면 전체에 고르게 퍼지므로, 구면의 단위넓이당 에너지의 흐름은 구면의 겉넓이 $4\pi r^2$에 반비례한다. 따라서 전구로부터의 거리 r의 제곱에 반비례하여 밝기가 감소한다.

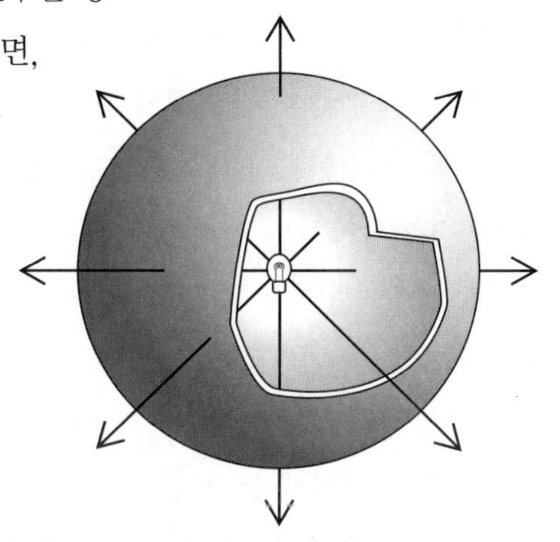

그림 2

이것이 만약 2차원 공간이라면 사정은 달라진다. 이번에는 평면의 세계이므로, 광선은 평면상에 퍼진다. 전구 주위에 반지름 r의 원을 그리고, 단위길이당의 원호에 오는 빛 에너지의 흐름은, 전구로부터의 거리 r에 반비례한다.

1차원에서는 어떤가? 빛은 하나의 길을 따라 똑바로 뻗는 것이므로, 빛 에너지의 흐름은 어디에서 측정해도 항상 같다. 밝기는 전구의 거리와 무관하게 일정하다. 전구가 켜져 있으면 아무리 멀리 가더라도 밝다. 그래서 밤길에 참 편리할 것이다.

일반적으로 공간이 d차원이라면, 위의 고찰에 의해서 에너지 흐름의 강도는 거리 r의 $d-1$제곱에 반비례한다.

❂ 전기력, 만유인력

이 외에도 3차원 공간에서 거리 r의 제곱에 반비례하는 것을 찾아보면 전기력과 중력이 그럴 것으로 짐작할 수 있다.

3차원 공간에서는 점전하로부터 거리 r만큼 떨어져 있는 점에서의 전기장은 거리 r의 제곱에 반비례한다. 이것은 전하로부터 전하에 비례하는 수의 전기력선이 나온다고 하여 어떤 점에서 전기장의 세기는, 그 점에서의 단위넓이를 가로지르는 전기력선의 수에 비례한다고 생각하면 된다. 전기장에서의 이러한 관계는 앞서 빛 에너지의 논의와 마찬가지로 계속할 수 있으며 잘 이해할 수 있다. 만약 공간이 d차원이라면, 점전하가 만드는 전기장 E는 거리 r의 $d-1$제곱에 반비례한다.

만유인력의 경우도 마찬가지이다. 뉴턴의 만유인력 법칙에 의하면, 거리 r만큼 떨어져 있는 질량 m_1, m_2인 두 물체 사이에 작용하는 중력 F는 r의 제곱에 반비례한다. 만약 d차원이라면, 물체가 받는 만유인력도 r의 $d-1$제곱에 반비례한다. 그렇다. 지금 우리들이 살고 있는 세계가 만약 3차원 공간이 아니라면, 현상은 달라질 것이다. 지구는 태양의 주위를 타원 궤도를 그리면서 공전하며, 태양은 그 타원의 하나의 초점에 위치하고 있는데, 이러한 관계는 만유인력이 거리 r의 제곱에 반비례한다는 것을 이용하여 뉴턴의 운동 법칙에 의해서 유도된다. 세계가 만약 2차원 또는 4차원이라면, 만유인력은 $1/r$, 또는 $\dfrac{1}{r^3}$에 비례한다.

그렇다면 케플러의 법칙은 성립하지 않는다. 심지어 행성은 복잡한 궤도를 그리게 되고 궤도가 닫히는 일조차 특수한 경우로 한정될 것이다.

＊

공간 차원의 차이에 의해서 파동의 전파 방법에도 차이가 나타난다. 천정이 낮은 넓은 방은 일종의 2차원 공간이다. 거기서 손뼉을 치면, 소리가 계속해서 언제까지나 여음이 들린다. 그러나 3차원의 공간에서는 이와 같은 일이 일어나지 않는다. (다음 주제 '공간의 차원과 호이겐스의 원리' 참조)

080 공간의 차원과 호이겐스의 원리.

공간 차원의 차이는 파동의 전파 방법에도 차이가 생기게 하는 것을 알았다. 차원이 홀수일 때는 호이겐스의 원리가 성립하며, 짝수에서는 성립하지 않는다고 한다. 이것은 무슨 뜻일까?

✪ 호이겐스의 원리

우선 호이겐스의 원리란 무엇인가? 파동은 입자와 달리 공간 전체에 퍼지는 것이 특징이다. 지금, 시각 $t=0$인 순간에 공간의 각 점(각 장소)에서 파동의 모습을 안다고 하자. 이 각각의 점은 파동에 의해서 움직이고 있으므로, 거기서부터 다시 2차 파동이 생겨 사방으로 퍼져가며, 새로운 파동은 그것의 중첩으로 생긴다는 것이 이 원리이다. 따라서 공간의 어느 점 P에서 시각 t에 관측되는 파동은 바로 그 시각에 P에 도착하는 파동 즉, 파동의 속도를 c라고 하면 P를 중심으로 한 반지름 $r=ct$인 구면 위의 각 점으로부터 오는 파동(그 파동은 $t=0$에서의 모습으로 결정된다)의 합이다.

이것을 실제의 예로 생각해 보자. 3차원의 세계에서 좌표의 원점에 있는 전구를 어느 순간 켰다가 곧 꺼버린다. 이 빛은 앞의 주제에서 말한 바와 같이 세기는 거리의 제곱에 반비례하여 약해지지만, 원점으로부터 거리 r만큼 떨어진 P에 있는 사람이 관측하면 시각 $t=\frac{r}{c}$에 한 순간 확 비추었다가 꺼지는 빛을 관측하게 된다. 빛이 비추고 난 후에 곧 사라지는 것은, 시각이 $t+\Delta t$가 되면, P를 중심으로 한 반지름 $c(t+\Delta t)$인 구를 그렸을 때 그 구면 위에는 $t=0$일 때 아무 것도 없었기 때문이다(즉, 도착할 파동이 없다).

그러나 이것이 2차원에서는 다르다. 빛이 한 번 켜지면 없어지지 않고 계속해서 남아 있다. 이것을 물리적으로 생각해 보자. 2차원의 세계는 3차원의 공간에서 하나의 방향, 예를 들면 z축 방향이 모두 균일한 세계라고 생각할 수 있다. 그래서 원점에 점모양의 전구를 놓는 대신에 z축을 따라 무한히 긴 전구를 생각하는 것이다. 이것을 한순간 켰다가 다시 끈다. 이 빛을 2차원의 xy평면 위의 사람이 관측하면 어떻게 될까? 원점에서 나온 빛이 우선 도착하지만, 그 빛이 도착한 뒤에도 z축 상에 있는 전구의 각 점으로부터 나온 빛의 펄스가 뒤이어 계속 도착하므로, 2차원에서는 펄스가 한 번 빛나기 시작하면 계속 연이어 언제까지나 꼬리를 끌게 된다.

일반적으로 홀수 차원의 공간에서는 파동이 꼬리를 끌지 않고, 짝수 차원에서는 꼬리를 끄는 것으로 알려져 있다. 따라서 앞서 말한 것처럼 호이겐스의 원리는 홀수 차원에서 성립하지만 짝수 차원에서는 성립하지 않게 된다.

그러나 위의 논의를 1차원에 적용하면 어떻게 될까? 1차원에서는 xy평면 전체에 전등을 균일하게 분포시켜 일제히 켰다가 꺼버리는 것이 된다. 그것을 x축 위에 있는 1차원 세계의 사람이 관찰하면 역시 평면의 각 점으로부터 빛이 늦게 도착하여 꼬리를 끌지 않을까? 실제로는 그렇게 되지 않는 것으로 나타난다. 이것을 알아보기 위해 좀더 자세하게 살펴보자.

파동은 일반적으로 파동 방정식을 만족한다. 공간의 좌표를 $(x,\ y,\ z)$로 하고 시각 t에서의 변위, 즉 그 점에서 파동의 크기를 $f(x,\ y,\ z)$라 하면, 파동 방정식은 3차원에서

$$\frac{\partial^2 f}{\partial x^2} + \frac{\partial^2 f}{\partial y^2} + \frac{\partial^2 f}{\partial z^2} - \frac{1}{c^2}\frac{\partial^2 f}{\partial t^2} = 0 \tag{1}$$

이다. 시각 $t=0$의 원점에 있는 점광원이 켜져서 거기서부터 퍼져 가는 파동은 이 방정식의 어떤 해가 될까? 3차원 공간에서 원점으로부터 퍼져 가는 파동은, 원점으로부터의 거리를 r이라 할 때 일반적으로

$$f(x,\ y,\ z,\ t) = \frac{F(r-ct)}{r}, \quad r = \sqrt{x^2+y^2+z^2}$$

으로 표시된다((1)에 대입해서 확인해 볼 수 있다). F라는 모양의 파동이 c라는 속도로 공간에 퍼져 가며, 멀리 진행함에 따라 진폭이 거리에 반비례하여 줄어드는 것을 의미한다. 단, 에너지는 진폭의 제곱에 비례하므로 밝기는 거리의 제곱에 반비례해서 줄어든다. (1)의 잠깐 빛이 나는 파동의 해는

$$f(x,\ y,\ z,\ t) = \frac{\delta(r-ct)}{r}$$

이라고 쓸 수 있을 것이다. δ(델타)함수는 폭이 0, 높이가 무한대이고 적분하면(즉, 넓이는) 1이 되는 함수이다. 이 해는 r이 ct와 같은 곳에서

만 번쩍 빛이 나고 속도 c로 퍼져가며 꼬리를 끌지 않는다

이 해를 이용하여 2차원의 경우를 구해 보자. 이 경우는 점광원을 z축 위에 늘어놓아 일제히 '번쩍 빛나게' 하면 된다. 그리고 각 점으로부터 나온 빛을 전부 더한다. 그것은

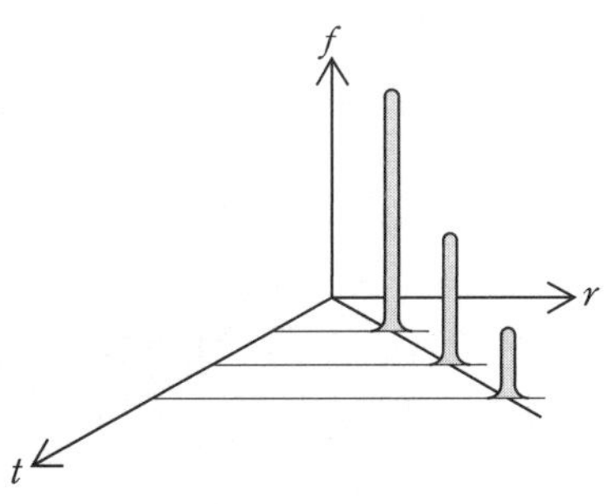

그림 1 • (에자와 히로시 《양과 장》 다이아몬드사에서 그렸다.)

$$g(x,y,t)=\int_{-\infty}^{\infty}f(x,y,z,t)dz=\int_{-\infty}^{\infty}\frac{\delta(\sqrt{x^2+y^2+z^2}-ct)}{\sqrt{x^2+y^2+z^2}}dz$$

가 된다. 적분을 할 때 함수가 z의 우함수라는 것을 이용하여서 적분 범위를 0부터 무한대로 고쳐, $u=\sqrt{x^2+y^2+z^2}$으로 하여 $dz=\dfrac{u}{z}du$를 사용한다. 그러면

$$g(x,\ y,\ t)=2\int_{\rho}^{\infty}\frac{1}{\sqrt{u^2-\rho^2}}\delta(u-ct)du \quad \rho=\sqrt{x^2+y^2}$$

이라고 쓸 수 있다. 이 적분의 결과는

$$g(x,\ y,\ t)=\begin{cases}\dfrac{2}{\sqrt{(ct)^2-\rho^2}} & ct>\rho \\ 0 & ct<\rho\end{cases}$$

이 된다. 이 파동은 그림 2와 같은 모양으로 전파해 나간다. 원점으로부터 거리 ρ인 곳에서는, $t=0$일 때 원점에서 나온 빛이 시각 $t=\dfrac{\rho}{c}$일 때 도착해서 번쩍 빛난다. 그러나 곧 어둠으로 되돌아가지 않고 쭈욱 꼬

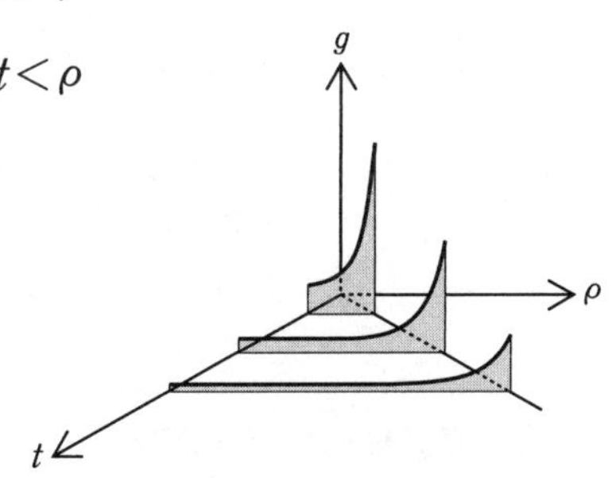

그림 2 • (에자와 히로시 《양과 장》 다이아몬드사에서 그렸다.)

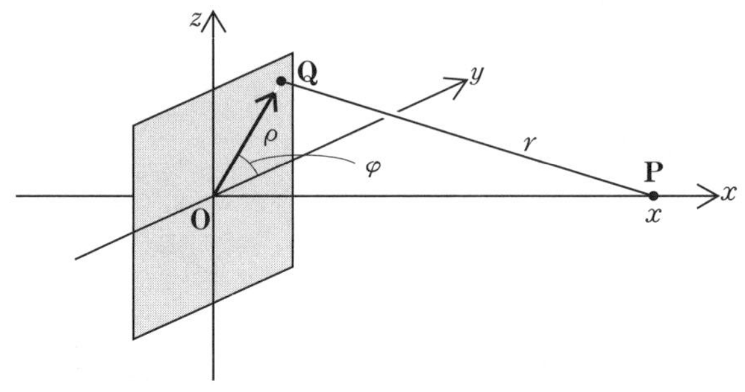

그림 3

리를 끌게 된다.

그러면 1차원에서는 어떨까? 이번에는 yz평면 위에 고르게 분포한 점광원이 번쩍 빛났다고 하여 그 파동을 x축 위의 점에서 합친다. 그림 3과 같이 좌표를 설정하면, 이때의 파동 $h(x,\ t)$는

$$h(x,\ t)=\int_0^\infty \rho d\rho \int_0^{2\pi} d\phi \frac{\delta(r-ct)}{r}=2\pi\int_0^\infty \frac{\delta(r-ct)}{r}\rho d\rho$$

$$r=\sqrt{x^2+\rho^2}$$

이라고 쓸 수 있다. 적분 변수를 r로 바꾸면 $\rho d\rho=rdr$이고

$$h(x,\ t)\ =2\pi\int_{|x|}^\infty \frac{\delta(r-ct)}{r}rdr$$

$$=2\pi\int_{|x|}^\infty \delta(r-ct)dr=\begin{cases}1 & |x|<ct \\ 0 & |x|>ct\end{cases}$$

$$=2\pi\{\theta(x+ct)-\theta(x-ct)\}$$

($\theta(x)$는 $x>0$이면 1, $x<0$이면 0을 의미한다)

이것을 그림으로 나타내면 그림 4와 같이 된다. 이것은 일단 빛이 도착하면 계속 일정하지 않은가? 2차원과 마찬가지로 꼬리를 끄는 것은

아닐까? 그렇지는 않다. 파동 $h(x, t)$의 에너지는

$$E=\frac{1}{2}\int_a^b\left\{\frac{1}{c^2}\left|\frac{\partial h}{\partial t}\right|^2+\left|\frac{\partial h}{\partial x}\right|^2\right\}dx$$

이므로, h에 변화가 없으면 $\partial h/\partial t=0$, $\partial h/\partial x=0$이므로 에너지의 이동은 볼 수 없다. 다만 앞쪽 부분에만 에너지의 흐름이 존재한다. 따라서 앞부분이 속도 c로 전파되며 그 뒤에 꼬리는 끌지 않는다.

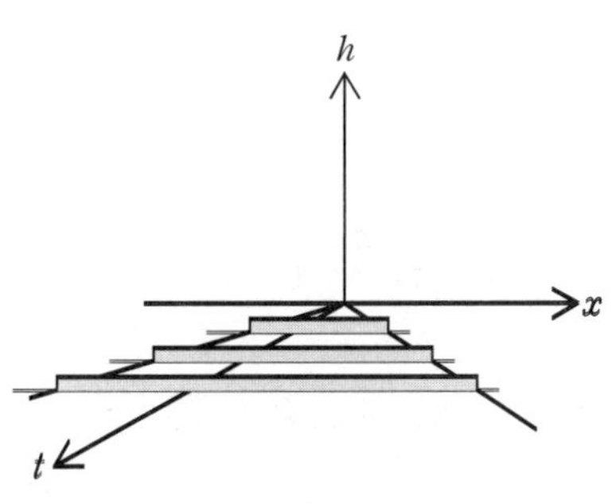

그림 4 ● (에자와 히로시 《양과 장》 다이아몬드사에서 그렸다.)

☺ 일반해에서 보는 호이겐스의 원리

더 일반적으로 파동 방정식의 해의 성질을 알아보자. 각 차원의 파동 방정식은, 파동을 $f(x, y, z)$, $g(x, y)$, $h(x)$로 나타내면,

$$\frac{\partial^2 f}{\partial x^2}+\frac{\partial^2 f}{\partial y^2}+\frac{\partial^2 f}{\partial z^2}-\frac{1}{c^2}\frac{\partial^2 f}{\partial t^2}=0 \qquad \text{3차원} \qquad (1)$$

$$\frac{\partial^2 g}{\partial x^2}+\frac{\partial^2 g}{\partial y^2}-\frac{1}{c^2}\frac{\partial^2 g}{\partial t^2}=0 \qquad \text{2차원} \qquad (2)$$

$$\frac{\partial^2 h}{\partial x^2}-\frac{1}{c^2}\frac{\partial^2 h}{\partial t^2}=0 \qquad \text{1차원} \qquad (3)$$

이다. 여기서 어느 것이나 파동의 속도는 c이다. 앞에서 구한 3개의 해는 각각 이 방정식의 초기 조건

$$f(\boldsymbol{r}, t)\big|_{t=0}=0, \quad \frac{\partial}{\partial t}f(\boldsymbol{r}, t)\big|_{t=0}=\delta(\boldsymbol{r})$$

을 만족하는 해임을 확인할 수 있다(g, h도 마찬가지). 예를 들어

$$f = \frac{\delta(r-ct)}{r}$$

라 하면

$$f_{t=0} = \frac{\delta(r)}{r}$$

이고, 시험 함수 φ를 취하면

$$\int \varphi(\boldsymbol{r}) \frac{\delta(r)}{r} r^2 dr d\Omega = \int \varphi(\boldsymbol{r}) r \delta(r) dr d\Omega = 0$$

또

$$\frac{\partial f}{\partial t} = \frac{\partial}{\partial t} \frac{\delta(r-ct)}{r} = -c \frac{\delta'(r-ct)}{r} \xrightarrow[t\to 0]{} -c \frac{\delta'(r)}{r}$$

이고, 이때

$$\int \varphi(\boldsymbol{r}) \left\{ -c \frac{\delta'(r)}{r} \right\} r^2 dr d\Omega = -c \int \delta'(r) r \varphi(\boldsymbol{r}) dr d\Omega$$

$$= c \int \delta(r) \{ \varphi(\boldsymbol{r}) + r\varphi'(\boldsymbol{r}) \} dr d\Omega$$

$$= c \int \varphi(0) d\Omega = 4\pi c \varphi(0)$$

이 되므로, $\dfrac{\partial f}{\partial t} \big|_{t=0}$은 $4\pi c \delta(r)$과 같다. 이 초기 조건이 '번쩍 빛나게 한다'는 깃이라고 생각된다.

위의 (1), (2), (3) 방정식의 해는 다음과 같다.

(1) $(x, y, z) = \boldsymbol{r}$이라 놓고 초기 조건을

$$t=0일 \ 때 \ f(\boldsymbol{r}, 0) = \phi(\boldsymbol{r}), \ \frac{\partial f}{\partial t}(\boldsymbol{r}, t) = \varphi(\boldsymbol{r})$$

이라 하면

$$f(\boldsymbol{r},\ t) = \frac{1}{4\pi c^2}\left\{\frac{\partial}{\partial t}\int_s \frac{\phi(\boldsymbol{r'})}{t}\, dS' + \int_s \frac{\varphi(\boldsymbol{r'})}{t}\, dS'\right\}$$

적분은 $\boldsymbol{r}=(x,\ y,\ z)$을 중심으로 하는 반지름 ct인 구면 S 위의 면적 분이다.

(2) 2차원 벡터를 $(x,\ y)=\boldsymbol{\rho}$라고 하고, 초기 조건을

$$t=0일\ 때\ g(\boldsymbol{\rho}, 0)=\phi(\boldsymbol{\rho}),\ \frac{\partial g}{\partial t}(\boldsymbol{\rho}, 0)=\varphi(\boldsymbol{\rho})$$

라 하면

$$g(\boldsymbol{\rho},\ t) = \frac{1}{2\pi c}\left\{\frac{\partial}{\partial t}\int_D \frac{\phi(\boldsymbol{\rho'})}{\sqrt{c^2 t^2 - (\boldsymbol{\rho}-\boldsymbol{\rho'})^2}}\, d\rho' + \int_D \frac{\varphi(\boldsymbol{\rho'})}{\sqrt{c^2 t^2 - (\boldsymbol{\rho}-\boldsymbol{\rho'})^2}}\, d\rho'\right\}$$

적분은 $\boldsymbol{\rho}$를 중심으로 하는 반지름 ct인 원판 D의 전체에 걸친다.

(3) 초기 조건을

$$t=0일\ 때\ h(x,\ 0)=\phi(x),\ \frac{\partial h}{\partial t}(x,\ 0)=\varphi(x)$$

라고 하면

$$h(x,\ t) = \frac{1}{2}\{\phi(x-ct)+\phi(x+ct)\} + \frac{1}{2c}\int_{x-ct}^{x+ct}\varphi(x')\, dx'$$

이들의 해를 보면 다음과 같은 것을 알 수 있다. 3차원의 경우, 해는 점 $\boldsymbol{r}$을 중심으로 하는 반지름 ct인 구면 위의 적분이므로(그림 5), $t=0$ 일 때 이 구면 위에 존재하는 양이 속도 c로 전파하여 시각 t에서 이 위 치 $\boldsymbol{r}$의 파동이 되어 있다. 이것은 어떤 순간 파동의 각 점으로부터 영향 이 겹쳐져서 이후 어느 시각의 파동을 형성하는 '호이겐스의 원리'를 나타낸다.

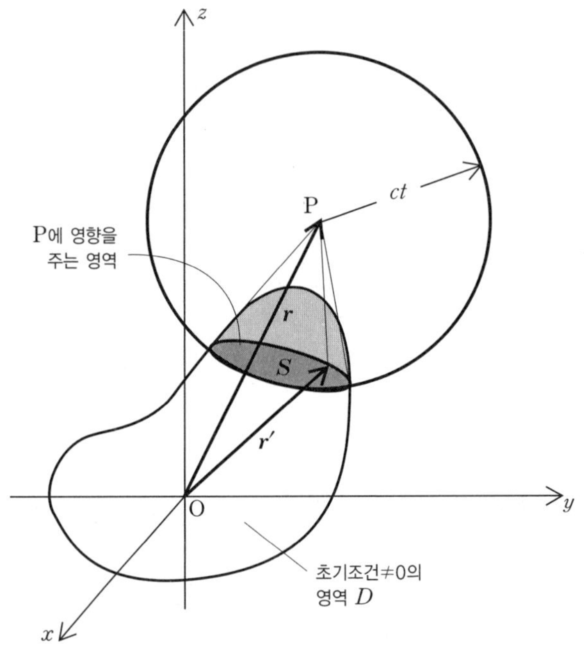

그림 4 • 시각 t에는 초기치의 S 위의 적분이 P점으로 몰려온다.
S는 구면과 D와의 사귐.

그런데 2차원에서 해의 적분은 한 점으로부터 반지름 ct인 원반 내의 모두를 포함한다. 따라서 빛을 원점에서 급히 켰다가 끄면, 그 빛이 도착할 때까지 빛이 나지 않고 도착하면 빛이 나지만 그 후에도 영향이 꺼지지 않고 꼬리를 끈다. 이때는 원반 내부 전체에 영향이 있으므로, 위에서 말한 의미의 호이겐스의 원리는 성립하지 않는다.

그러면 1차원에서는 어떨까? 1, 2항은 모양을 바꾸지 않고 c로 전파하는 파동을 나타내므로 문제는 제3항이지만, 원시 함수가 존재해 적분할 수 있으면 $G(x+ct)-G(x-ct)$의 모양이 되어, 역시 $x=ct$의 경계의 값으로만 표시된다. 따라서 역시 호이겐스의 원리가 성립한다.

보일 것 같으면서
보이지 않았던 빛과
색의
9
왜?

081 물체에 물이 든다는 것은 어떤 것인가?

✿ 색이란 무엇인가?

‘색’ 이란 무엇일까? 물체가 보이는 이유는 빛이 눈에 들어갔기 때문이다. 빛은 전자기파(전파라고 부르는 것은 보통 파장이 긴 전자기파이다. 전자기파는 파장의 차이에 따라서 여러 가지로 부르지만 실상은 모두 같은 것이다)라고 부르는 파동의 일종이며, 우리들의 눈은 빛이라는 전자기파를 수신하는 안테나에 해당한다.

텔레비전은 라디오 방송을 수신할 수 없고, AM라디오는 단파 방송이나 텔레비전 방송을 수신할 수 없는 것 같이, 전자기파의 수신기는 각각 수신 가능한 영역이 있다. 진공에서의 파장으로 비교하면, AM라디오로 수신할 수 있는 전파의 파장은 100 m부터 1 km 정도, 텔레비전으로 수신할 수 있는 전파는 0.1 m 부터 10 m 정도이다. 인간의 눈은 어떨까? 인간의 눈으로 수신할 수 있는 전자기파의 파장은 약 400 nm(나노미터[nanometer], $1 \text{ nm} = 10^{-9} \text{ m} = 10$억 분의 1 m)로부터 800 nm 정도로 텔레비전 전파의 파장보다 훨씬 짧다. 인간의 눈으로 수신할 수 있는 이 영역의 전자기파를 '가시광선'이라고 부른다.

텔레비전이나 라디오의 전파는 방송국마다 더욱 상세하게 구분되어서 각각 파장이 다른데 이 구분을 채널(channel)이라고 부른다. 가시광선도 더욱 세분되어서 '색'이 되는데, 이는 각각 다른 파장의 빛이 눈으로 들어왔을 때의 감각이 다른 것이다. 이 차이를 우리들은 색의 차이로 인식한다. 덧붙여서 파장이 긴 것은 빨간색이고, 짧은 것은 보라색이며 그 사이에 흔히 말하는 무지개의 일곱색이 가지런히 놓여 있다. 텔레비전 전파의 채널과는 달리, 색과 색 사이에 명확한 경계는 없다. 색은 연속적으로 변화하고 있으며, 일곱색으로 나누는 물리적 근거는 특별히 없다. 또한 무지개의 일곱색 중에 '백색(white)'은 없지만, 백색은 모든 파장의 빛이 균등하게 섞인 혼합광이다. 태양광선은 그와 같은 백색광이며, 그것이 프리즘이나 공기 중의 물방울에 의해 분산되어서 무지개 일곱색의 스펙트럼으로 나누어지는 것이다.

덧붙여서 전자기파의 속도는 진공과 물질 중에서 다르며, 또 물질에 따라 달라진다. 속도가 바뀌어도 진동수는 변하지 않으므로 파장이 달라진다. 빛이 물속에 들어가면 파장은 3/4배가 되지만, 물에 들어가기 전에 빨갛던 빛은 수중에서도 빨갛다. 따라서 전자기파의 분류도 파장이 아니고 진동수로 하는 것이 좋다. 빨간색이 보라색에 비해 파장은 길고 진동수는 작다. 물론 진공 중 빛의 파장을 사용하면, 색을 파장으로 나타내는 것에 지장은 없다.

빨간색 빛보다 더욱 진동수가 작은 전자기파는 보이지 않아 인간의 눈으로는 수신할 수 없다. 빨간색 빛에 인접해 있는 보이지 않는 빛을 '적외선'이라고 한다. 마찬가지로 보라색보다 진동수가 커서 보이지 않는 빛이 '자외선'이다. 같은 물건을 보아도 색상은 생물의 종류에 따라

다른 것 같다. 사람이나 원숭이 이외의 많은 동물은 색을 구분할 수 없으며, 나비 등 일부의 곤충은 자외선을 볼 수 있다고 한다.

✪ 균일한 물질은 원칙적으로는 투명

빛이 그대로 빠져나가면 투명하다. 물질이 존재하면 빛이 그대로 빠져나갈 수 없고 따라서 불투명한 것으로 생각할지도 모르지만 그렇지 않다. 자연계에서 큰 부분을 차지하는 공기, 물과 유리는 투명하다. 만약 이들이 투명하지 않다면 우리들이 살아가는 데 큰 곤란을 겪을 것이다. 물질이 일정하며 빛이 굴절하지 않고 흡수되지 않으면 빛은 그대로 빠져나가서 투명하다.

물이나 공기 중에는 많은 분자가 존재하고, 그 입자들에 의해 빛이 방해를 받아 산란되지 않을까? 그럼에도 불구하고 투명하게 보이는 것은 왜일까? 그 답의 하나는 분자가 빛의 파장(여기서는 보이는 빛, 가시광선만을 고려한다)보다, 훨씬 작으므로(1만분의 1정도) 그 영향이 매우 작기 때문이다. 그러나 분자는 작아도 많이 있으면 그 영향이 쌓이고 쌓여서 커지지 않을까? 실제로 일어나고 있는 일을 정확히 설명하면 다음과 같다. 물이나 공기의 분자(그것을 구성하고 있는 원자) 중에는 전기를 띤 전자가 있으며, 그것이 전자기파인 빛에 의해서 흔들리며(원자핵도 전기를 갖지만 가벼운 전자가 주로 움직인다), 전자가 움직이면 전자기파가 방출되므로 다시 빛이 빙출된다. 그것이 주위에 퍼지고 원래의 빛은 산란된다. 그것이 서로 포개어져서 결국 원래의 빛과 다름없는 방향과 진동수로 전파되면 투명하게 보이는 것이다.

따라서 물질을 통과하는 빛의 속도는 바뀌지만(이것이 굴절의 원인이 된다), 물질이 일정하면 대개는 투명하다고 말할 수 있다. 그러면 물이 드는 것은[1] 언제인가? 그것은, ❶ 그 밀도가 변할 때('하늘은 왜 푸른가에 대해서, 흔히 볼 수 있는 설명의 잘못.'의 항 참조) ❷ 빛의 분산 ❸ 빛의 간섭 ❹ 금속 ❺ 물질이 특정한 진동수의 빛을 흡수하는 경우 ❻ 물질이 특정한 빛을 방출하는 경우이다.

덧붙여서 유리는 가시광선 이외의 전자기파에는 투명하지 않다. 유리는 자외선 영역에 공명 진동수를 가지므로 이 부분의 전자기파에 공명해 흡수하므로 불투명하게 된다. 이 공명 진동은 오랫동안(1억분의 1초) 유지되어, 그 동안에 이웃한 원자에 충돌하여 열에너지로 전환된다. 또 낮은 진동수 즉, 적외선 영역이 되면, 전자뿐만 아니라 분자 전체를 진동시켜, 열 등으로 바뀌므로 적외선에도 투명하지 않다. 그래서 물질의 투명 여부는 진동수에 따라서도 다르다. 이제부터 가시광선에 한정하여 ❷부터 설명하자.

❷ 빛의 분산에 의한 것

비가 막 그친 후의 무지개나, 다이아몬드 표면의 무지개 색이 빛나는 것은 그 자체의 참된 색이 아니다. 빛이 굴절하는 방향이 파장(색)에 따라 약간씩 다르기 때문이다. 이것은 프리즘에 의해서 백색광이 여러 색의 스펙트럼으로 나누어지는 것과 마찬가지이며, 이를 '분산'이라고 부른다. 분산은 파동이 매질 속을 진행할 때 그 속도가 진동수에 따라서 다르고, 이 속도의 차이가 굴절각의 차이를 가져오기 때문에 일어난다.

---

1 ● 물이 든다는 것은 색(Color)이 보인다는 의미이다.

❸ 얇은 막(박막)에서 간섭에 의한 것

CD나 비눗방울의 표면에서 반사되는 빛이 무지개와 같이 보이는 것은 빛의 '간섭'이라고 부르는 현상이며, 이것도 그 물체 자체의 색이 아니다. CD의 표면은 거울 면과 같이 여러 가지 색의 빛을 반사한다. CD의 표면에는 피트(pit)라고 부르는 극히 작게 패인 곳이 열을 이루어서 규칙적으로 배열되어 있으며, 그 각 열로부터 반사해온 빛이 조금씩 어긋나게 포개어지므로, 보는 각도에 따라서 강하게 보이는 파장과 약하게 보이는 파장이 생겨서 색깔이 나타난다. 파동이 포개어질 때(중첩될 때) 마루와 마루가 만나면 강해지고, 마루와 골이 만나면 약해진다. 따라서 파장에 따라 강해지는 방향이 다르기 때문에 색이 나누어진다. 비눗방울의 경우도 비누액은 무색투명하지만, 얇은 비누막의 바깥 면과 안쪽 면에서 반사하는 빛의 거리가 약간씩 차이가 생기기 때문에 강해지고 약해지는 부분이 생겨서 여러 색깔로 보인다.

❹ 금속광택

금속은 양이온과 자유로이 움직일 수 있는 전자로 되어 있다. 전자기파가 오면, 그중 가벼운 전자가 그 힘을 받아서 움직인다. 그 결과, (＋), (－)의 치우침이 생기므로 복원력이 작용하여, 이에 의해서 플라스마 진동이라고 부르는 전자의 진동이 일어난다. 이 진동수는 전자의 밀도에 따라서 다르다.

여기에 전자기파가 들어오면, 진동수가 플라스마 진동보다 작을 때 전자는 진동하면서도 전체적으로 밖의 힘에 밀려 흘러가므로 외부로부터의 전자기파를 차단하여 반사해 버린다. 만약 진동수가 플라스마 진동보다 크면 파동은 플라스마 속을 통과한다. 플라스마 진동보다 작은 진동수의 전자기파는 전반사되고, 플라스마 진동보다 큰 진동수의 전자기파는 전파될 수 있다. 금속의 플라스마 진동수는 자외선의 영역에 있으므로 가시광을 전반사하여 특유한 광택을 갖는다. 한편 대기 상층에는 태양으로부터의 자외선이나 X선을 받아서 대기의 분자가 전자와 이온으로 전리해서 생긴 전리층이 있다. 여기서는 전자의 밀도가 작으므로 파장 수십m 이상의 전파가 반사된다. 뿐만 아니라 태양 등 대기권 바깥으로부터의 전자기파도 파장 수십m 이상의 영역은 통과하지 않는 것이다.

금속도 매우 작은 가루로 된 것은 검다. 은의 경우에도 현상된 감광 필름 중 은입자의 집합체는 검다. 창이 없는 방을 열쇠 구멍으로 들여다 보면 어두운 것과 같이, 안에서 반사를 되풀이하므로 바깥으로 빠져 나올 때는 약해져서 검게 보인다.

❺ 물질이 특정한 빛을 흡수하는 경우

만약 물질이 모든 파장의 빛을 흡수(무선택 흡수)한다면 엷은 검은빛으로 보이게 된다. 검댕이 입자의 현탁액이나 반투명한 백금박에 빛을 비추어서 볼 때는 이에 가깝다. 물질이 어떤 파장의 빛을 흡수한다면(선택 흡수) 그것에 의해서 색깔이 나타난다. 보이는 색은 흡수되지 않았던 빛이다(보이는 빛은 투과의 경우도 반사의 경우도 있다). 필터를 통과했을 때 투과광이 황색이면 필터는 청자색을 흡수하고 녹색의 필터는 적색과 청색을 흡수한다.

금속은 앞에서 말한 바와 같이 빛을 흡수할 수 있는데, 절연체에서는 무엇에 의해서 이와 같이 빛을 흡수하는 것일까? 일반적으로 원자나 분자의 에너지 상태는 띄엄띄엄 있어서 빛에너지가 원자나 분자를 에너지가 낮은 상태로부터 높은 상태로 들어 올리는 데에 충분하면 빛이 흡수되어 원자나 분자는 에너지가 높은 상태가 된다. 그런데 양자 역학에서 밝혀졌듯이 빛은 진동수 ν에 플랑크 상수 h를 곱한 에너지를 갖는 입자로 행동하며, 이 $h\nu$가 바로 두 상태의 에너지의 차와 같지 않으면 빛의 흡수가 일어나지 않는다. 그래서 원자나 분자의 특정한 상태에 특정한 진동수의 빛이 대응한다. 물론 에너지가 올라간 원자나 분자가 낮은 상태로 되돌아올 때는 같은 진동수의 광자를 방출한다. 예를 들면, Na은 D선이라고 부르는 589와 590 nm(나노미터)의 황색의 특유한 빛을 흡수 또는 방출한다.

금속은 에너지 상태의 차가 거의 없으므로 빛을 잘 흡수, 반사하는 데에 비해서 절연체는 에너지 준위(準位)의 차가 크고, 그것에 균형을 이룰 만큼의 에너지를 갖는 단파장의 빛만을 흡수하며, 그렇지 않은 빛은 흡수할 수 없으므로 투명한 것이 많다. 예를 들면, 산소와 수소, 질소나 소금의 결정 등은 투명한 물질이다.

그러면 원자, 분자에 의해서 어떠한 빛이 흡수되는가? 태양으로부터 오는 빛 중 가시광선보다 진동수가 낮은 적외선은 대기 중의 물과 이산화탄소 분자의 회전, 진동에 의해 흡수된다. 또, 가시광선보다 진동수가 높은 자외선의 흡수는 주로 산소 분자와 오존 분자의 전자의 에너지 준위 간의 이동에 의한다. 일반적으로 가시광선은 분자의 회전, 진동에 의한 적외선의 흡수와 전사 이동에 의한 자외선의 흡수 사이에 비어 있는 대기의 창을 통과할 수 있는 빛이라고 할 수 있다. 아니, 역으로 말하면 이 부분의 빛을 받아서 생활하므로, 생물의 색상이 이 부분에 대해서 발달하였다고도 할 수 있다. 진동수가 낮은 전파는 앞에서 말한 바와 같이 전리층에서 반사되므로, 지구에 닿는 태양의 전자기파는 0.3~3 μm(마이크로미터, $1\ \mu m = 10^{-6}\ m$) 범위의 이 가시광선 외에 수cm로부터 수십m의 범위에 창이 있음에 지나지 않는다.

고체의 경우에도 비슷하다. 예를 들면, 소금의 결정은 가시광을 포함하는 부분이고 무색투명하며 수십μm인 곳으로부터의 원적외선 흡수와, $0.2\ \mu m$ 이하의 자외선 및 X선을 흡수한다. 그 구조는 다음과 같다. 소금의 결정은 (+)의 Na이온과 (−)의 Cl이온이 규칙적으로 가지런히 배열되어 있다. 긴 파장으로 결정이 진동할 때는 (+), (−)가 같은 보조로 움직이므로 전자기파와의 상호작용은 적지만, 서로 이웃하는 이온의 간격이 반파장 정도가 되면 전기적 치우침이 생겨 전자기파와 강하게 작용한다. 이 진동은 앞에서 말한 분자의 적외선 흡수와 같은 수준이다. 자외선 영역과 X선부 영역의 흡수는 원자핵 가까이의 K껍질 전자를 원자로부터 두들겨 떼어내는 에너지이다. 원자핵 가까이에서 전자는 강하게 결합하고 있으므로, 큰 에너지가 필요하게 되는 것이다.

그러나 그와 같은 소금의 결정(암염)에도 색이 나타나게 할 수 있다. 암염 중에는 Na이온 또는 Cl이온이 빠져나간 구멍이 있다. 암염을 나트륨증기 안에서 쩌 주면, 결정면에 묻은 나트륨이 이온과 전자로 나누어져 안으로 들어가, 전자가 Cl이온이 있어야 할 곳으로 들어간다. 그 전자는 보통 원자 중의 전자만큼 강하게 끌어당겨져 있지 않으므로 간난하게 흥분시킬 수 있으며, 가시광선의 에너지에도 전자가 흡수되어서 색깔이 나타난다. 이것을 색중심이라고 부르는 것이다.

❻ 물질이 특정한 빛을 낸다

자신이 빛을 내는 것에는 불꽃의 색, 백열전구 필라멘트(filament)의 색, 형광등의 색, 네온사인의 색, 별의 색 등이 있다. 발광의 원리는 기본적으로 앞 항의 역이며, 원자나 분자 중의 전자가 밖으로부터의 빛 등을 흡수하여서 에너지가 높은 상태로 올라갔다가 에너지가 낮은 상태로 떨어질 때 빛을 발한다. 두 상태의 에너지 차가 광자의 에너지 $h\nu$가 되므로 진동수 즉, 색이 결정된다. 기체 속에서 개개의 원자가 내는 빛은 띄엄띄엄인 선스펙트럼이라고 부르며, 고체 등 구성입자의 수가 많아지면, 스펙트럼선이 증가하여 밀집한 선의 모임이 된다. 전자가 매우 많아지면, 에너지 준위의 간격은 더욱더 좁아져 거의 연속이 된다. 이것이 연속 스펙트럼이며, 빛의 진동수는 연속한 띠가 된다.

전자가 빛을 흡수하여 발광하는 형광 현상은 보편적 현상이다. 오로라(aurora), 네온사인, 야광도료, 형광등이 모두 그렇다. 고체는 원자들이 서로 영향을 미치기 때문에, 주위의 상태에 따라 에너지 준위가 바뀐다. 예를 들면, 빛을 흡수함으로써 올라간 에너지 준위는 열진동의 에너지를 내고 내려가 버린다. 따라서 일반적으로 재방출하는 빛은 파장이 길어진다. 때로는 열운동으로 잃는 에너지가 크면 형광을 내지 않고 에너지 준위가 교차되면서 되돌아온다. 소금의 결정 등은 극저온(極低溫)으로 실험하지 않으면 형광을 볼 수 없다.

물체를 확실하게 보기 위한 눈의 구조는?

✿ 핀트를 맞추는 두 가지 방법

눈의 구조는 흔히 카메라에 비유된다(그림 1). 그러나 눈은 카메라에 비해서 훨씬 복잡하고 정교하게 되어 있는데, 여기서는 물체를 확실히

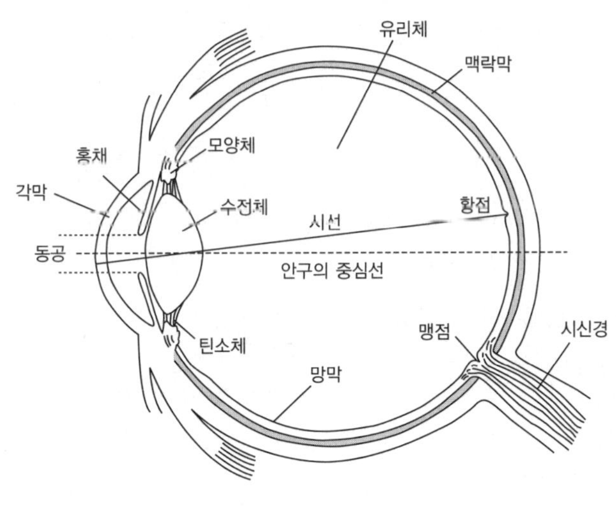

그림 1

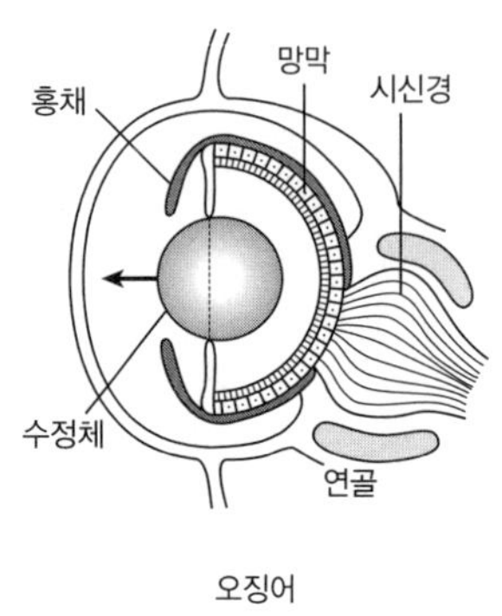

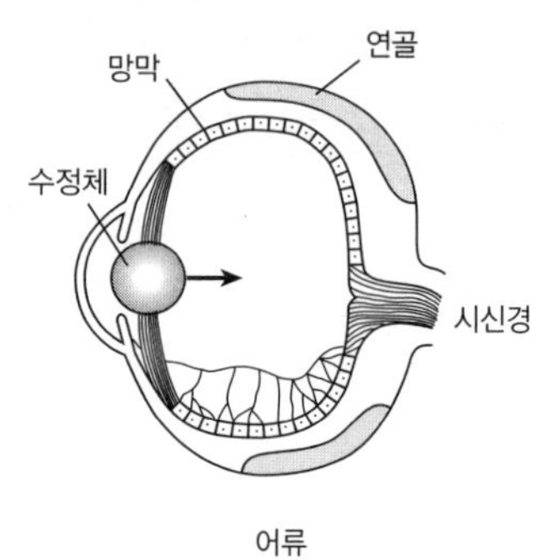

그림 2 • 렌즈의 이동에 의한 원근조절

보기 위한 구조 즉, 핀트를 맞추는 방법에 대해서 알아보자.

가깝고 먼 여러 가지의 물체에 핀트를 맞추기 위해서, 카메라에서는 렌즈와 필름 사이의 거리를 변화시킨다. 이것과 구조가 같은 것이 어류나 양서류의 눈이다(그림 2). 이들 동물은 수정체를 지지하는 근육의 작용에 의하여 수정체를 앞뒤로 이동시킨다.

이에 비해 사람을 포함한 포유류에서는 수정체와 망막의 거리는 바꾸지 않고 수정체의 두께, 즉 초점 거리를 바꾸어서 핀트를 맞추고 있다. 이것은 다음과 같이 생각하면 된다.

❶ 초점 거리가 결정된 렌즈에서는 물체가 가까워지면

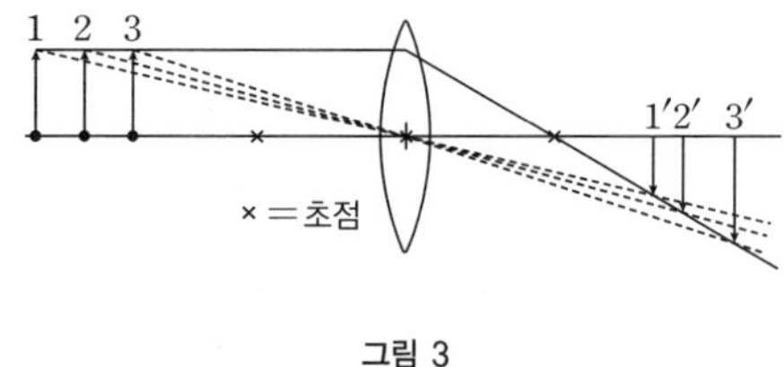

그림 3

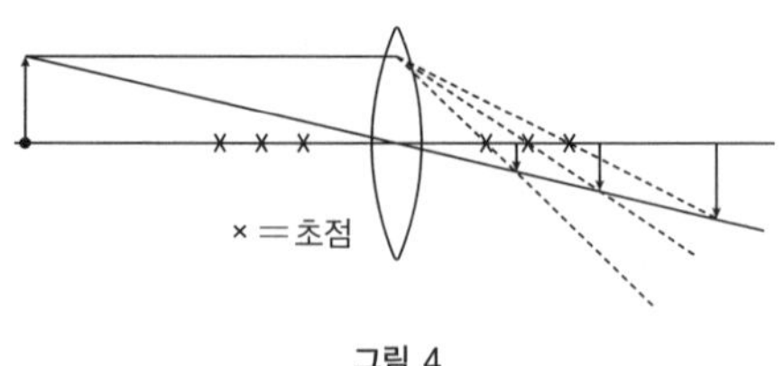

그림 4

상은 렌즈로부터 멀어진다(그림 3).

❷ 물체까지의 거리가 같을 때는 초점 거리가 짧은 렌즈일수록 상이 렌즈의 가까이에 생긴다(그림 4).

따라서 가까운 것을 볼 때는 초점 거리를 짧게(수정체를 두껍게), 먼 것을 볼 때는 초점 거리를 길게(수정체를 얇게) 하면, 상이 언제나 망막 위에 생기게 된다.

☉ 조리개의 효과

카메라의 경우 '조리개'의 역할도 중요하다. 즉, 많이 조일수록 핀트가 맞는 범위가 넓어지는 효과가 있다. 이것은 눈의 경우도 마찬가지이며, 근시나 원시인 사람이 물건을 확실히 보려고 눈을 가늘게 뜨는 것은, 이 효과를 무의식 중에 이용하고 있는 것이다.

가까운 것을 보는 경우에는 핀트가 맞는 범위가 좁아지지만, 이때 사람의 눈에서는 수정체가 두꺼워지는 동시에, 동공이 작아지면서 또렷하게 보이는 범위를 넓히고 있다.

여기서 간단한 실험을 해 보자. 사람의 눈은 가까운 것을 볼 때, 수정체의 초점 거리를 짧게 한다고 하였다.

초점 거리가 짧은 카메라에서는 상의 크기가 작아지는데, 그것과 마찬가지로 가까운 것에 핀트를 맞추면 물건이 작게 보일 것이다. 이것을 직접 확인해 보자. 눈 바로 앞에 바늘구멍(예를 들면, 은박에 바늘로 구멍을 뚫은 것)을

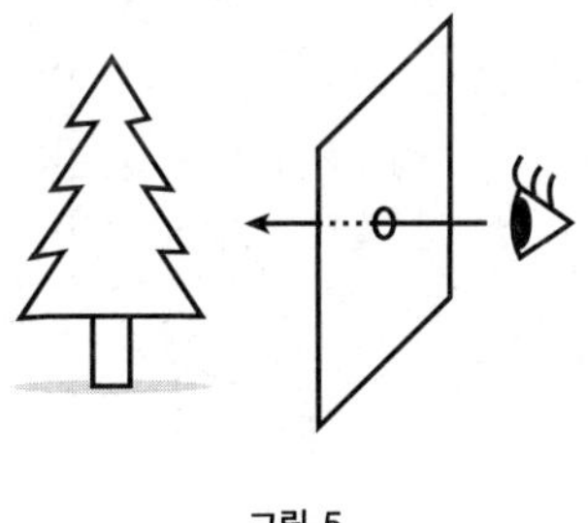

그림 5

두면(그림 5), 경치는 조금 희미해지지만, 앞뒤의 넓은 범위가 확실히 보이게 된다. 그리고 바늘구멍 자체(눈 바로 가까이)를 보도록 하자. 바늘구멍과 저쪽의 경치 전체가 오그라드는(작게 보이는) 것을 알 수 있다.

✪ 수중에서 확실히 보려면?

수중에서 눈을 뜨면 물속의 물체가 흐릿하게 보인다. 이것은 물과 각막의 굴절률의 차가 작기 때문에, 눈에 입사한 빛이 거의 굴절하지 않기 때문이다. 물안경을 끼면 확실히 보이는데, 이때는 빛이 공기로부터 눈에 입사하기 때문이다.

그러면 수중 생물의 눈은 어떻게 되어 있는가? 힌트는 조리한 생선과 구운 생선의 눈의 모양에 있다. 가열된 눈알은, 단백질이 변성되었기 때문에 불투명하나, 거의 구형을 이루고 있다. 즉, 수정체의 곡률을 극단적으로 크게 함으로써, 약간의 굴절률 차이에도 상이 깨끗하게 맺히는 것이다.

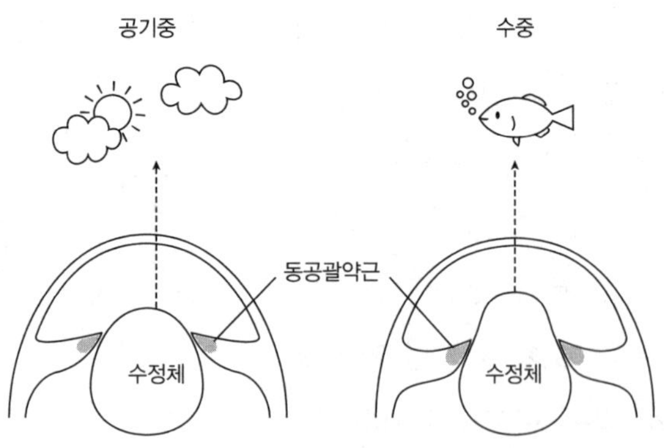

그림 6

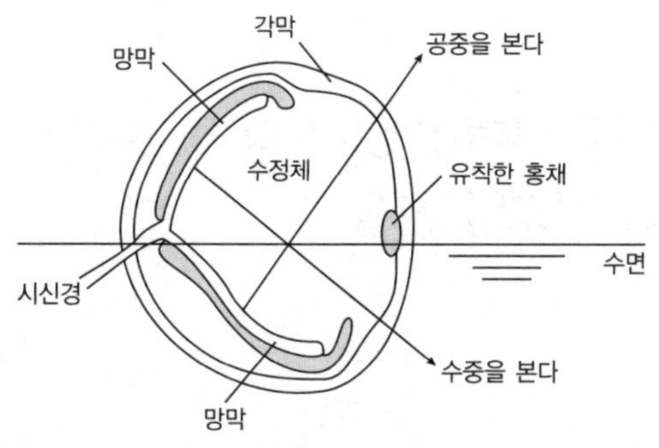

그림 7

더 재미있는 것은 수륙 양용의 눈이다. 거북이, 해달, 가마우지의 눈은 보통 공기 중에서 핀트가 맞도록 되어 있다. 그리고 물에 잠겼을 때는 강력한 동공괄약근에 의해서 수정체 전반부의 곡률을 극단적으로 크게 하여, 환경에 따른 굴절률의 변화에 대응하고 있다(그림 6). 또 수면 가까이에서 헤엄치는 네눈박이송사리는, 수정체의 형태가 구형이 아니고, 그림 7과 같이 공기 중으로부터 들어온 빛뿐만 아니라 수중으로부터 들어온 빛을 함께 잘 굴절시켜서, 어느 쪽에도 핀트가 맞도록 되어 있다.

방해를 하면 오히려 잘 통과하는 빛의 기묘한 성질

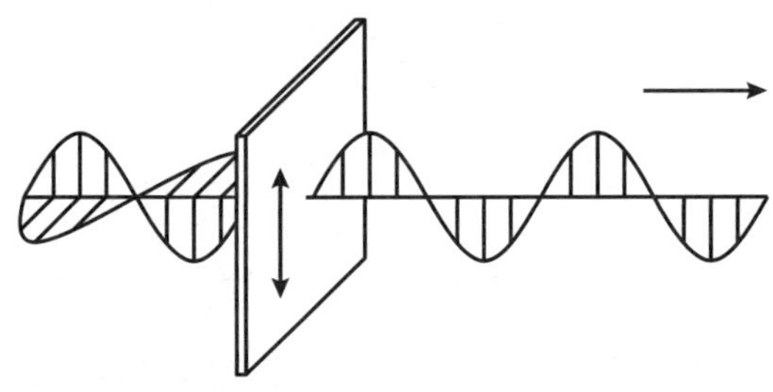

그림 1

빛은 횡파이며 전자기파이고 그 전기장과 자기장의 방향은 진행 방향에 수직이다. 즉, 빛의 전기력선과 자기력선도 빛의 진행 방향에 수직한 것이다. 이 방향을 볼 수 있는 것으로는 편광판이라는 것을 사용하는데 쉽게 구입할 수 있다. 편광판에는 방향성이 있으며, 특정한 방향으로 진동하는 빛만 통과한다(그림 1). 무엇인가에 반사한 빛은 편광이 많으므로 편광판을 사용하면 차단할 수 있다. 수면의 번쩍거림이나 칠판이 반짝거려서 보이지 않을 때 편광판은 유효하다.

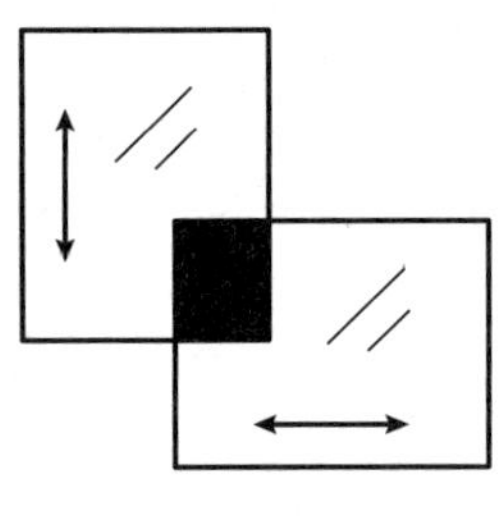

그림 2

이제, 이 편광판 2장을 서로 수직으로 포개면 어떻게 보이겠는가? 첫 번째 편광판을 통과한 빛은 두 번째 편광판을 통과할 수 없다. 2장을 통해서 보면 정말 캄캄하다(그림 2).

그러면 이 2장의 편광판 사이에 또 1장의 편광판을 넣으면 어떻게 되는지 알아보자. 원래 보이지 않는 곳에 또 1장을 넣어도 보이지 않는다고 생각하지 않았을까? 그러나 이것은 3장째 편광판의 방향에 따라서 빛이 통과하게 된다. 어떻게 사이의 물질에 의해서 지금까지 통하지 않았던 빛이 통하게 되는가? 이것은 그림 3과 같이 빛의 전자기장을 평행사변형의 법칙으로 분해하여 그 성분이 통과한다고 해석할 수 있다. 이와 같은 법칙이 성립하는 것은 빛의 전기장과 자기장이 벡터이므로 당연하다.

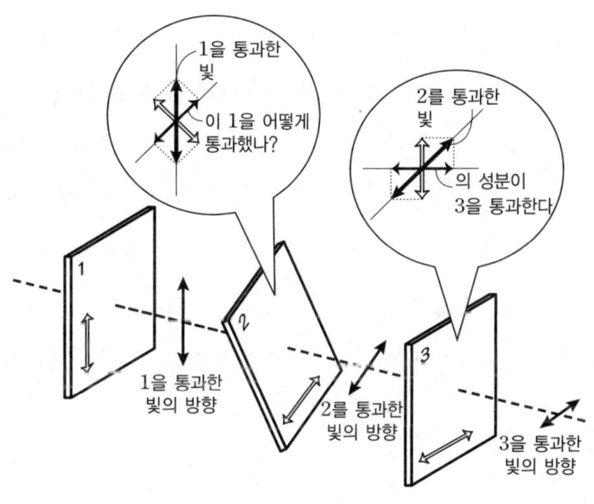

그림 3

083

'매끄럽고 희게 빛나는 것'이란 어떤 것인가?

투명 유리는 문자 그대로 투명하다. 공사장에서는 일부러 X표를 해서 파손을 막고 있다. 그러나 잘 보면 주변의 경치나 자기의 모습이 비치고 있는 것을 발견할 수 있다. 유리의 한쪽 면에 은을 침착시켜서 거의 모든 빛을 반사하도록 한 것이 거울이다. 거울의 표면과 같이 평평한 경계면에서는 빛의 반사의 법칙에 따라, 실물 그대로의 상을 비춘다. 이러한 정반사는 경계면의 요철(凹凸)이 빛의 파장 $380 \sim 770$ nm $(1 \, \text{nm} = 10^{-9} \, \text{m})$에 비해서 충분히 작을 때에 일어난다(그림 1).

빛을 잘 투과시키는 투명 유리는 거울, 렌즈 혹은 프리즘이라는 광학

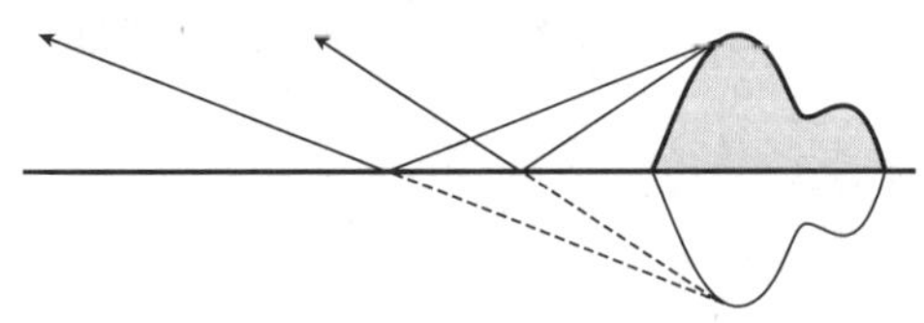

그림 1 • 정반사

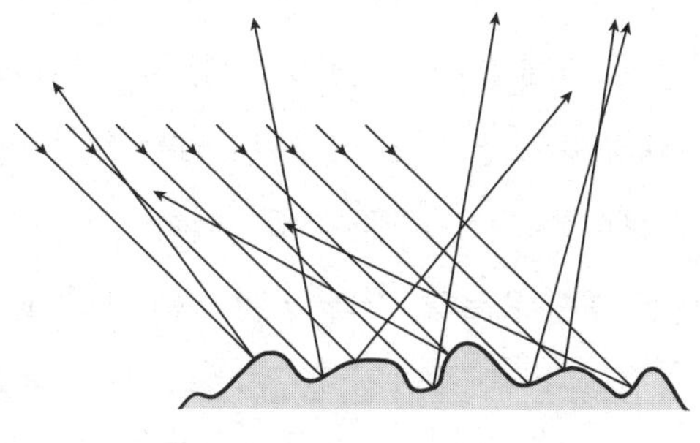

그림 2 • 난반사

기구에 빼놓을 수 없는 재료로 사용되고 있다. 투명 유리에 충격을 주어서 금이 간 경우를 생각해 보자. 금이 간 부분은 희고 불투명하게 된다. 금이 간 부분이 두꺼워졌기 때문에 그런 것은 아니다. 금이 간 부분 표면의 요철은 육안으로도 알 수 있을 정도이다. 경계면의 요철이 빛의 파장과 같은 정도이거나 그것보다 클 때 반사광은 여러 방향으로 나아간다(그림 2). 이와 같은 반사를 난반사라고 말한다. 금을 어느 방향에서 보아도 불투명하게 보이는 것은 난반사 때문이다.

투명 유리의 금이 '희게' 보이는 것은 왜일까? 투명하다는 것은 모든 빛을 투과시킨다는 것이다. 가시광선을 모두 포함하고 있는 빛은 백색으로 보이다. 태양광은 거의 백색광으로 간주할 수 있다. 태양광이 소위 일곱 색의 빛을 포함하고 있다는 것은 무지개를 보면 납득이 된다. 특정한 색의 빛을 흡수하는 일이 없는 투명 유리에 의해서 난반사된 빛은, 가시광선을 전부 포함하고 있으므로 희게 보이는 것이다. 빨간 그림물감이 빨갛게 보이는 것은 가시광선 중의 빨간 부분만을 주로 반사하기 때문이며, 흰 그림물감이 희게 보이는 것은 가시광선을 거의 전부 반사하기 때문이다.

금이 간 투명 유리에 더욱 충격을 가해서, 산산조각이 된 경우를 생각해 보자. 유리 가루는 희게 보인다. 마치 설탕이나 소금과 같다. 사실 설탕이나 소금을 확대해서 보면 투명한 낱알이라는 것을 알 수 있다. 설탕이나 소금이 희게 보이는 것은 난반사 때문이다. 천천히 성장시킨 표면의 매끄러운 결정은 육안으로도 거의 투명하게 보인다. 이것을 가늘게 부수는 것은, 투명한 유리에 갈라진 틈을 만들어서 산산조각내는 것과 같다. 얼음 덩어리는 투명하지만 잘게 깬 얼음은 희게 보인다.

흰 것은 대부분 작고 투명한 낱알이며 빛을 난반사한다. 조용한 호수에 비춰지는 산들은, 마치 거울에 비춘 것과 같이 거꾸로 서 있다(그림 1). 관찰자의 움직임에 따라서 호수에 비치는 산들도 모습을 바꾼다. 이것은 빛의 반사의 법칙을 생각하면 이해된다. 한편, 폭풍우로 물결치는 수면이나 폭포의 깊은 웅덩이의 수면은 어디서 보아도 희게 보인다. 눈의 결정은 상공의 온도나 습도에 의해서 여러 가지로 변화한다. 흰 것을 대표하는 눈 결정의 정체는 투명한 얼음이다.

매끄럽게 보여도 희게 빛나는 것이 있다. 종이가 바로 그렇다. 종이의 지면은 언뜻 보아 매끄럽게 보이지만, 확대해서 보면 울퉁불퉁하다(그림 2). 이 지면은 세로로 보아도, 문자는 읽기 어렵지만 옆으로 보아도 똑같이 희게 보인다. 지면에 닿은 백색광이 흡수되지 않고 여러 가지의 방향으로 난반사되기 때문이다.

하늘의 푸르름

태양의 빛은 거의 백색(황색에 가까운)이지만, 프리즘에 통과시켜 보면 파장이 긴 순서로 무지개 색의 빛이 포함되어 있는 것을 알 수 있다. 이 빛을 가시광선(인간의 눈으로 식별할 수 있는 빛)이라고 한다. 색은 파장의 차이이며, 모든 색이 섞이면 백색이 된다. 대기 속에서 가시광선은 공기 중의 분자에 의해서 산란되지만, 특히 파장이 짧은 빛(보라색, 푸른색 계통)이 강하게 산란되어 진행 방향을 벗어나서 주위에 퍼진다. 맑게 개인 날에 사방팔방에서 우리들의 눈으로 들어오는 것은 푸른색 계통의 산란광이며, 이것이 저 푸른 하늘의 정체인 것이다. 만약, 지구에 대기가 없으면 산란광이 없으므로 하늘은 아주 캄캄해질 것이다. 이 산란 현상은 레일리(Rayleigh) 산란이라고 부른다.

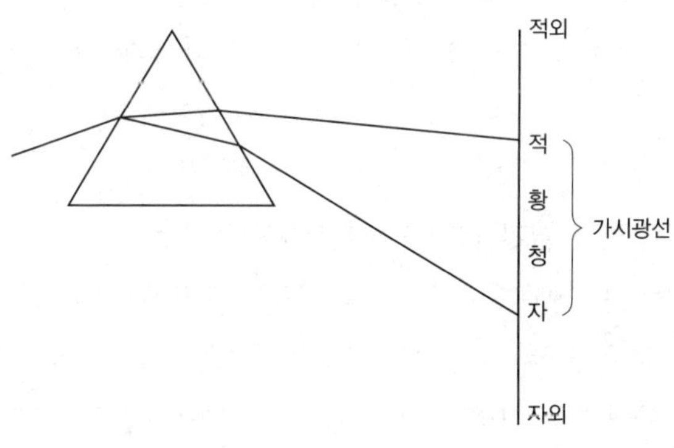

석양은 왜 붉은가?

석양이란 해가 저물 즈음에 태양에서 내뿜는 빛이다. 아침저녁으로 태양의 고도가 낮기 때문에, 태양의 빛은 낮에 비해서 대기 중을 긴 거리를 통과하게 된다. 이 과정에서 청색이나 녹색의 빛을 산란에 의해서 잃고, 산란이 비교적 약한 붉은 빛이 많이 남는다. 이것이 아침노을이나 저녁노을의 원인이다.

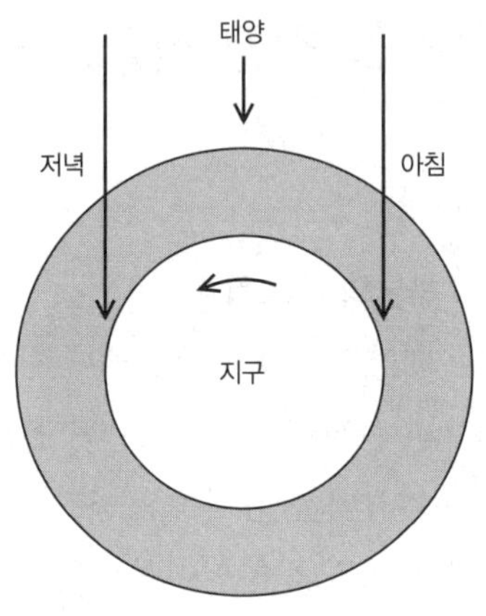

바다의 색

바닷물은 파장이 긴 빛(적외선, 빨간색 계통)을 강하게 흡수한다. 따라서 바다 속에서 보는 투과광은 청, 녹색으로 보인다.

바다의 반사광이 왜 푸른가에 대해서는 확실하지 않다. 바닷물 속에는 진흙이나 플랑크톤, 유황화합물 등 다수의 입자가 존재하고 있는데, 이들 입자 중, 가시광선의 파장 정도나 그보다 더 작은 물질에 의한 산란광을 해수면 위에서 보면 푸르게 보인다는 설이 있다. 실제로는 진흙이나 플랑크톤 그 자체의 색 등이 뒤섞여서 바다의 색은 복잡한 것이다.

수조에서 푸른 하늘과 석양을 만들어보자

물이 든 큰 수조에 할로겐램프의 빛을 비추면서, 우유를 소량 넣어보자. 전혀 우유를 넣지 않았을 때 물의 색은 약간 초록이지만, 우유를 넣으면 산란광은 파랗고, 투과광은 빨갛게(광원의 필라멘트를 보

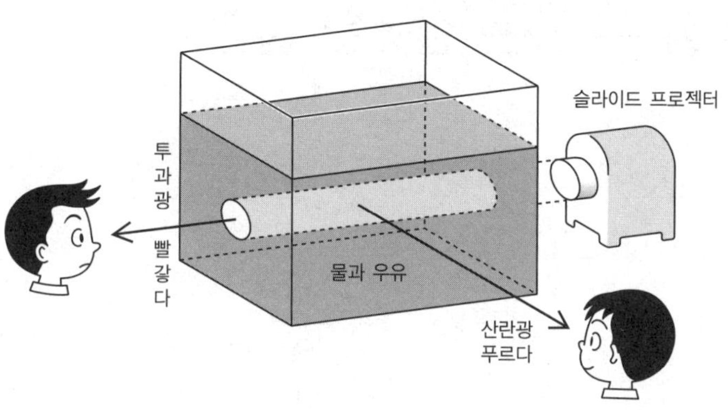

자) 된다. 우유는 지름 $0.5 \sim 1.0 \times 10^{-6}$ m 정도의 지방 덩어리이다. 할로겐램프는, 태양광과 마찬가지로 무지개 색의 가시광선을 포함하고 있다. 이중에서 푸른 빛이 지방 덩어리 때문에 산란된다. 우유를 너무 많이 넣으면, 지방 덩어리가 서로 충돌해서 점차 큰 알갱이가 되고, 모든 빛을 산란시켜서 산란광, 투과광이 모두 희게 된다(위 그림).

담배 연기를 보자

담배를 태워서 나오는 연기는 탄화수소 화합물이고, 지름 $0.1 \sim 0.2 \times 10^{-6}$ m 정도의 깨끗한 구형이다. 이것에 할로겐램프의 빛을 비춰 보자. 할로겐램프가 없으면 형광등 아래에서 보아도 된다. 처음에는 푸르게 보이지만, 입자의 충돌에 의하여 커지고, 점점 희게 된다. 덧붙여서, 사람이 입으로 빨아 들인 후 뱉어낸 연기를 보면 희게 보이는데, 이것은 몸 안에서 담배의 입자를 핵으로 하여 물방울이 붙어서 입자가 커졌기 때문이다.

084

'하늘은 왜 푸른가'에 대한 대답에서 흔히 볼 수 있는 잘못된 설명

✿ '하늘이 푸르다'는 것에 대해 흔히 볼 수 있는 대답들

태양으로부터 오는 빛은 백색 즉, 여러 가지 색의 빛을 포함한 것이다. 빛의 색깔 차이는 파장의 차이 때문이다. 빨강은 파장이 6×10^{-7} m 정도인 것이고, 파랑은 4×10^{-7} m 정도이다. 앞의 주제에서 말한 바와 같이, 하늘이 푸른 것은 태양광의 파란색 성분이 도중에 산란되기 때문이라고 생각된다. 따라서 통과하는 빛은 빨간 성분이 많고, 저녁 해나 아침 해와 같이 긴 거리의 대기를 통과한 직사광은 빨갛게 보인다.

무엇이 빛을 흩뜨리는가? 빛은 공기 중을 지나므로 공기 중 기체 분자가 그 주인공이라고 생각된다. 그러면 빛과 분자의 상호작용을 생각해 보자. 빛은

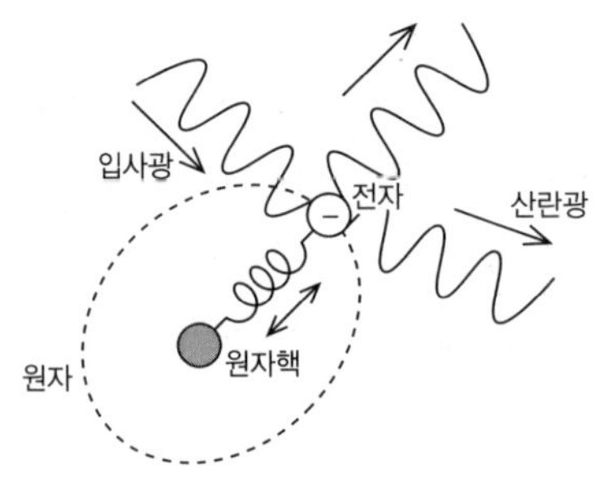

전자기파이므로 전기적인 힘을 미친다. 이때 분자(그것을 구성하는 원자) 내에서는 가벼운 전자가 빛에 의해서 흔들려 원자 내에서 진동한다. 전자는 원자핵에 용수철로 연결된 것과 같이 구속되어 있으므로, 이것은 진자의 강제 진동에 가깝다. 그 결과 어떤 일이 일어나는가? 전하가 진동하면 전파를 방출하므로, 원자는 2차적인 전파를 방출하여 그것이 주위에 퍼진다. 이것이 산란이다. 빛을 받은 원자로부터 다시 전파가 나와서, 각 원자로부터 나온 빛과 원래 전파의 일부도 함께 포개어 합쳐져서, 새로이 공기 중을 나아가는 전파 또는 빛을 형성한다.

한편, 이 원자에 의해서 산란되는 빛의 강도는 파장에 따라 다르며, 전자기학에 의한 계산의 결과는 파장의 4제곱에 반비례한다(전하가 가속 운동하면, 전자기파가 발생하는데, 그 강도는 가속도의 제곱에 비례하는 것을 전자기학으로부터 알 수 있다. 전자가 단진동하면 그 가속도는 각진동수 ω(이것은 $2\pi/$주기와 같다)의 제곱에 비례하는 것을 역학으로 알 수 있으므로, 결국 강도는 ω의 4제곱에 비례한다. 주기 즉, 한 번 진동하는 시간과 거기서부터 생기는 파동의 파장은 반비례하므로, 강도는 파장의 4제곱에 반비례한다). 따라서 빨강에 비해 파랑의 산란 강도가 6/4의 4제곱배가 된다. 이것으로 푸른 빛이 공기에 의해 강하게 산란되는 것을 알 수 있으며, 하늘이 푸른 이유도 알았다.

✪ 이 설명의 잘못

많은 책에서는 위와 같이 설명하고 있다. 그러나 이것은 잘못된 것이다. 예를 들면, 앞 주제의 실험 설명으로 '물속에 흩어져 있는 우유의 지방 알갱이가 대기에서 분자의 역할을 한다.'고 써 있는 책이 있다. 그것에 대해서 당연히 이런 의문이 생기지 않을까? 어째서 그렇게 큰 분자에 부딪치는가? 오히려 주위에 있는 물이야말로 분자가 아닌가? 앞의 설명이라면 물 분자로 충분히 산란은 일어날 것이고, 우유를 섞지 않은 물만으로도 옆에서 보면 푸르게 보이지 않는가? 물론 물만으로는 이렇게 되지 않는다. 아니 그것은 양적인 잘못이고, 공기의 경우는 거리가 길어서 관여하는 분자의 수가 더 많다고 반론이 나올지도 모른다. 그러나 예를 들면, 1기압은 물 10 m에 상당하므로, 물 10 m라면 하늘과 비교할 만큼 푸르게 될까? 그렇지는 않다. 그렇다면 우유를 섞으면 왜 푸르게 되는가를 설명할 수 없다. 무엇이 잘못되었는가?

❂ 하늘의 푸름은 밀도의 흔들림으로 일어난다

예를 들어, 물이나 유리 속을 진행하는 빛을 생각해 보자. 표면에서의 굴절을 따로 떼어서 생각하면, 내부에서 빛의 속도는 변화하지만 주위에 산란되는 일 없이 똑바로 나간다. 그러나 이 빛은 물질 내의 분자·원자로 산란된 빛이 서로 포개어져서 만들어진 것이다. 그러면 어째서 '보통'의 빛과 같이 나아가는가? 충분히 크고 일정한 매질에 빛이 입사하면, 매질 중 많은 분자의 전자는 모두 강제 진동을 받아서 여러 방향으로 2차적인 빛의 방사를 한다. 만약 입사광의 파장이 물질 중의 분자 간격보다 클 때는, 하나의 물결 중에 포함되는 많은 원자의 전자 진동이 거의 갖추어져서 일정한 위상 관계를 갖기 때문에, 그들의 원자로부터 나오는 2차파는 강한 간섭을 일으켜, 최초 빛의 입사 방향 이외에 산란된 빛은 간섭으로 서로 지워져 버린다. 어떤 진동을 하는 전자에 대해, 같은 파장 내에 반드시 반대 위상의 진동을 하는 전자가 있어서 서로 상쇄된다고 생각해도 된다. 결국, 빛은 입사 방향으로 매질의 외부와는 다른 속도로 나아가는 것이 되지만, 옆으로 크게 벗어나는 일은 없다.

그리고 공기와 달리 물이나 유리 안에서 옆 방향으로 강한 산란이 일어나지 않는 것은 파장에 비해서 많은 분자가 밀집되어 있기 때문이며, 그 효과는 균일하게 규칙적으로 분포하고 있으면 강해질 것이다. 그러면 구체적으로 어느 만큼의 분자가 있는가? 우선 공기로 말하면 표준상태에서 6×10^{23}개의 분자가 22.4 L의 부피를 차지하므로, 1 cm^{3}당 2.6×10^{19}개의 분자가 있으며, 이 한 변당 3×10^6개의 분자가 나란히 서게 된다. 여기서 청색의 파장 5×10^{-7} m를 생각하면, 1파장 안에 약 150개의 분자가 가지런히 배열되게 된다. 이에 반해 물에서는 어떤가? 물 분자 6×10^{23}개가 18 g이므로 1 g당 분자 3.3×10^{22}개가 되며, 이것이 물 1 cm^{3}을 차지한다. 앞서와 마찬가지로 청색의 1파장의 길이에 나란히 있는 분자를 생각하면 약 750개가 된다. 이것으로 보면 공기 중에서는 분자 간격이 약 5배이다. 이밖에 공기의 예를 들면, 질소 분자는 원자가 2개인 것에 비해서 물은 3개의 원자로 되어 있다는 것, 또 지상보다 위로 올라가면 기압이 낮아져서 분자가 더 드물게 되는 것을 고려하면, 분자 간격은 거의 10배(상공에서는 더 줄어든다)로 계산해도 될 것이다. 같은 부피라면 물론 1,000배 이상 기체의 경우가 더 희박하다. 수가 다른 것은 물론이지만 고체, 액체와 달리 기체의 큰 특징은 분자의 간격이 분자의 크기에 비해 크기 때문에, 분자가 자유로이 움직여서 그 밀도가 장소에 따라 변하는 것이다. 밀도의 불균일이 커지면, 각 분자가 만드는 2차파는 규칙적으로 서로 포개어지지 않으므로, 지금까지의 경로와는 달리 다른 파동이 크게 남아 옆으로의 산란파가 강해진다. 이것이 기체에서 산란이 커지는 원인이다. 즉, 하늘이 푸르게 보이는 것은 공기의 밀도가 일정하지 않기 때문이다. 공기에서 산란이 크고 물에서 크지 않은 것은, 분자의 산란보다는 분자 밀도의 흔들림이 원인이다. 그렇게 생각하면 물에 우유 등을 섞음으로써 옆에서 보기에 푸르게 보이는 것은, 우유가 분자의 역할을 한다기보다 거기에 불균일성을 만들어냈기 때문이라고 할 수 있다. 반대로 하늘이 푸른 것으로 분자의 밀도나 흔들림을 계산할 수도 있을 것이다.

✪ 일반적으로는 굴절률의 변화로 생각할 수 있다

거시적으로 보면 빛의 산란은 빛이 물질 속에서 휘어지는 현상이다. 그것은 굴절이 차차 일어나는 것이다. 굴절률은 앞서 본 바와 같이 원자 내의 전자 운동에 의한 것이지만, 그것은 물질의 밀도에 의해서 변화한다. 기체 속에서는 분자의 자유로운 운동에 의해, 전체로는 거의 균일하여도 미시적인 밀도는 심하게 흔들린다. 그 결과 굴절률도 공간적으로 크게 변화하며, 그 영향은 작은 파장일수록 크다. 굴절률의 흔들림을 사용한 계산에서도 앞서의 전자와 마찬가지로, 산란 강도가 파장의 4제곱에 반비례하는 결과가 얻어진다. 즉, 물질 중에 밀도의 변화가 있으면, 굴절률이 장소에 따라 변한다. 그 때문에 입사한 빛은 차차 굴절하고, 산란된다. 굴절은 굴절률이 변하는 면에서 일어나기 때문이다. 그리고 그 효과는 변동을 정면으로 받는 파장이 짧을수록 크므로 푸른색이 크다. 이것이 푸른 하늘에 대한 설명이다.

085: 물체의 온도는 방출하는 빛의 색으로 알 수 있는가?

✪ 물체의 색으로 온도를 알 수 있는가?

물체는 열을 주위에 방출한다. 이것을 열복사라고 하는데 그 정체는 전자기파이며, 빛도 포함된다. 온도가 그리 높지 않을 때는 눈에 보이지 않는 적외선으로 방출하지만, 온도가 높아져 500 ℃를 넘는 부근에서부터는 붉은빛을 내게 된다. 온도를 더욱 올리면 물체는 흰색의 빛을 내게 된다. 《이과연표》에 의하면 1100 ℃에서 등황열(橙黃熱), 1300 ℃에서 백열이 된다.

이때 빛은 하나의 파장만이 아니라 여러 가지 색 즉, 여러 파장이 섞여 있지만, 온도나 파장에 따른 에너지 분포(강도 분포)가 변하여 그때 보이는 물체의 색에 해당하는 파장 에너지가 우세하게 된다. 그렇다면 이 색깔 즉, 물체가 내는 전자기파의 파장에 따른 에너지 분포를 측정하면 물체의 온도를 구할 수 있지 않을까? 나오는 빛을 조사해서 온도를 측정할 수 있다면 편리하다. 특히 용광로 등의 내부 온도를 재는 데 도움이 된다.

✪ 열복사의 연구와 공업과의 관련

열복사의 연구는 19세기 말 독일에서 왕성하였다. 1870~1871년의 보불(普佛) 전쟁은 50억 프랑의 상금과 알자스 로렌(Alsace-Lorraine)의 풍부한 철광 산지를 가져와 독일 제국이 성립되었고, 상공업의 장해였던 봉건제가 철폐되어 철혈 재상 비스마르크(Bismarck, 1815~1898)의 개혁 이래 경이적인 생산력의 약진을 이룬다. 그중에서도 공업 기술, 특히 제철·제강의 야금, 금속 전기화학의 발전이 두드러졌다. 이것은 원료 자원과 시장 개발을 위한 군수 공업, 제국주의에도 연결되지만, 그것은 그대로 두고, 야금 공업의 용해, 단련, 담금질의 고온작업 가열 기술은 고온 측정에 필요한 열복사 연구에 가장 실제적인 동기가 되었다. 전기공업의 작열전등·탄소선 필라멘트 복사의 분포 연구도 관련이 있다.

이와 같은 배경 하에 19세기 후반부터 20세기 초에 걸쳐서, 서양 각국에 연구 기관이 왕성하게 창설되었다. 베를린의 독일 국립물리공학 연구소 설립에 있어서, 토지 및 건물을 기부하기로 한 에른스트 베르너 폰 지멘스(Ernst Werner von Siemens)가 정부에 보낸 서한에서 "민족의 각축 투쟁에 있어서 새로운 궤도를 제일 먼저 포착하여 그것에 기초하는 공업 부문을 최초로 발전시킨 나라가 결정적 우세를 차지하게 된다. 이러한 신 궤도를 새로 만들거나 새로이 생명을 주는 것은 거의 예외 없이 새로운 자연과학적 발견이며, 때로는 그것이 극히 눈에 띄지 않는 경우도 드물지 않다. 새로운 자연과학적 발견을 기술적으로 이용할 수 있는지는 보통 그것을 완전히 조직적으로 마무리하여 긴 세월을 거쳐서 비로소 판명되는 일이 많다. 그러므로 과학적 진보가 물질적 효용에 의해서 좌우되어야 하는 것은 아니다."라고 말했다.

건물은 1887년에 생기고, 이 무렵부터 실험물리학의 저명한 연구들은 정부나 재단의 지지를 받는 연구소에서 이루어지는 일이 많아진다.

✪ 흑체 복사의 도입

그러면 실제로 뜨거운 물체의 색을 관측함으로써 그 온도를 측정할 수 있을까? 물체는 복사를 흡수하기도 하고 방출하기도 한다. 에너지를 밖에서 받고 또 방출하는 것이다. 얼마만큼 흡수하고 방출하는가는 온도와 복사의 파장과 물질의 물리적·화학적 성질에 따라서 다르다. 그래서 일반적으로 파장마다 에너지 분포를 측정하여도 물질에 따라서 다르며, 그것으로 온도를 결정하는 것은 아니다. 그러나 어떤 조건을 설정하면 물질에 의하지 않고 온도를 결정할 수 있다. 그것은 어떤 경우인가?

열복사를 흡수하여 방출할 수 있는 물질을 넣고, 외부와의 열출입을 차단한 공동(빈 상자를 생각하면 된다)을 만든다. 물론 벽 자신이 흡수, 방사하여도 된다. 이것을 가열해서 어느 온도까지 올린 후 유지하면 어떻게 될까? 공동 내에는 복사가 어지럽게 이동하지만 갇혀 있으므로 평형 상태가 된다(열평형). 즉, 공동에는 여러 가지 진동수(파장 대신에 진동수를 사용한다)의 복사로 채워져 있어 평형 상태이므로 일정한 에너지 분포를 유지하고 있다. 진동수가 ν와 $\nu+d\nu$의 사이에 있는 복사에 대해서 단위면적을 단위시간에 빠져나가는 에너지 밀도를 $R(\nu)d\nu$로 표시하자. 이 값은 진동수와 온도에 따라서(그리고 만약 공동을 채우고 있는 매질이 있으면 그것에도 의존해서) 결정된다. 이제, 이것과 물질 사이의 주고받음을 생각해 보자. 같은 진동수 범위 ν, $\nu+d\nu$에 대해서 물질의 단위부피로부터 단위시간당 어떤 방향으로 단위면적당 방출되는 복사 에너지를 $E(\nu)d\nu$라 하고, 이것을 방출능이라고 부르자. 한편 단위시간당 R의 복사가 들어오지만 그중 $A(\nu)$라는 비율이 물질에 흡수되고 나머지는 반사된다고 하자. A를 흡수능이라고 부른다. 그러나 평형 상태이므로 흡수와 방출은 같을 것이며

$$R(\nu)A(\nu)=E(\nu)$$

가 성립한다. 따라서

$$R(\nu)=\frac{E(\nu)}{A(\nu)}$$

여기서 좌변은 공동 내의 복사 밀도이며, 공동 내의 매질과 온도만으로 결정된다. 우변의 분자, 분모는 물질에 의해 결정될 것이다. 그러나 만약 같은 공동 내에 몇 개의 물질이 있고 좌변이 같은 경우라면, 우변의 비는 물질에 의하지 않고 진동수와 온도만으로 결정된다는 것을 나타낸다.

우변이 물질에 의하지 않고 온도와 진동수로 결정되는 것을 처음으로 나타낸 사람은 구스타프 키르히호프(Gustav Kirchhoff, 1824~1887)이다. 그는 태양 스펙트럼의 연구를 시작으로 여러 가지 물질이 발하는 빛의 파장의 분포와 스펙트럼을 조사했다. 1859년과 1860년의 논문에서 '동일 온도에서는 동일 파장의 복사선에 대해서, 흡수율에 대한 발산율의 비가 모든 물체에서 동일하다.' 는 것을 증명하였다. 그는 다음에 이 논문에서 모든 광선을 완전히 흡수하는 이상적 물체를 정의하여 흑체(黑體)라고 이름 붙였다. 흑체가 빛을 모두 흡수한다고 하면 앞서의 식에서 $A=1$이 되므로 흑체의 방출능 E는, 공동 내의 복사 R과 같고 온도와 파장만으로 결정되며, 모든 흑체에 공통이다. 따라서 이 이상적인 물질이 내는 복사를 조사하면 온도를 결정할 수 있는 것이다. 이것으로 처음 색의 온도를 결정할 수 있게 되었다.

이 흑체 개념이 현재까지 중요한 역할을 한다. 모든 이론적 법칙은 흑체 복사에 대해서 정식화되었다. 동시에 위의 과정으로 알 수 있듯이, 이 흑체가 내는 복사의 파장에 따른 에너지 분포는, 동일 온도의 물체에 둘러싸인 갇힌 공동과 같은 것이므로 순수한 '흑체' 대신에 공동으로부터 나오는 빛을 조사하면 된다. 이것은 실제적인 측정 수단을 제공하며 이론적으로나 실험적으로도 중요한 의의를 갖는다.

✪ 흑체 조건을 무시해서 실패

그런데 이 명제는 30년 이상이나 학계에서 인정받지 못했다. 열복사의 연구는 독일에서 왕성하였지만, 그 중에서 요제프 슈테판(Josef Stefan)의 '전체 복사 밀도가 절대 온도의 4제곱에 비례한다.'고 하는 관계(1879년)가 유명해졌다. 오늘날은 잊혀졌지만, 당시 이에 반하는 실험 결과가 속속 발표된다. 이것은 이들 연구자의 실험이 모두 흑체가 아닌 일반 고체에 대해서 그것을 자각하지 않았기 때문이다. 단지 한 사람, 의식하지 않은 채 흑체에 가까운 조건으로 실험한 슈네벨리(Schneebeli)가 4제곱식을 확인하였을 뿐이다. 사실 4제곱식은 흑체에만 이론적으로 유도되는 식이므로 슈테판과 같이 백금이나, 심지어는 유리와 같은 것에까지 성립하는 것처럼 보인 것은 실험의 부정확에 의한 우연에 지나지 않는다.

이론적으로 4제곱식을 흑체에 대해서 증명한 것은 볼츠만(Boltzmann)이고, 그는 1884년에 흑체 복사를 마치 완전 기체와 같이 다루고 있다. 이것은 아인슈타인의 광양자(光量子) 가설에 연결된다.

그것은 복사의 전체량에 대한 식이지만, 파장에 따른 에너지 분포 즉, 스펙트럼의 연구에서는 빌헬름 빈(Wilhelm Wien, 1864~1928)이

1893년에 열역학을 응용하여서 공동 분포식을 유도하였다. 이것은 완전히 반사하는 벽에 둘러싸인 상자에 복사를 가두어 벽을 천천히 움직이는 것으로부터, 일과 도플러 효과를 계산하여 구해졌다. 이것은 어떤 온도 에너지 분포로부터 출발해서 압축함으로써, 보다 고온의 흑체 복

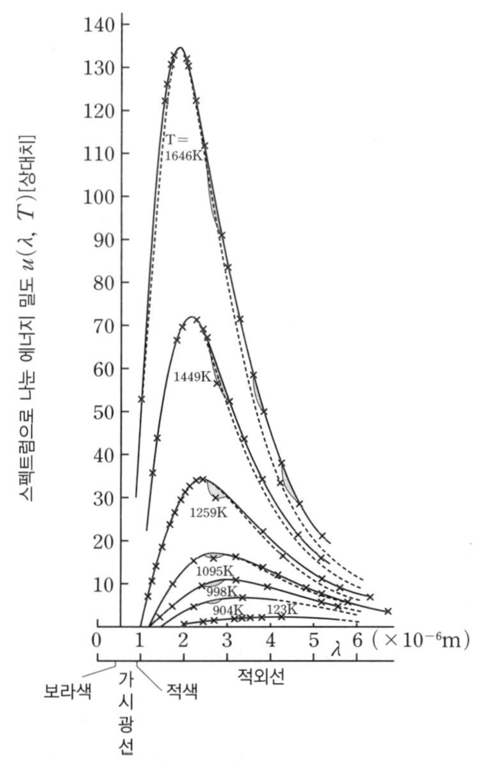

공동 복사의 스펙트럼

스펙트럼으로 나눈 에너지 밀도 $u(\lambda,\ T)$를
절대 온도마다 파장의 함수로 나타낸다.
(루머-프링스하임 Lummer—Pringsheim, 1899)
×……관측치(회색의 부분은 공기 중의 CO_2와 H_2O에 의한 흡수를 위한 결손)
실선은 플랑크의 공식에 의한다
점선은 빈의 공식에 의한다
에자와 히로시 《현대물리학》 (아사쿠라[朝倉]서점)에서 전재

사를 실현할 수 있다는 것을 가리킨다. 이것은 우주가 처음의 고온 상태로부터 팽창해서 온도가 내려간 후 절대 3도가 되어도 흑체 복사의 상태를 유지하고 있는 것을 설명하며, 역으로 초기의 우주가 고온 상태에서 열평형 상태였다는 것을 설명해주는 것이기도 하다.

✪ 흑체에 의한 올바른 측정

흑체 복사의 정확한 측정은 1895년에 루머(O. Lummer, 1860~1925)와 빈(Wien)에 의해서 이루어졌다. 국립연구소에서 1887년부터 연구를 시작했지만, 처음에는 흑체에 가깝게 하기 위해 백금의 표면에 금속산화물을 칠하는 작업에 성공하지 못했다. 과제를 해결한 것이 1895년의 공동 논문이고, 등온도의 벽에 둘러싸인 공동에 작은 구멍을 뚫어 복사를 끄집어내어 조사하는 것에 성공하였다. 빈 등은 실제로 구형 공동에서 구멍에 의한 오차까지 계산해서 실험하였다. 이것에는 충분히 정확한 볼로미터(bolometer)와 온도가 일정한 장치가 필요하였다. 1898년에는 전기로를 채용하고 있다.

그러나 머지않아 베를린의 왕립자기제작소에서 새로이 제작된 내화물을 복사 공동으로 채용하여 1600 ℃까지 흑체 복사를 연구하였다. 그 결과 빈의 이론 공식과의 어긋남이 발견되어, 머지않아 플랑크 양자론의 발견으로 이어진다.

공간에 퍼지는
전자기장의
10
왜?

장(場)은 실재인가?

✪ 장이란 무엇인가?

어떤 시각, 모든 공간에는 어떤 물리적인 양이 분포한다. 그것을 장(場)이라고 한다. 예를 들면, 지구상의 각 지점에는 기압이 있는데, 이를 기압의 장이라고 할 수 있다. 또 강의 모든 곳에는 순간순간 강물이 흐르는 속도가 있는데 이것을 속도의 장이라고 할 수 있다. 장은 공간에 퍼져 있고, 변화를 파동으로 이웃에 전파하는 성질을 가지고 있으므로 장과 파동은 자연스럽게 연결된다.

✪ 장이라고 보는 방법은 왜 필요한가?

물질끼리는 서로 상호작용을 한다. 그 상호작용의 기본은 중력, 전자기력, 약력, 강력이라는 4가지가 알려져 있는데, 이것들은 서로의 공간 사이에서 작용하고 있다. 물론 힘을 공부한 사람은 그밖에 마찰력, 장력 또는 항력과 같은 접촉력이 있다고 할 것이다. 그러나 그것들을 미세하게 보면 원자 수준에서 양자 역학적인 효과를 포함한 전자기력 등이며,

결국 앞서 4가지의 힘에 귀착된다.

그 중에서 중력에 대해 알아보자. 뉴턴은 서로 떨어진 두 물체는 서로 당기는 힘이 작용하고 있으며 이를 중력이라고 하였다. 그러나 왜 직접 접촉하지 않은 물체끼리 힘을 미칠 수 있는가에 대해서는 설명이 없다. 직접 접촉하지 않고 어떻게 상호작용이 일어날까?

아인슈타인의 상대론에 의하면, 어떤 사람에게 동시라는 것이 다른 사람에게는 동시가 아닐 수 있다고 한다. 그렇다면 뉴턴과 같이 동시에 서로 영향을 미치는 중력은 의미를 잃는다. 시간, 공간의 각 점에서 접촉하는 것만이 정해진 상호작용을 한다고 하면 문제가 쉽게 해결된다. 이 경우에는 물체가 떨어져서 힘을 미칠 때 무엇인가가 그 사이의 공간에 존재하며, 그것이 퍼져서 물체에 직접 접촉하여 작용을 한다고 생각할 수 있다.

상대론에서는 어떤 것도 광속보다 빠르게 전파되지 않는다고 한다. 물체끼리의 상호작용도 예외는 아니다.

힘이 광속 이상으로 전파되지 않는다면, 힘이 구체적으로 어떻게 전해지는지를 기술해야 한다. 그러므로 어떤 질점이 움직였을 때 그 주위의 공간이 어떻게 변하며, 영향이 어떻게 전달되는지에 대한 설명이 없다면 상대론과 모순된다. 멀리까지 작용하는 힘이 있을 때 그것을 전달하는 실체(파동)가 있는데 그것이 장이다.

❂ 전자기장과 중력장

상호작용의 장을 처음으로 생각한 것은 마이클 패러데이(Michael Faraday, 1791~1867)이다. 패러데이는 '전자기 현상은 전기나 자기를 갖는 물체가 일으키는 주위 공간의 상태 변화이다.' 라고 생각하여,

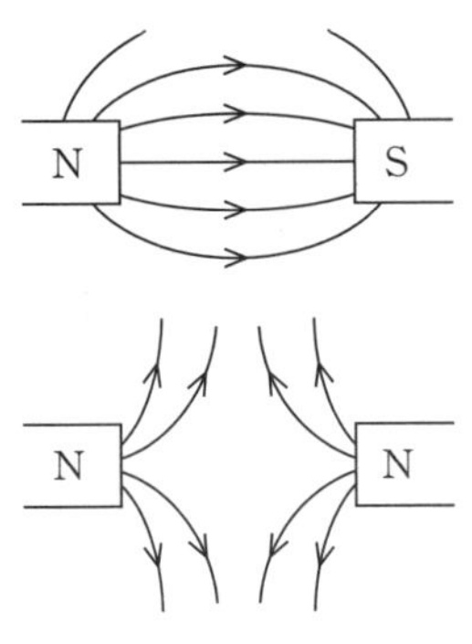

공간에 퍼지는 전기력선이나 자기력선을 이용해서 여러 현상을 훌륭하게 설명하였다.

장을 나타내려면 역선이 편리하다. 자기력선은 그림과 같이 나타낼 수 있으며 자석끼리의 작용은

❶ 역선은 길이를 줄이려고 한다.

❷ 서로 이웃하는 역선은 반발한다라는 역선끼리의 작용으로 이해할 수 있다.

그러면 장은 모두 역선으로 나타낼 수 있을까? 중력을 역선으로 나타낼 수 있을까? 중력장에 질량이 매우 작은 물체를 놓았을 때 그 물체에 작용하는 힘의 방향을 장의 방향으로 하면 다음과 같이 그려질 것이다. 단, 중력은 자기력과 달리 인력만 작용하므로 자기력선의 작용과 같지는 않다. 예를 들면 '서로 이웃하는 역선은 서로 당긴다.'로 해야 할지도 모른다. 이 역선은 전기장이나 자기장의 역선과 달라서 다소 어렵다. 그러나 어떠한 장도 역선으로 나타낼 수 있다. 중요한 것은 전하나 자극, 질량끼리 직접 서로 작용하는 것이 아니라 이와 같은 장을 통해서 작용을 미친다는 것이다.

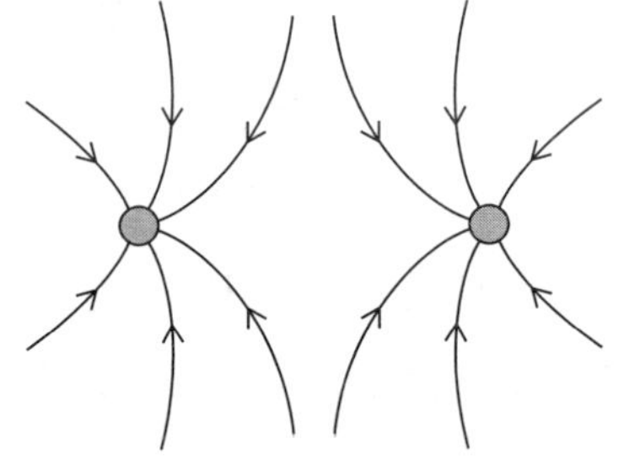

✪ 물질도 장이다

현대 장의 양자론에서는 전자 등의 소립자도 장으로 표시할 수 있다. 소립자는 공간에 벌어진 장으로부터 여러 장소에서 발생과 소멸을 되풀이한다. 예를 들면, 이러한 '비유'가 거론되고 있다. 소립자의 장은 광고탑이나 전광뉴스와 같이 전구가 빽빽이 들어 있는 것과 마찬가지이며, 전구가 차례로 빛남으로써 문자가 움직인다. 즉, 전구의 '장' 위에 하나의 광점을 달리게 할 수 있다. 이것이 바로 입자가 '움직인다'는 것에 대한 설명이다. 말하자면 어떤 점에서 켜지면 다음에 그 자리는 소멸하고 이웃이 켜진다. 이와 같이 생성과 소멸을 되풀이하여 입자는 움직인다. 이 광점 하나하나에 이름을 붙일 수는 없으므로, 두 광점이 교차한 후 어느 것이 어디로 갔는지는 무의미하다. 또 전광판의 여기저기에 빛나는 소립자가 생겼다고 하여도, 그것은 서로 구별할 수 없다. 그것은 우리 세계에 있는 모든 입자, 예를 들면 전자에 개성이 없다는 것을 설명하고 있는 것이다. 원래는 하나의 장이므로, 내 몸 안의 전자와 여러분의 전자도 같은 것이다.

장의 이론은 이와 같이 퍼지며, 현대 물리의 기초를 이룬다.

087 : 자기력선의 수를 셀 수 있을까?

✦ 전기장의 모습은 역선으로 표시된다

전하 즉, 전기를 띠고 있는 것끼리는 힘이 작용한다. 이 힘은 전하끼리 직접 당기거나 밀어낸다기보다는, 전하가 전기장을 만들고 다른 전하는 이 전기장과 상호작용한다고 설명할 수 있다. 이것이 패러데이가 찾아낸 전기장이다. 전기장의 모습을 눈으로 볼 수 있게 그린 것이 전기력선이다. 주위에 영향을 주지 않는 작은 양(+)의 대전 입자를 전기장에 놓고, 이 입자가 받는 힘의 방향으로 조금씩 움직이면서 전기력선을 그릴 수 있다. 역선의 접선은 그 점에서 전기장의 방향을 나타낸다. 역선에 전기장의 방향을 나타내는 화살표를 붙이면, 역선은 (+)전하에서 나와 (−)전하로 들어간다. 전기력선은 3차원적으로 분포하지만 보통 그림에서는 2차원의 단면도로 나타낸다. 이를 직접 보려면 기름 위에 작은 잔디 씨를 놓고 강한 전기장을 가하면 잔디 씨가 전기력선을 따라 배열하므로 전기장의 모습을 볼 수 있다.

✪ 역선의 밀도로 전기장의 크기를 알 수 있다

위의 정의에 의하여 역선은 (+)
전하로부터 나와 (−)전하로 들어간
다(그림 1). 역선의 밀도가 클수록 전
기장의 효과는 강하고 흩어져 있을수
록 약하다. 전하로부터 나오는 역선
의 수는 전하의 세기에 비례하며, 도
중에 끊어지지 않고 (+)부터 (−)
까지 이어지며, 도형으로도 잘 표시할 수 있다.

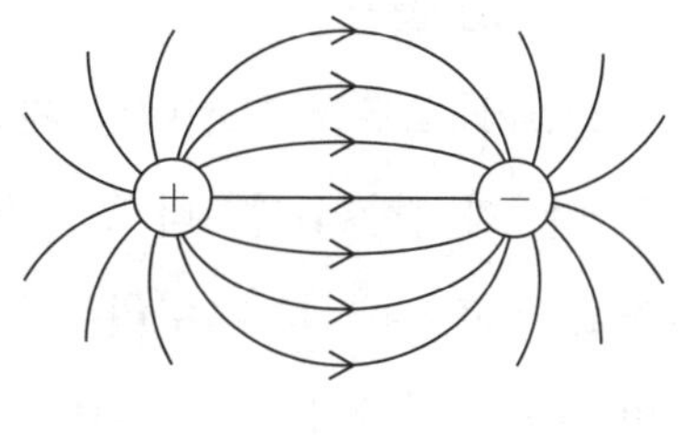

그림 1

✪ 역선의 수는 셀 수 있는가?

앞에서 말한 실험을 이용하면 역선이 눈에 보이므로 셀 수도 있을 것
같다. 그러나 공간에 역선이 있는 곳과 없는 곳이 구별되는 것이 아니라
역선은 공간에 가득 차 있으므로 역선의 '수' 보다는 '밀도' 가 전기장의
강도에 비례한다고 해야 한다. 일정한 양을 다발로 해서 기본 단위를 정
하면, 그것의 몇 배인가를 이용해서 '역선의 수' 를 정의할 수는 있다.
그러나 예를 들어, 전하량이 1.732배일 때는 곤란하지 않은가? 그런데
원자의 구조를 생각하면 곤란하지 않다! 물질은 원자의 모임이며, 원자
는 전자와 원자핵으로 되어 있다. 전자의 전하량을 (−)의 기본 전하라
하며, $-e$로 나타낸다. 핵의 전하량은(양자수＝원자 내의 전자수)×(기
본 전하)와 같고, 원자 전하의 총량은 0이다. 전자가 1개 떨어져 나가면
원자는 $+e$로 대전되며, 전자가 2개 달라붙으면 $-2e$로 대전된다. 물체
의 대전량은 각 원자 대전량의 총합이므로, 대전체의 전기량은 기본 전
하의 정수배가 된다. 따라서 역선의 총수를 이 정수로 취하면 역선을 셀

수 있다. 그러나 이것도 실제로 눈에 보이는 것은 아니다.

✿ 자기력선

전류가 흐르는 도선이나 자석 주
위에는 자기장이 생긴다. 그 위에 종
이를 놓고, 철가루를 뿌려서 두드리
면 자기력선을 볼 수 있다(그림 2).
철가루 대신 작은 자침(磁針)을 늘어
놓아도 된다. 작은 자침의 N극이 향
하는 방향을 자기장의 방향으로 정
한다.

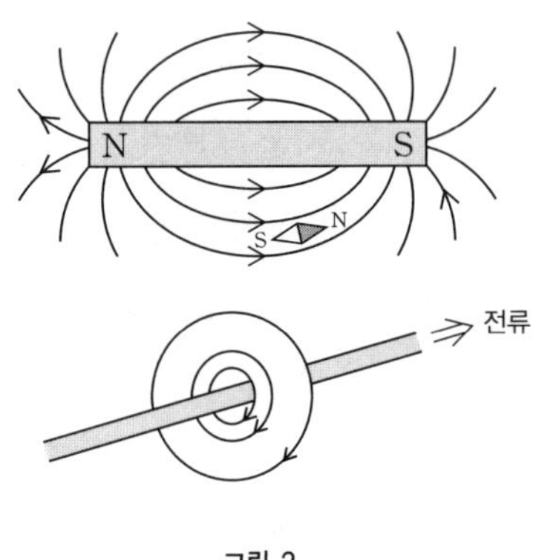

그림 2

전류에 의한 자기력선은 전류에
수직한 면에서 전류를 둘러싸는 원 모양이 된다. 모기향과 같이 출발점
이 있는 소용돌이가 아니라, 동심원의 형태이다(그림 2). 자기력선의 방
향은 오른 나사가 전류의 방향으로 진행할 때 나사를 돌리는 방향이 된다
(오른 나사의 법칙). 긴 직선 전류가 만드는 자기장의 크기는 전류가 2배
가 되면 2배가 되고, 전류로부터의 거리가 2배가 되면 1/2이 되므로,
(전류)/(거리)로 나타낸다(암페어의 법칙). 자기력선의 밀도는 이에 비례
하도록 그린다.

✿ 자기력선의 수를 생각한다

패러데이는 자기력선이 공간에 실재하며 철가루를 뿌렸을 때의 모양
이 자기력선의 모습이라고 생각하였다. 또 자기력선은 극에서 끝나는
것이 아니라 자석 안도 꿰뚫고 지나가서 끝도, 시작도 없는 고리 고무줄

과 같이 되어 있다고 생각하였다. 물론 철가루가 늘어선 선이 실제의 자기력선은 아니다. 자기력선은 공간에 연속적으로 분포하고 있어서 그 개수를 세는 것은 전기력선과 마찬가지로 어디까지나 가상적인 것이다. 그런데 실제로는 자기력선을 보고 셀 수도 있다.

✪ 자기력선의 개수가 눈으로 보인다

그림 3의 예는 코발트의 미립자인데 동심원 모양의 줄무늬가 보인다. 이 줄무늬가 자기력선이며 줄무늬와 줄무늬 사이에는 $h/e = 1000$조분의 4웨버(weber)라는 일정한 미소 자속이 흐르고 있다. 여기서 h는 플랑크 상수, e는 기본 전하 즉, 전자의 전하이다. 이것을 지구자기장으로 나타내면 자기장에 수직한 한변의 길이가 10미크론인 사각형을 꿰뚫는 자속에 해당한다. 물질 내부의 자기력선이 보이는 것이다. 물론 앞에서 말한 바와 같이 이것은 자기력선 그 자체가 아니라, 내부가 h/e의 자속이 되도록 크게 구분한 것이다.

왜 이것이 보이는가? 이것은 전자선 홀로그래피(holography)라는 기술이며 도노무라 아키라(外村彰) 등에 의해서 개발되었다(이하는 도노무라 아키라《게이지장(gauge 場)을 본다, 고단샤[講談社]블루백스, 1997》에 의한다). 자기력선이 있을 때 움직이는 전자는 로렌츠의 힘을 받아서 운동 방향이 바뀐다. 전자는 파동이므로 이것은 전자의

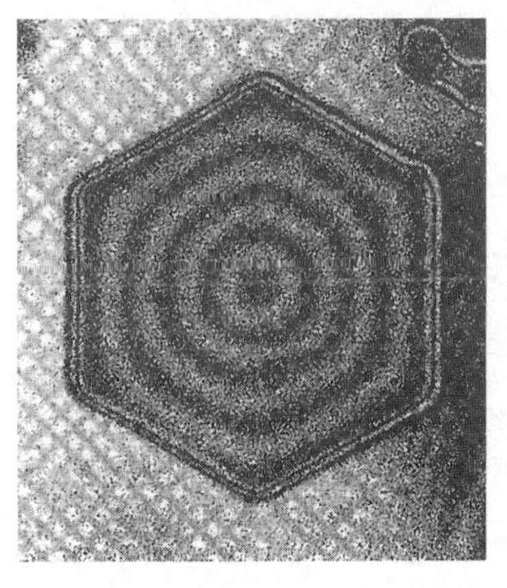

그림 3 ● (도노무라 아키라[外村彰] 《게이지장을 본다》 고단샤에서)

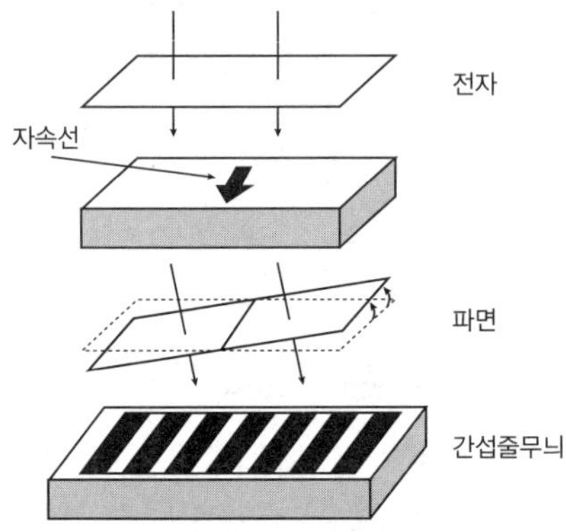

그림 4 • 자석에 입사한 전자의 파동.
입사 전자는 자속선에 의해서 직각 방향으로 구부러진다.
한편, 전자의 파면은 자속선을 축으로 하여서 회전한다.
회전된 파면에 파선으로 나타낸 평면파를 포개면,
간섭줄무늬가 생긴다(도노무라 아키라 《양자 역학을 본다》
이와나미 서점에서 전재).

파면이 휘는 것에 해당한다. 이 파면과 휘어져 있지 않은 파면을 포개면 간섭하여 등고선과 같은 간섭줄무늬가 생긴다(그림 4). 계산을 하면 2개의 등고선 사이에는 일정한 자속 h/e가 흐르고 있다(전자가 h/e의 자기력선을 둘러싸면 한파장이 변화한다).

그림 5는 우리 주변에 있는 자기테이프의 자기력선을 나타낸 것이다. 테이프의 재료나 자기헤드의 배치 등에서 0.1미크론의 고밀도로 기록되어 있다.

자기력선을 보기 위해서는 전자 파동의 파면이 깨끗이 늘어서 있어야 한다. 도노무라 등은 바늘 끝을 0.1미크론(머리카락의 1000분의 1)까지 뾰족하게 한 텅스텐의 바늘에 수킬로볼트의 전압을 걸어서, 평행한 많은 전자선을 얻는 데 성공하였다. 이 파면에 늘어선 파동을 이용하여, 물체로 흩어진 전자기파와 기준이 되는 전자기파(참조파)를 포개어 간

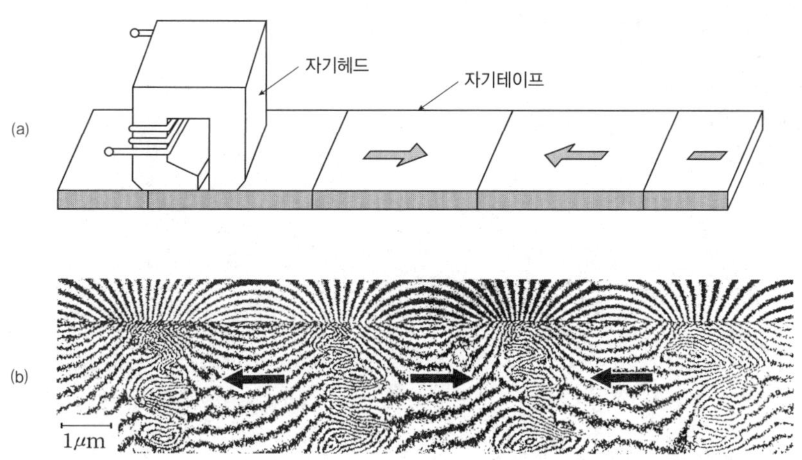

그림 5 ● 자기테이프. (a)자기기록의 방법 (b)자기테이프에 기록된 자속선.
(도노무라 아키라 《양자역학을 본다》 이와니미 서점에서 전재)

섭줄무늬를 기록하며, 홀로그램을 만들고 참고파와 비교하여 재현하는 것이다. 물리학은 자기력선을 보는 것도 가능하게 한 것이다.

지구는 전자석?

✿ 지구는 영구 자석인가?

지표에는 자기장이 있으며, 지구상에서 자침을 매달면 남북을 향한다는 것은 이미 1000년 전부터 알려져 항해 등에서 이용되었다. 자석에 대한 선구적인 연구는 영국의 윌리엄 길버트(William Gilbert, 1540~1603)에 의해 이루어졌다. 처음에는 매우

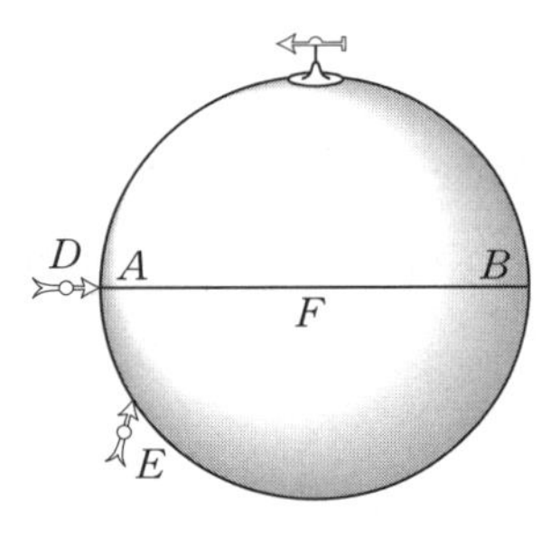

큰 영구 자석이 지구의 중심에 있다고 생각했지만 전자석이 발견되면서 지구 자기의 원인에 대한 의문이 다시 제기되었다.

지구상에서는 자석의 N극이 북쪽, S극이 남쪽을 가리킨다. 지구 주위에는 그림과 같은 자기력선(자기장)이 있으며, 지구 자석의 S극이 북쪽에, N극이 남쪽에 있기 때문이

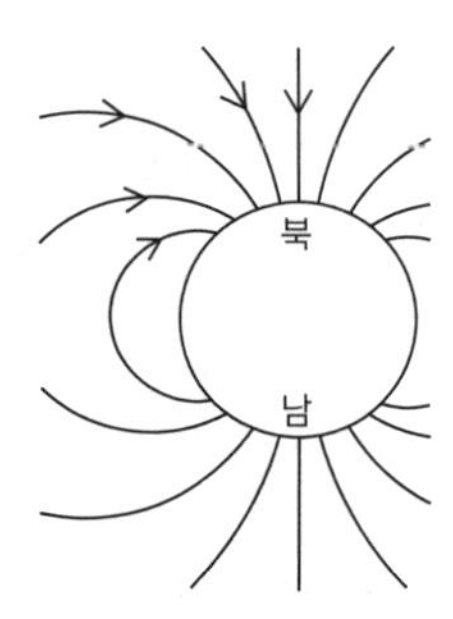

다. 자기적 북극과 남극의 위치를 조사하면 지리상의 북극, 남극으로부터 꽤 벗어나 있다는 것을 확인할 수 있다. 현재의 자기적 북극은 북위 79도, 서경 71도 부근, 자기적 남극은 남위 79도, 동경 109도 부근의 지하에서 관측되고 있다. 또 그 위치도 조금씩 이동하고 있다. 특히 17세기에는 1년에 0.2～0.3도 서쪽으로 이동하였다고 추정된다. 자극의 위치뿐만 아니라, 자기장의 세기도 변화하고 있는데 이들 변화는 지구 내부에 의한 부분과 지구 주위를 둘러싸고 있는 하전 입자의 운동에 의한 부분으로 나눌 수 있다. 긴 주기의 변화는 전자, 짧은 주기 변화의 대부분은 후자가 원인이다.

그러면 과거에 있었던 지구 자기의 변화를 조사하는 방법은 무엇일까? 자석의 성질 중 하나로, 철과 같이 자석이 되기 쉬운 물질은 특정 온도 이상이 되면 그 자기력이 없어지는 성질이 있다. 예를 들어 철의 경우 770 ℃ 인데, 이것을 퀴리 온도(Curie temperature)라고 한다. 물론 이것은 철이 녹는 온도 1535 ℃보다 훨씬 낮다. 일단 고온 상태에서 녹아있던 철이 식어서 굳어질 때, 작은 철의 결정이 생기고 이것들이 지구 자기장 방향으로 배열되어 약한 자석이 된다. 즉, 철의 작은 결정은 당시 놓여 있는 장소의 자기장 방향과 같은 방향으로 자화(磁化)되므로, 이것을 이용하면 과거의 지구 자기장의 변화를 알 수 있다.

세계의 이곳저곳에서 지구사기의 방향을 조사한 결과, 그것은 아주 불규칙하다는 것을 알게 되었다. 그 중에는 자기적 북극, 자기적 남극이 한군데가 아닌 것을 시사하는 자료가 많다.

태평양과 대서양에 있는 해령(海嶺)이라고 부르는 띠모양 암석의 자화 방향을 조사하였더니 재미있는 사실을 알게 되었다. 해령 부근은 지진이 많으며, 암석은 비교적 새로운 현무암질의 암석으로 되어 있다. 이

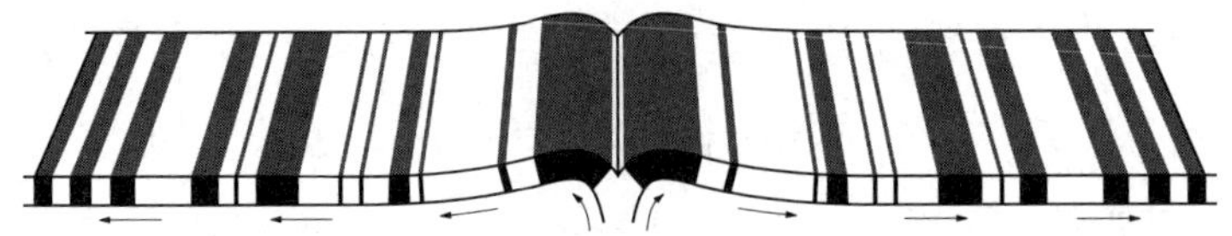

해저 지각의 자화를 나타내는 모형도(이와나미 《과학의 사전》에서 전제)
중앙의 해령으로부터 해저가 벌어지는 모습이며,
검은 부분은 현재의 지구 자기장과 같은 방향의 자화를,
흰 부분은 그것과 반대 방향의 자화를 나타낸다.

암석의 자화를 조사한 결과, 바코드(bar code)와 같이 엇갈려서 역전되어 있는 줄무늬 모양이 관측되었다.

그림과 같이 해령의 중심을 대칭축으로 자기의 방향이 역전되어 있다. 그 이유에 대해서 많은 사람들이 다양한 생각을 하였다. 알프레트 베게너(Alfred Wegener, 1880~1930, 독일)는 대륙 이동설(1912)을 주장하였는데, 대륙 이동설이란 해양저가 해령으로부터 분출하면서 대륙이 이동한다는 것이다. 분출된 암석이 굳을 때 그 시점에서 지구 자기장의 방향으로 자화된다고 생각된다. 세계 곳곳의 자기의 방향을 조사함으로써 대륙의 이동 방향과 속도가 결정되어 대륙의 이동 경로도 정확히 알게 되었다. 용암, 암석이 테이프레코더의 테이프와 같이 분출점 자기장의 기록을 남기고 있다.

해령에서 해양저가 분출하는 속도로부터, 지구 자기장이 변화하는 모습을 알게 되있다. 그 결과, 수십만 년의 시간 차이를 두고 지구 자기장이 역전되고 있는 것도 알았다. 이 역전은 주기적이 아니라 상당히 불규칙하게 일어나고 있다. 현재도 100년에 5 % 정도 지자기가 감소하고 있으며, 이 비율로 계속 감소되면 2000년 후에는 지자기가 없어질 것으로 예상된다.

또한 오래된 화산 등에서 암석이 굳을 때 자기장의 모습 등으로 분출 시기도 판단할 수 있게 되었다.

그리고 지구 자기장이 역전하는 것으로 보아 지구의 자석은 영구 자석이 아니라는 것을 알았다. 그렇다면 지구는 전자석인가? 만약 전자석이라면 전류는 어떻게 흐르는가? 역전은 어떻게 일어나는가? 의문은 계속된다.

라모어(Larmor, 영국)에 의하여 태양 자기장의 원인으로 제창된 다이너모(dynamo) 이론(1919)이 엘자서(Elsasser, 미국), 불라드(Bullard, 영국) 등에 의하여 지자기의 원인에도 적용되었다(1949). 그림과 같은 구조의 도체를 생각하여, 원반이 축 주위를 회전하고 있다고 한다. 최초 화살표 방향의 자기장이 존재하였다면, 원반은 자기력선을 끊으면서 운동하므로 축으로부터 밖으로 향하는 전류가 유도된다. 이 전류는 브러시를 거쳐서 원형의 전선을 흘러 주위에 자기장을 만드는데 그것은 처음과 같은 방향이 된다. 이렇게 해서 자기장은 계속 유지된다. 그것은 물론 원반이 회전하고 있으므로 유지되고 있는 것이다. 그러면 이와 같은 회전 운동이 지구 내에 있는가? 지진파의 전파 방법 등으로 알아낸 사실에 의하면 지구의 중심부는 거의 철로 되어 있으며, 지구가 식어감에 따라서, 중심에 고체의 내핵(內核)이 성장하고 그 주위에 액체의 외핵(外核)이 형성되었다. 외핵은 철 외에 가벼운 원소도 포함하고 있다. 외핵은 전류를 통하는 유

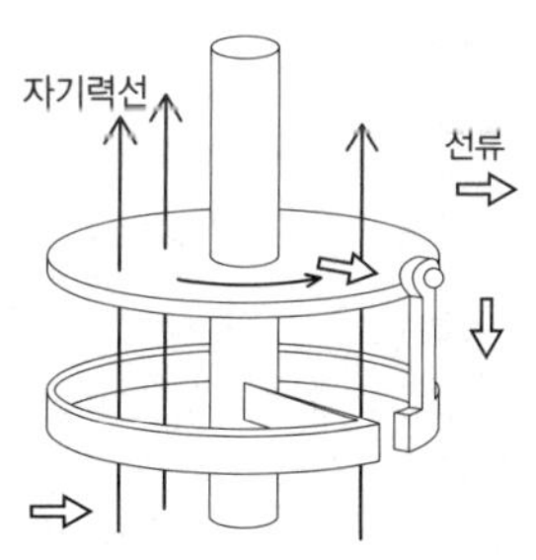

원판 다이너모(Bullard에 의함)
(쓰보이 추지 《지구물리학》
이와나미전서에서 전재)

체이므로 여기에서 일어나는 운동이 자기장을 만들 것이다. 중심부의 온도가 높으므로 대류가 일어나 물질이 이동하고 있다. 이 대류와 최근에 알게 된 내핵의 회전(1년에 한 번) 등이 흐름을 형성하며 자기장을 만들어내고 있다고 생각된다.

　이것으로 지구 자기장의 성질이 상당 부분 설명되지만, 자석의 방향이 역전되는 주기, 자기장의 크기 변화 등은 아직도 이론적으로 충분히 설명되어 있지 않다.

　현재 태양계의 다른 행성의 자기장이 조사되고 있다. 위의 이론이 적용된다면 그것은 자기장을 갖는 행성의 내부에 유체 부분이 있다는 것을 의미할 것이다.

　행성뿐만 아니라 태양에도 자기장이 있다. 태양의 자기장은 전류를 흘리기 쉬운 플라스마(전리유체)의 작용으로 나타난다고 설명된다. 태양의 경우 온도가 높으며, 유체가 흐르는 속도가 크고 복잡하므로 자기장의 모습과 시간에 따른 변화도 복잡하다.

089: 어떤 것도 자석이 될 수 있을까?

자석에 붙는 물질은? 이라고 물어서 우선 떠오르는 것은, '철'이 아닐까? 그리고 붙지 않는 물질은? 이라고 질문하면 '고무, 플라스틱……'과 같이 대답할 것이다. 일반적인 물질을 자석에 '붙는다', '붙지 않는다'라는 성질로 나눌 수 있다. 그러면 자석에 붙는다는 것은 어떤 의미인가? 여러분들이 아는 바와 같이, 자석에는 N극과 S극이 있고 같은 극끼리는 밀어내며 다른 극끼리는 서로 끌어당긴다. 그러므로 자석에 물질이 붙는다는 것은 자석을 물질에 가까이하면, 그 물질이 N, S극을 갖는 자석이 되는 것을 의미한다. 실제로 자석에 붙어있는 철 또한 자서이 된다는 것은 간단하게 확인할 수 있다. 이와 같이 물질이 자석의 성질을 갖게 되는 것을 '자화된다.'고 말한다. 그러면 자화되는 것은 철밖에 없을까? 결론부터 말하면 어떠한 것도 자석이 될 수 있다. 그 이유는 물질의 자성은 원자 내에 반드시 존재하는 전자에 의해서 주로 생기기 때문이다.

 실제로는 어떻게 자성이 나타나는가? 철이나 니켈 등(강자성체라고 한다)과 비교하면 다른 물질의 자성은 매우 약하지만, 자석에 대한 반응은 2종류로 나누어진다. 자석에 붙는 물질과 반발하는 물질이다. 전자를 상자성체(常磁性體)라고 말하는데, 예를 들면 망간, 나트륨, 크롬, 백금, 알루미늄, 산소가 있다. 후자를 반자성체(反磁性體)라고 하며, 예를 들면 안티몬, 비스무트, 구리, 수소, 이산화탄소, 물 등을 들 수 있다. 여기서 상온에서 기체인 '산소'가 자석에 붙는지에 대해 궁금해 할 수 있다. 산소가 자석에 붙는다는 것은 약간의 기구와 물질이 있으면 간단하게 확인할 수 있다. 여기에 그 방법을 제시한다. ❶ 액체 질소를 듀어(Dewar)병(보온병)에 넣는다. ❷ 그 안에 시험관을 담근다. ❸ 그 시험관 안에 기체 산소를 넣는다……. 그러면, 시험관 안에 엷은 물빛의 액체가 고인다. 이것이 액체 산소이다. ❹ 액체가 들어 있는 시험관을 액체 질소로부터 꺼내어, 자석에 가까이 한다……. 그러면 시험관과 자석이 '쨍그랑!' 하고 소리를 내면서 서로 당긴다. 이때 산소는 자석에 붙는 것이다.

 전자에 의해서 왜 자성이 생기는가? 원자 내에서는 전자가 핵 주위를 돌고 있다. 대양계의 행성과 같이 전자가 공전하고 있는 것이다. 전기를 가진 것이 움직이므로 바로 원형 코일의 전류가 되어 전자석이 될 것이다. 전류의 주위에는 그림과 같이 오른쪽으로 도는 자기장이 생긴다. 여기에 다른 자석의 N극을 그림의 밑에서부터 가까이하면 어떻게 되는가? 전자기의 렌츠(Lenz)의 법칙에 의하면, 자속의 변화를 방해하도록

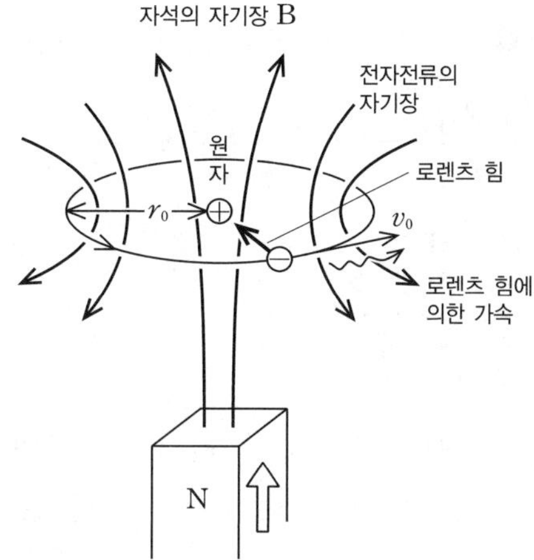

변화가 생기므로 이 '코일'에 자속의 변화에 비례하는 기전력이 생긴다. 그림의 경우에 전자는 가속되어, 가까워지는 자석에 반발하는 자기장을 만들게 된다. 이것이 반자성이다. 모든 원자에서 볼 수 있는 현상이다.

이 반자성의 크기를 계산해 보자. 그리고 여기서는 전자가 원궤도를 그린다고 하자. 자기장의 변화로 가속되면 궤도 반지름도 커질 것이다. 그러나 동시에 자기장으로부터 로렌츠 힘도 받을 것이며, 그 방향은 중심 방향 즉, 반지름을 작게 하도록 작용한다.

우선, 패러데이의 전자기 유도 법칙인 '회로에 생기는 기전력＝회로 내의 자속 변화'에 의해서 전자의 에너지가 얼마만큼 변화하는가를 구하자. 여기서 회로라는 것은 원운동하고 있는 전자의 궤도를 가리킨다. 에너지를 받으면 궤도 반지름이 커지겠지만, 그것은 천천히 바뀔 것이므로, 그것에 비해서 빨리 회전하고 있는 전자의 궤도는 한 바퀴 정도라면 닫혀 있다고 생각해도 좋을 것이다. 전자의 전하를 e, 질량을 m, 속도를 v, 궤도 반지름을 r로 하고, 자기장을 걸어줌으로써 생기는 궤도에 따른 방향의 전기장을 E라 하면, 로렌츠 힘의 법칙은

$$2\pi rE = \frac{d(\pi r^2 B)}{dt} = 2\pi r \frac{dr}{dt} B + \pi r^2 \frac{dB}{dt}$$

라고 쓸 수 있다. 따라서

$$E = B\frac{dr}{dt} + \frac{1}{2} r \frac{dB}{dt}$$

전자는 이것에 의해서 가속된다. 여기서 반지름의 변화는 매우 작고, 또 B는 원자에 있어서 작은 양이라고 하면, 그들의 곱인 제1항은 무시할 수 있다. 자속이 0부터 B가 되기까지의 시간을 t라 하면, 전기장에 의해서 전자가 하는 일은

$$W = \int_0^t eEvdt = \int_0^t \frac{1}{2} er \frac{dB}{dt} vdt$$

여기서 r, v의 변화는 느리다고 하면, r와 v에도 처음의 값 r_0, v_0를 사용하여

$$W = \frac{1}{2} er_0 v_0 B$$

가 된다. 그림과 같은 경우는 이것 만큼 에너지가 증가한다. 그 결과 반지름이 $r_0 + \Delta r$에 속도가 $v_0 + \Delta v$가 되었다고 하면, 에너지 보존법칙은 전자가 하는 일 W를 고려하여

$$\frac{1}{2} m(v_0 + \Delta v)^2 - \frac{Ze^2}{4\pi\varepsilon_0(r_0 + \Delta r)} = \frac{1}{2} mv_0^2 - \frac{Ze^2}{4\pi\varepsilon_0 r_0} + \frac{1}{2} er_0 v_0 B$$

가 된다. 양변에 $(r_0 + \Delta r)$를 곱하여, B, Δr, Δv의 2차 이상을 생략하면,

$$mv_0\Delta v + \frac{Ze^2}{4\pi\varepsilon_0 r_0^2}\Delta r = \frac{1}{2}er_0v_0B$$

를 얻을 수 있다.

한편, 자기장을 걸었을 때, 운동하고 있는 전자는 로렌츠 힘 evB를 받는데, 그것은 그림과 같이 중심 방향이 된다. 자기장이 없을 때, 원자핵이 Ze의 전하를 가지고 정지하여, 그것을 중심으로 하는 반지름 r_0의 원주 위를 전하 $-e$의 전자가 속도 v_0로 돌고 있다고 하면, 쿨롬 힘이 구심력의 역할을 하여

$$\frac{mv_0^2}{r_0} = \frac{Ze^2}{4\pi\varepsilon_0 r_0^2}$$

이 성립한다. 여기에 자기장이 가해져서 반지름이 $r_0+\Delta r$, 속도가 $v_0+\Delta v$의 원운동이 되었다고 하면,

$$\frac{m(v_0+\Delta v)^2}{r_0+\Delta r} = \frac{Ze^2}{4\pi\varepsilon_0(r_0+\Delta r)^2} + e(v_0+\Delta v)B$$

가 성립한다. 분모를 전개하며,

$$m(v_0^2+2v_0\Delta v+\Delta v^2)(r_0+\Delta r)$$
$$= \frac{Ze^2}{4\pi\varepsilon_0} + ev_0B(r_0^2+2r_0\Delta r+\Delta r^2) + eB\Delta v(r_0^2+2r_0\Delta r+\Delta r^2)$$

Δr, Δv, B는 미소하므로, 그들의 2차 이상을 무시하여,

$$\frac{mv_0^2}{r_0} = \frac{Ze^2}{4\pi\varepsilon_0 r_0^2}$$

을 사용하면,

$$\frac{Ze^2}{4\pi\varepsilon_0 r_0^2}\Delta r + 2mv_0\Delta v = ev_0r_0B$$

이것과 앞서의 에너지보존의 식을 비교하면,

$$\Delta r = 0, \qquad \Delta v = \frac{er_0 B}{2m}$$

라는 것을 알 수 있다. 따라서 전자가 자기장에서 가속되어도 궤도 반지름은 바뀌지 않는 것이다.

전자가 빨라지면 전류는 증가하게 된다. 전류는 단위시간당 통과하는 전하량이므로, (전자의 전하)·(속도의 증가)÷(원주)와 같다. 따라서 전류의 변화는

$$\Delta I = e \times \frac{\Delta v}{2\pi r_0} = e \times \frac{1}{2\pi r_0} \frac{er_0 B}{2m} = \frac{e^2 B}{4\pi m}$$

이에 의해서 생기는 자기 모멘트의 증가분은 (증가 전류)×(면적)과 같고,

$$\mu = \pi r_0^2 \frac{e^2 B}{4\pi m} = \frac{e^2 r_0^2 B}{4m}$$

이다. 그 방향은 밖으로부터 걸어줄 자기장과 반대이다.

물질의 대자율(帶磁率)은 1원자당이라면 $\mu / B = \chi$로 정의된다. 이것을 수소의 경우에 계산해 보자. 여기서 전자의 전하 $e = 1.602 \times 10^{-19}$ C, 질량 $m = 9.1 \times 10^{-31}$ kg, 수소 원자의 반지름 0.53×10^{-10} m를 이용한다. 몰 당으로 하기 위하여 6.02×10^{23}을 곱하면 1.2×10^{-5}을 얻을 수 있다.

《물리정수표》(아사쿠라 서점, 1969)에 의하면, 수소의 반자성 대자율은 2.4×10^{-5}이다.

그런데 원래 이와 같이 원자 내에서 전자가 돌고 있으면, 원자 자체가 전자석이 되므로, 그것은 밖으로부터 가까이하면 끌릴 것이다. 단, 밖에

서 자기장의 힘을 받아 원자 자석이 모두 그것과 같은 방향을 향하려고 하면, 분자의 불규칙한 열운동이 이 자석의 정렬을 방해하려 하므로, 결국 그 둘의 균형으로 결정되는 자화가 나타난다. 이것은 외부의 자기장과 같은 방향이므로, 이것이 상자성일 것이다.

❂ 이 설명에는 문제가 있다

그런데 이와 같이 원자 내에서 도는 전자에 의해 상자성을 설명하고자 하면 문제가 생긴다. 위에서 본 바와 같이 자석을 가까이하면 전자의 속도가 바뀌며, 이 결과 반자성을 나타낸다. 이것은 지금의 상자성을 지우는 방향이다. 실은 열평형 상태에서 전자의 속도로 온도 T에 대한 기대치를 잡으면, 반자성과 상자성은 서로 상쇄되어 원자의 모임은 자성을 나타내지 않는다는 것이 반 류웬(van Leeuwen)에 의해서 일반적으로 증명되었다. 이를 반 류웬의 정리라고 부른다. 이것은 전자가 원자핵 주위를 공전하여 분자 전류를 만든다는 고전적 이론의 한계이다.

❂ 양자 역학적 설명

완전한 자성은 고전적 설명에 의해서는 이해할 수 없다. 이는 양자 역학으로 충분히 설명할 수 있다. 양자 역학에서는 주로 전자가 스핀을 갖는다는 사실로 설명한다. 또 전자가 공전할 때의 각운동량 벡터의 크기와 방향도 불연속적인 값을 갖는다(사실은 궤도가 아니고 구름이 되는 것은 '전자는 구름과 같은 것인가' 의 항을 참조). 스핀은 전자가 자전을 하고 있는 것처럼 말하지만, 순수하게 양자 역학적 효과이며, 이것에 의해서 전자 자신도 자석이 되어 있다. 모든 물질에 있는 전자 자신이 자석인데 보통은 자석이 아닌 이유는, 우선 전자의 수가 짝수인 많은 물질

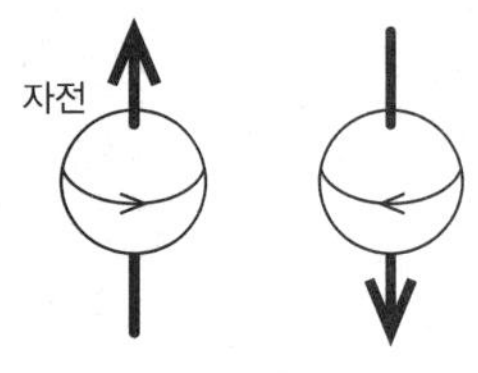

에서는 전자가 쌍으로 되어 있으며, 그것이 스핀의 방향과, 궤도 운동이 반대로 되어서 자기장을 서로 없애기 때문이다. 이 때문에 평소에는 자성을 나타내지 않는다. 자석을 가까이하면 앞에서 말한 바와 같이 반자성만이 생긴다.

한편, 전자가 짝을 만들 수 없는 원자에서는 스핀과 전자의 공전에 의한 자석의 충합이 0이 아니고, 원자 자신이 자석이 된다. 이들의 원자 자석은 평소에는 원자의 무질서한 열운동으로 흩어진 방향을 향하고 있지만, 밖으로부터 자석을 가까이하면 그 자석과 같은 방향으로 정렬하고자 하기 때문에 외부의 자기장과 나란하게 되어 상자성을 나타낸다. 따라서 온도에 의한 영향을 받기 쉽다. 이때 반자성의 변화도 생기지만, 상자성의 크기가 그것보다 크다.

또 이때, 원자의 자성끼리 서로 강하게 작용하여, 강한 자석이 되며, 외부의 자기장을 제거하여도 남는 경우가 철 등의 강자성이라고 말할 수 있다.

090 전류 주위의 자기력선을 거울에 비추면?

외르스테드(Hans Christian Oersted, 1777~1851)의 실험은 다음과 같다. 전선을 똑바로 놓고 전류를 흘린다. 잘 알려져 있는 바와 같이 이 전류의 주위에는 동심원 모양의 자기장이 생기므로 전류 밑에 자석을 놓으면 자침이 그림 1과 같이 회전해서 전선과 직각이 된다.

왜 동심원 모양일까? 실험 결과라고만 하지 말고 생각해 보자. 처음 상태에서는 전류도 자침도 주위의 공간도 좌우 대칭이다. 그렇다면 특히 좌우를 선택할 이유는 없는 것처럼 생각된다. 전기장이나 중력은 대칭인데, 왜 자기장에서만 대칭성이 깨지는가? 세계는 대칭이 아닌

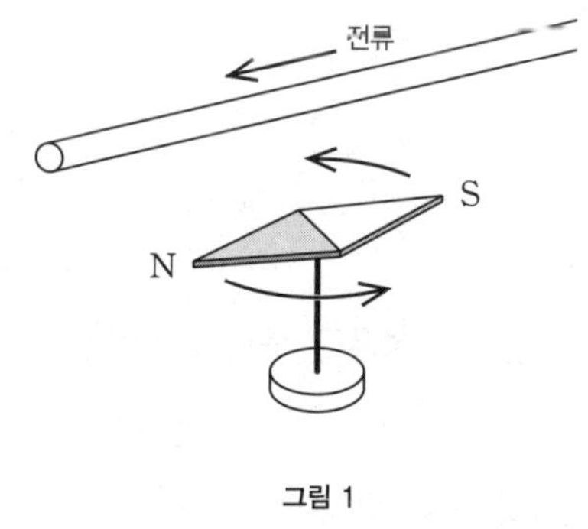

그림 1

가?《역학의 발전사》에서 유명한 에른스트 마흐(Ernst Mach)는 어릴 적에 이 실험을 알고 쇼크를 받았다고 한다.

☼ 거울에 비춘다

이것은 다음과 같이 문제를 설정하면 보다 분명하다. 이 실험을 거울에 비추는 것이다(그림 2). 그 거울 안의 세계에서는 명백히 전류에 대해 자침은 현실과 반대 방향이 된다. 역학이나 전기의 법칙은 거울에 비춘 세계에서도 바뀌지 않고 성립하는데 자기만큼은 현실과 거울 안의 세계의 법칙이 다른 것처럼 보인다. 이것은 이해할 수 있는 것일까?

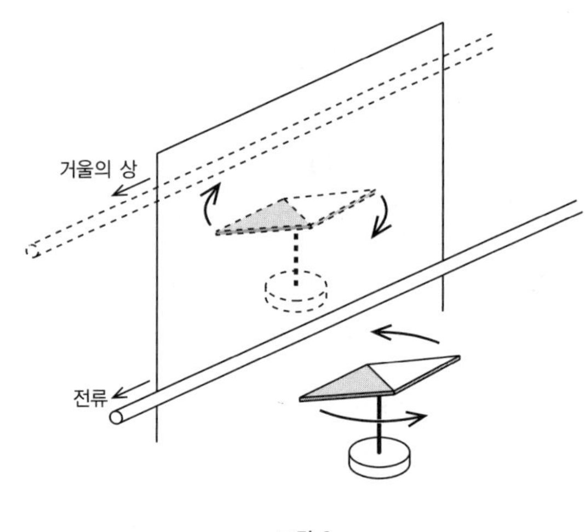

그림 2

☼ 자석은 전류에 의한 것이라고 생각하면?

만약 자석이 모두 전류에 의한 것이라고 생각하면 이해할 수 있다. 제89항에서 생각한 것과 같은 원형의 전류에 의해서 자침이 자석이라고

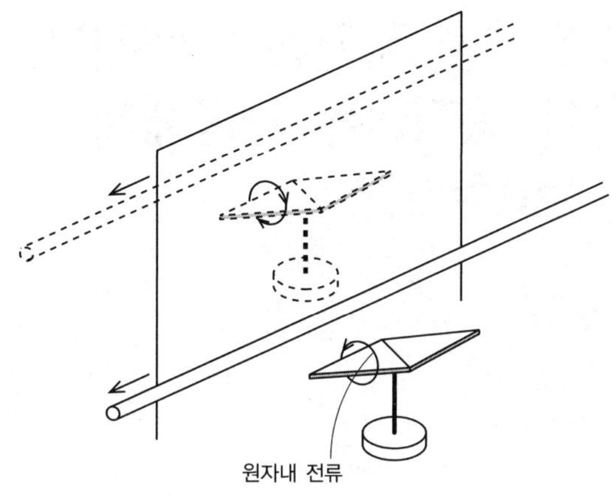

그림 3

생각하면, 거울에 비추었을 때 그 원(圓)전류도 반대 방향이 되므로 자침의 움직임은 현실의 자기의 법칙에 의해서 이해할 수 있게 된다(전자의 스핀을 생각하여도 그 회전의 방향을 생각하면 된다)(그림 3).

이는 자기장을 생각하는 데 있어서 중요한 문제 중 하나이다.

091

전류의 주위에는 자기장이 생긴다.
전류와 함께 움직이는 사람에게
자기장은 보이는가?

❖ 전기장과 자기장은 보는 사람에 따라서 바뀐다

　다른 종류의 전하는 서로 당기며, 같은 종류의 전하는 반발한다. 자석의 N극과 S극도 마찬가지로 상호작용한다. 이 힘은 물체끼리 직접 상호작용하는 것이 아니고, 물체 주위의 공간에 생기는 장에 따라서 작용한다. 전하를 띤 것에 힘을 미치는 것이 전기장이고, 전류나 자석(자석도 작은 전류의 모임이라고 생각되므로, 이것도 전류라고 말할 수 있다)에 힘을 미치는 장을 자기장이라고 말한다. 모두 역선에 의해서 표시되지만, 공간 전체에 분포해서, 곳곳에서 크기와 방향을 가지며, 각각 벡터 E와 B로 표시된다. 이 둘은 전혀 다른 것으로 생각되지만, 실은 보는 사람에 따라서

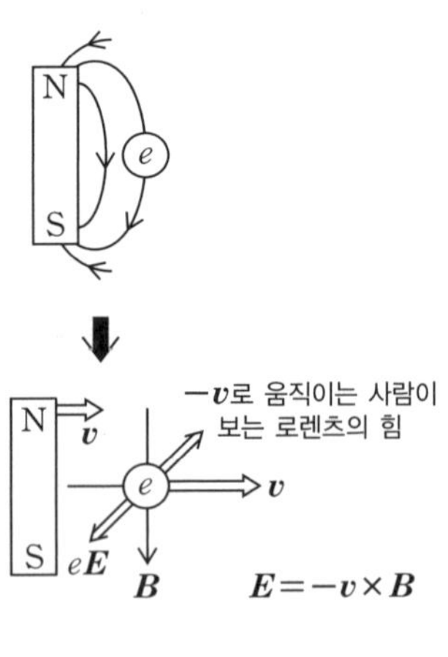

그림 1

전기장이 보이거나 자기장이 보인다. 전기장과 자기장의 구별은 관측하는 좌표계에 의한 것이다.

　예를 들어보자. 지금 정지한 자석이 있다고 한다. 거기에 정지한 전하 e를 놓아도 자기장만 있고 전기장은 없으므로, 힘은 작용하지 않는다. 따라서 정지한 그대로이다. 그러나 이것을 $-v$로 운동하는 사람이 본다면, 자석에 의한 자기장 B가 있으며, 전하도 v로 움직이고 있으므로 로렌츠 힘이 작용한다. 그 크기는 $ev \times B$이고 v와 B에 수직이다. 그럼에도 불구하고, 보는 사람이 바뀌어도 전하의 상태는 본질적으로 다르지 않으므로, 전하는 등속 직선 운동을 한다. 그것은 거기에 전기장이 생겨, 전기장에 의한 힘 eE가 이것을 상쇄시키고 있다는 것을 의미한다. 따라서 $-v$로 운동하는 사람에게는 $E = -v \times B$의 전기장이 나타나 있지 않으면 안 된다. 관측자가 움직임으로써 전기장이 나타난 것이다 (그림 1).

❂ 전기장과 자기장의 로렌츠 변환

　그러면 어떤 관측자와 그에 대해 움직이고 있는 관측자가 전기장과 자기장을 보는 방법은 어떻게 바뀌는가? 아인슈타인의 특수 상대성 이론에 의해서 두 좌표계 사이의 시간과 좌표의 변환이 정해진다. 그것을 로렌츠 변환이라고 말한다('상대론에서 말하는 우라시마 효과는 정말인가'의 항 참조). 상대성 이론이 요구하는 것은, 어느 좌표계라도 물리의 법칙이 같은 모양이 되는 것이다. 그것은 로렌츠 변환에 의해서 전자기장의 기초 방정식인 맥스웰의 방정식을 고쳐 써도 완전히 같은 모양으로 쓸 수 있다는 것을 의미한다. 이로부터 전기장과 자기장이 다음과 같이 변환된다.

하나의 좌표계 $O-xyz$에서 본 전자기장을 $\boldsymbol{E}$, $\boldsymbol{B}$라 하자. 이 좌표계에 대해서 x방향으로 속도 v로 움직이는 좌표계 $O'-x'y'z'$로부터 그것을 보면, 다른 전자기장 $\boldsymbol{E}'$, $\boldsymbol{B}'$로 보인다. 그것은 다음 식으로 주어진다.

$$E'_x = E_x \quad E'_y = \frac{E_y - vB_z}{\sqrt{1 - \dfrac{v^2}{c^2}}} \quad E'_z = \frac{E_z + vB_y}{\sqrt{1 - \dfrac{v^2}{c^2}}}$$

$$B'_x = B_x \quad B'_y = \frac{B_y + \dfrac{v}{c^2}E_z}{\sqrt{1 - \dfrac{v^2}{c^2}}} \quad B'_z = \frac{B_z - \dfrac{v}{c^2}E_y}{\sqrt{1 - \dfrac{v^2}{c^2}}}$$

✪ 전기장, 자기장의 변환의 예

예를 들면, 무한대의 크기라고 생각해도 좋은 2장의 평면이 그림 2와 같이 $(+)$와 $(-)$로 대전된 채 마주 보고 있다. 이에 대해서 정지하고 있는 좌표계로부터 본 전기장은 z방향에 E_z뿐이며, 자기장 $\boldsymbol{B}$는 없다. 이에 대해서 x방향으로 속도 $\boldsymbol{v}$로 움직이는 좌표계로부터 본 장은,

$$E'_x = E'_y = 0, \quad E'_z = \frac{E_z}{\sqrt{1 - \dfrac{v^2}{c^2}}}$$

$$B'_x = B'_z = 0$$

$$B'_y = -\frac{\dfrac{V}{c^2}E_z}{\sqrt{1 - \dfrac{v^2}{c^2}}}$$

이 되어, 자기장이 나타난다. 그리고

$$B' = -\frac{v}{c^2} \times E'$$

가 성립한다. 또한, 여기서 주의할 것은, 전기장도 $E'z$으로 되어서 커졌다. 즉, 전기력선의 밀도가 올라가 있다는 것이다. 이것은 로렌츠 수축에서 진행 방향으로 줄었다고도 볼 수 있다.

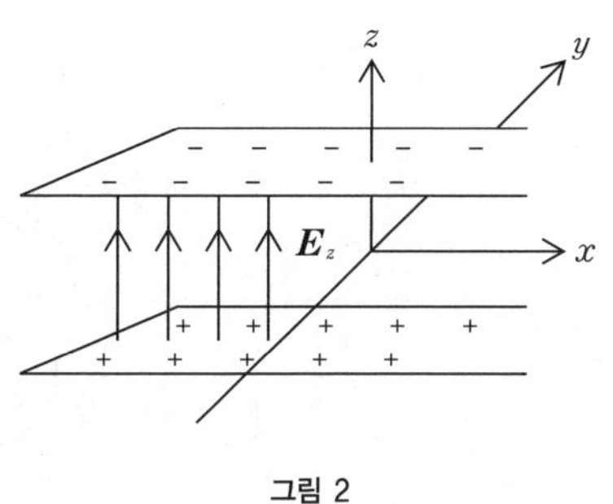

그림 2

내친 김에 말해 두자. 단독의 전하는 정지하고 있을 때 전기장은 주위에 일정하게 퍼지지만, v로 움직일 때로 변환하면, 지금 말한 바와 같이 역선은 위로 향한 채로 다가온다(그림 3).

마찬가지로, 그림 4와 같은 일정한 자기장을 v로 움직이는 계로부터 보면,

$$E' = v \times B'$$

라는 전기장이 새롭게 보인다. 따라서 처음에 든 예의 $-v \times B$의 B는 변환 후의 B'로 취하는 것이 옳다는 것을 알았다.

한편, 지금 말한 것은 전하나 자석은 움직이지 않고 '보는 사람이 움직

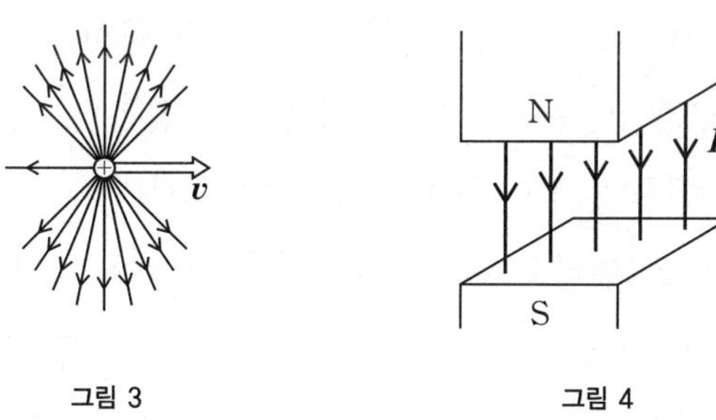

그림 3   그림 4

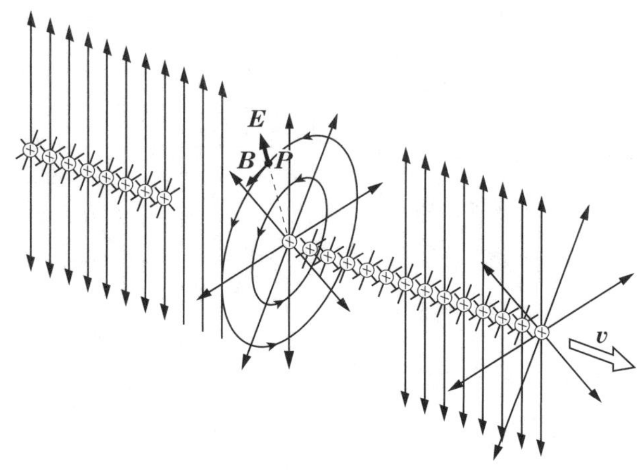

그림 5 ⊛ (에자와 히로시저 《양자와 장》에서 전재)

인다.'는 입장에서 본 것이다. 그러나 이것들은 보는 사람이 멈추어 있고, 자석이나 전하가 움직여도 마찬가지이다. 따라서 '움직이는 자기장에는 전기장이, 움직이는 전기장에는 자기장이 생긴다.'고도 말할 수 있다.

✪ 전류의 자기장은 어떻게 보이는가?

전류의 가장 기본적인 모델을 생각하자. 우선, 일직선상에 같은 밀도로 늘어서 있는 (＋)전하의 열을 생각한다. 그 주위에는 전기장 E가 존재한다. 대칭성에서 알 수 있는 바와 같이 전기력선은 직선에 수직이며 방사상이다. 전하가 멈추어 있을 때 물론 자기장은 없다.

이 전하에 대해서 일정한 속도로 움직이는 사람이 이것을 보면, 앞의 예에서 전기력선과 수직으로 즉, 이 열을 둘러싸는 소용돌이와 같은 자기장이 생긴다. 다시 말하면, 전하는 일정한 속도로 달려 전류가 되므로 전류를 둘러싼 자기장 B가 생긴다고 볼 수 있다(그림 5).

위의 예에서는 전류와 함께 움직이는 사람에게는 자기장이 보이지 않는다. 그러나 도선에 전류가 흐르는 경우에는, 전류와 함께 움직이는 사람이 보아도 자기력선이 보인다! 왜일까?

보통의 도선 내에서는 자유 전자가 움직인다. 그러나 이것은 전류의 방향과 반대가 되므로, 이하에서는 도선 중에서 (+)전하가 움직이는 것으로 치환하자. 전류는 주위에 소용돌이의 자기장을 만들고 있지만, 보통의 도선은 전류로 움직이는 전하를 바로 지울 만큼 (−)전하를 포함하며, 전체적으로 중성이다.

지금, σ_0의 선밀도의 (+)전하가 v로 움직이며, 그것을 중화하는 같은 밀도의 (−)전하가 존재하는 전류를 생각해 보자. 주목해야 할 것은 (−)전하가 멈추고 (+)전하가 움직이는 계에서 (+)와 (−)전하의 선밀도가 서로 같다는 것이다. 이때는 주위에 전기장은 없고, 전류의 옆에 전하 e를 놓아도 정지한 채로 힘을 받지 않는다. 이것을 전류에 따라서 v로 움직이는 좌표계에서 보면, (+)전하는 멈추어서 (−)전하와 전류의 옆에 있는 전하 e는 왼쪽으로 움직인다. 전류는 역시 오른쪽 방향이고 자기장이 있으므로 운동하는 점전하에 $ev \times B$의 힘이 작용한다. 그러나 원래 정지하고 있었으므로 힘은 작용하지 않을 것이다.

상대론의 로렌츠 수축을 생각해 보자. (+)전하는 움직일 때 길이가 줄고 (−)전하는 움직이는 계에서 줄어든다. 전하가 보존된다는 것을 전제로 하면, 정지계에서 (+), (−)의 밀도를 σ_0, $-\sigma_0$, 움직이고 있는 계에서는 σ_1, $-\sigma_2$라 하면 $\sigma_0 > \sigma_1$, $\sigma_2 > \sigma_0$이고 결국 $\sigma_1 - \sigma_2 < 0$이 되며, 움직이는 계에서는 주위에 전기장이 나타나게 된다. 이것이 자기장의 힘을 지우는 것이다. 로렌츠 수축을 생각하면

$$\sigma_0 = \frac{\sigma_1}{\sqrt{1-\dfrac{v^2}{c^2}}} \qquad \sigma_2 = \frac{\sigma_0}{\sqrt{1-\dfrac{v^2}{c^2}}}$$

가 되어, 움직이고 있는 계에서 전류의 강도는 $I' = \sigma_2 v$, 전하의 선밀도는

$$\sigma = \sigma_1 - \sigma_2 = \sigma_2\left(1-\frac{v^2}{c^2}\right) - \sigma_2 = -\frac{v^2}{c^2}\sigma_2$$

이다. 이것으로 계산해 보자. 가우스(Gauss)의 정리를 이용해서 전류 주위의 전기장을 구하면

$$2\pi r E' = \frac{\sigma}{\varepsilon_0}$$

여기에 전류의 식 $I' = \sigma_2 v$를 사용하면, r방향의 전기장은

$$E' = -\frac{I'v}{2\pi\varepsilon_0 c^2 r}$$

가 된다. 이 힘과 자기장의 힘 $ev \times B'$이 균형을 이루기 위해서는, 자기장은 전류에 수직한 평면 내에서 오른 나사의 방향으로

$$evB' = \frac{eI'v}{2\pi\varepsilon_0 c^2 r}$$

로부터

$$B' = \frac{\mu_0 I'}{2\pi r}$$

가 된다. 이만큼의 자기장이 생기고 있는 것이다. 여기서 $\varepsilon_0\mu_0 = 1/c^2$을 사용하였다. 이 B'은 전류 I'가 만드는 자기장으로서 암페어의 법칙에 맞다!

건전지는 왜 1.5볼트인가?

✪ 전지란 무엇인가?

지금 1개의 도선에 전류를 흘리고자 한다. 도선 중 전하의 흐름이란 즉, 전자의 흐름이므로 전자를 계속해서 움직이면 된다. 어떻게 하면 좋을까? 한편에서 계속 전자를 공급해 주고, 또 한편에서는 전자를 흡수하는 것이다(그림 1).

화학 반응을 이용해서 이와 같은 장치를 실현한 것이 전지이다.

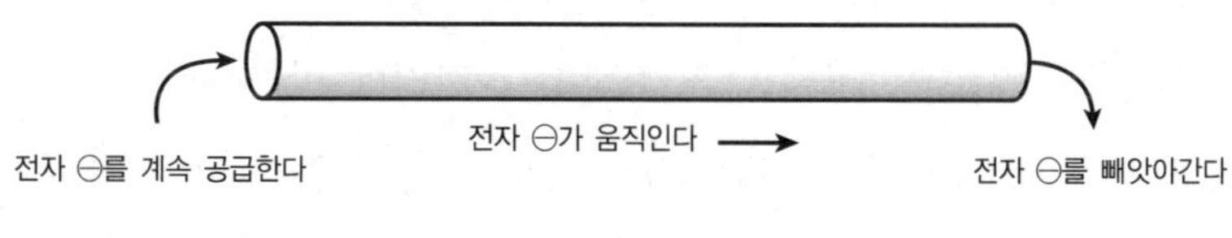

그림 1

이제 그 전자는 어디서부터 가지고 오면 좋을까? 대부분의 원자는 적당한 상대가 가까이에 있으면 전자를 받는다든지, 방출한다든지 해서 (양자 역학에서 말하는 포개어 합침의 의미로, 적어도 부분적으로는) 이온이 되는 경우가 많다. 그것은 이온이 되는 것이 안정하기 때문이다. 금속 등은 원래 자연계에는 거의 존재하지 않았으며, 이온 상태로 화합물을 만들고 있었다(지구의 대부분을 차지하는 암석이 그렇다). 그리고 인간이 거기에 전자를 결합시켜서, 현재 금속이라는 것을 만들어온 것이다. '(부분적) 이온화'는 적당한 상대만 있으면 잘 일어난다.

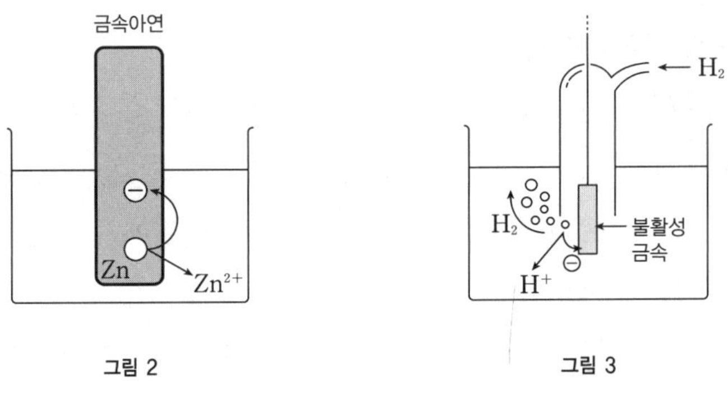

그림 2   그림 3

금속아연(Zn)을 $ZnSO_4$의 용액에 담근다(그림 2). 이것을 '반전지(半電池)'라고 부르며, 또 하나의 적당한 반전지에 연결하면, 아연 원자는 전자($-$)를 금속에 남기고, 자기 자신은 아연 이온(Zn^{2+})이 되어서 용액 속으로 녹아 나온다. 이것은 금속이 아니더라도 마찬가지이며, 예를 들면 수소 기체(H_2)가 수소 이온을 함유하는 용액에 접하면, 다른 반전지에 따라 일부는 수소 이온(H^+)이 된다. 이때 방출된 전자는 가까이에 금속이 있으면 거기에 모인다(그림 3).

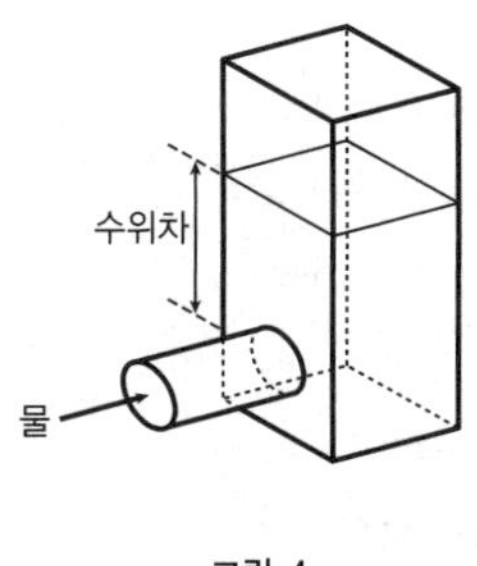

그림 4

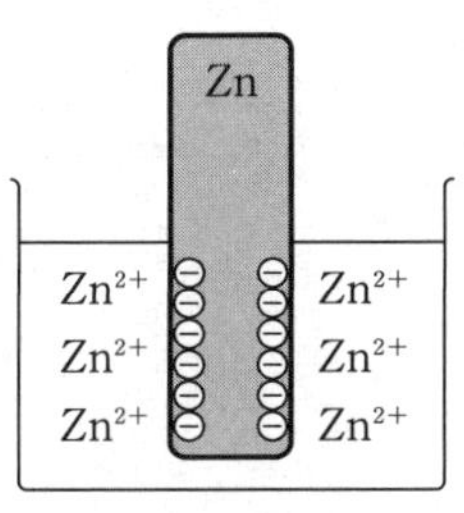

그림 5

이 '이온화'는 계속되지 않는다. 어느 정도의 전자 $(-)$가 금속에 모이면, 전자끼리 $(-)$의 전기를 가지고 있기 때문에 서로 반발하여 뛰쳐나오는 경향이 강해진다. 뛰쳐나온 전자는 용액 중의 이온과 반응하여, 원래의 중성 원자로 되돌아오는 일이 많아진다. 그 결과 두 경향의 균형이 평형 상태가 되어 버린다(이것을 물에 비유해 보면, 그림 4와 같이 용기에 물을 주입하면 점차 수위가 상승하여, 어느 정도 지나면 더 이상 수위가 올라가지 않는 것과 같다. 이 수위차가 전기에서는 '전위차'이다).

이때 금속은 '전자 과잉의 상태'(즉, $(-)$), 용액은 '전자 부족의 상태'(즉, $(+)$)가 되며, 양자 사이에는 전위차가 생긴다(아연의 예를 그림 5에 나타내었다). 중성이었던 것이 $(+)$의 전기와 $(-)$의 전기로 나누어져 서로 당기므로, 전기적인 에너지를 갖는다. 이 '용액에 대한 전극'의 전위는, 이온 농도를 1몰/L로 정해서, 그림 6의 표준 수소 전극(수소 이온, 1몰/L)의 경우와 상대치로 표현한다. 즉, Zn을 $ZnSO_4$ 용액에 담근 전극의 경우, 이 용액을 표

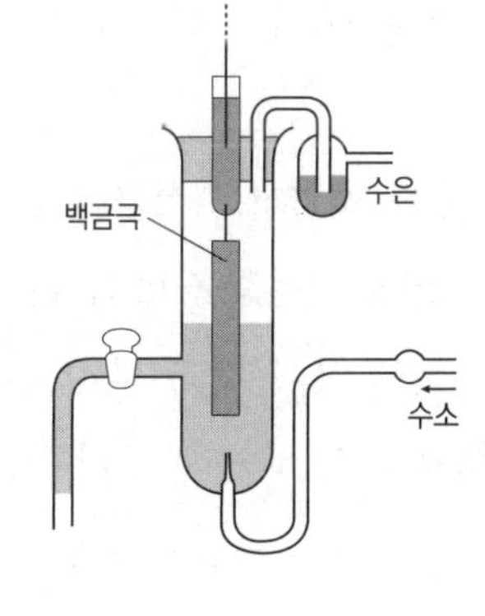

그림 6

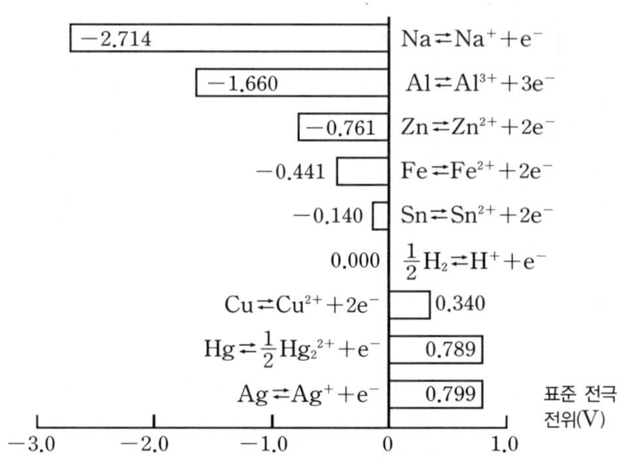

그래프 1

준 수소 전극의 수소 이온용액과 전도성의 염다리(鹽橋, 예를 들면 염산)로 연결하여 Zn의(수소 전극) 백금극에 대한 전위차로 나타낸다(그림 7). 그 수치를 그래프 1에 나타내었다(《과학의 사전》, p.447). 그것이 음(−)이고 절대치가 클수록 원자는 이온화하기 쉽다. 이것을 '이온화 경향이 크다'고 말한다.

이렇게 하여 금속에 모이는 전자가 그림 1의 전자의 공급원이 된다.

❂ 조합으로 전압이 결정된다

이제 이온화경향이 다른 2종류의 시스템-에를 들면, Zn을 $ZnSO_4$ 용액에 담근 것과 구리(Cu)를 $CuSO_4$ 용액에 담근 것을 취하여, 두 용액을 전도성의 염다리(예를 들면 KCl)로 연결해서 같은 전위로 하면, 각 부분의 전위는 그림 9와 같이 되어, Cu와 Zn의 사이에 전위차가 생긴다. 즉,

(Cu의 Zn에 대한 전위)

$$=(Cu의 \ 전극 \ 전위)-(Zn의 \ 전극 \ 전위)$$
$$=0.340V-(-0.761V)$$
$$=1.101V$$

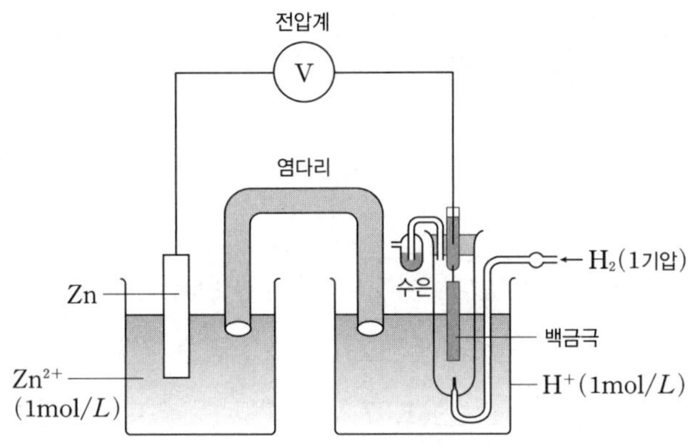

그림 7

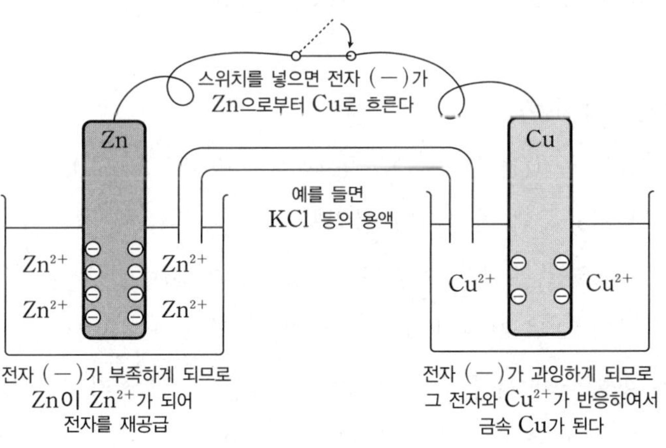

그림 8

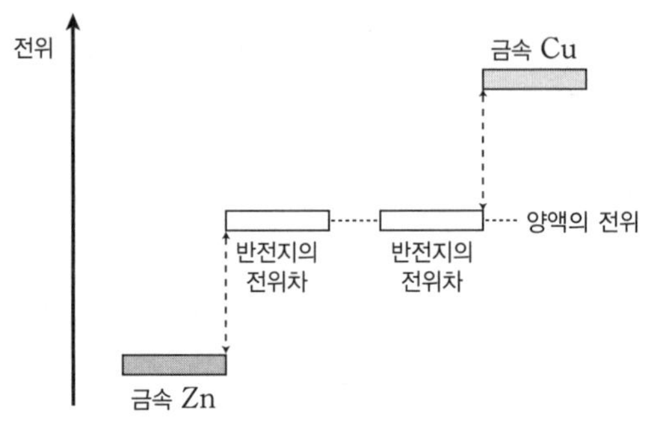

그림 9

라는 결과를 얻을 수 있다. 이것이 다니엘(Daniell) 전지이다. Cu와 Zn을 도선으로 연결하면 Cu에서 Zn으로 향하는 전류가 흐른다.

실제 다니엘 전지의 전압은 1.07 V라고 되어 있다. 계산치보다 작지만, 이 차는 $CuSO_4$, $ZnSO_4$의 각각과 양자를 연결하는 용액 사이에 전위차가 있기 때문이다. 이것은 액간 전위차라고 부른다.

일반적으로 전지의 기전력은 반전지의 조합으로 결정된다.

❂ 건전지에서는?

보통 사용되고 있는 건전지는 '망간 전지'이다(그림 10). (−)극에는 아연 Zn이 사용된다(반전지의 전위차가 큰 것일수록 좋지만, Na처럼 활성이 너무 크면 취급이 어렵다. 안정하면서 저렴한 것은 아연이다). 여기에 전자가 모여 전자의 공급원이 된다. 한편, (+)극에는 이산화망간이라는 화합물이 사용되어, 이것이 탄소봉 중의 전자를 뺏는 작용을 하고 있다. 아연 측의 반전지에서는 0.761 V의 전위차가 나타나는데, MnO_2측의 표준 전극 전위의 데이터는 눈에 띄지 않는다. 그렇기 때문

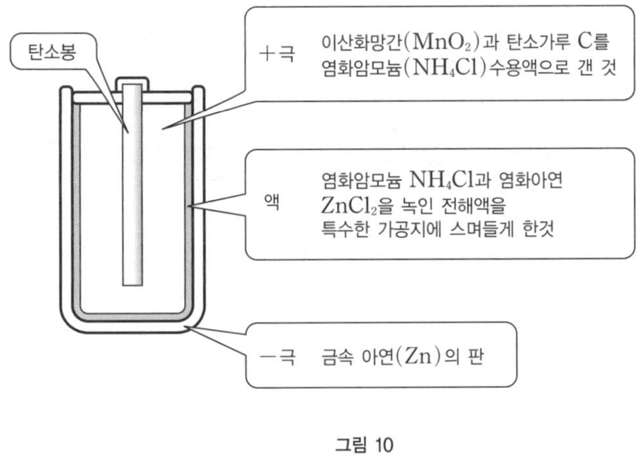

그림 10

에, '건전지는 왜 1.5 V인가' 라는 물음에 지금은 정량적으로 대답할 수는 없다. 그러나 전압(기전력)을 만들어내는 원리는 위에서 말한 것과 마찬가지이다. 망간 전지의 전압은 1.5 V∼1.7 V이다.

아마 원료가 값싸고 제조도 쉬우며 사용이 간편하다는 것 외에 기전력의 안정성, 제품 품질의 안정성 등의 이점 때문에 이 형태의 전지가 보급되었을 것이다. 현재 학교 등에 있는 3 V나 6 V의 상자모양의 건전지도 결국은 이 1.5 V의 망간 전지를 연결한 것이다.

⚙ 전지의 크기에 따라 무엇이 다른가?

전지란, 그 안에 전기가 모여 있는 것은 아니다. (−)극으로부터 전자를 끄집어내면 이온화의 화학 반응이 일어나 전자가 공급된다. 따라서 이 화학 반응에 참여하는 물질이 없어지면 이 전지의 수명이 다 하게 된다. 건전지로 말하면, Zn은 많이 있으므로 이산화망간(MnO₂)이 없어졌을 때 수명이 다한다. 당연히 이산화망간이 많이 있으면 수명을 연장할 수 있다. 그래서 건전지를 크게 만드는 것이다. 보통 원통형 건전지는 큰 것부터 DM, CM, AA, AAA 등으로 구별하는데, 어느 것이나 같은 재료이므로 기전력은 모두 1.5 V가 되지만, 큰 건전지일수록 이산화망간의 양이 많으므로 DM의 수명이 가장 길다.

093

전지 두 개를 늘어놓아도 전압이 2배가 되지 않는다. 왜?

◉ 전압이란 무엇인가?

1.5 V의 전지를 직렬로 연결하면 3 V가 되지만, 병렬로 연결하면 1.5 V 그대로이다. '두 개를 연결했는데 왜 2배가 되지 않는가?' 하는 의문이 생기는 것은 전압이라는 것을, 전기를 밀어내는 힘으로 생각하고 있기 때문이다. 예를 들면 2대의 펌프를 늘어놓고 물을 퍼내면, 2배의 수량이 된다. 이와 같은 경우는 그것을 유추할 수 있기 때문이다.

그러나 전압은 그런 것이 아니다. 전압은 '전위차'라고도 말하는데, 전자를 '밀어내는 힘'이 아니고, 단위전하당 전기적 위치 에너지의 차라고 말해야 할 '상태의 차' 이기 때문이다.

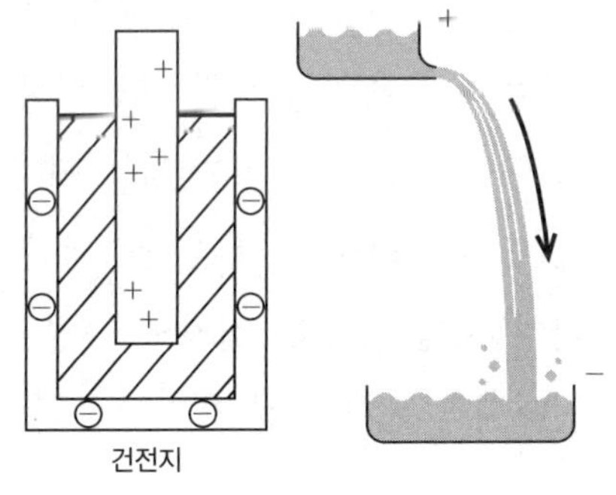

그림 1

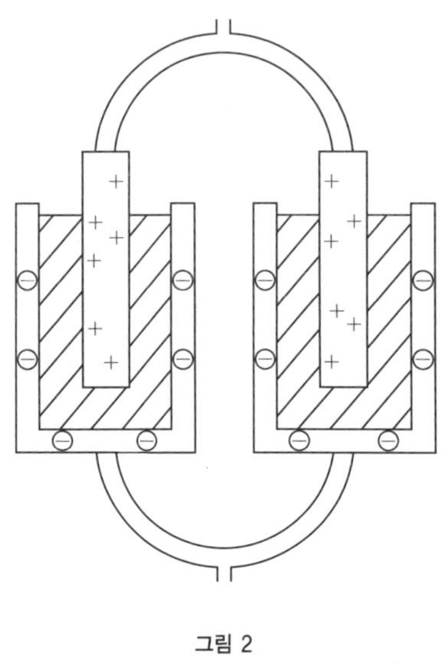

그림 2

전지에서는 화학 변화에 의해서 (−)극에 전자를 공급하여 (+)극으로부터 전자를 얻는다. 이 때문에 (−)극은 전자 과잉, (+)극은 전자 부족이 된다. 이렇게 억지로 나눈 두 극을 도선으로 연결하면, 전자끼리는 서로 반발하므로, 과잉한 (−)극으로부터 부족한 (+)극 쪽으로 흘러서 이 밀도의 불균형을 없애려고 한다. 전자는 (+)극으로 이동하는 것이다(전류의 방향은 보통 (+)극으로부터 (−)극으로 향한다고 말한다. 전자의 흐름과 반대인 것은 역사적으로 그렇게 결정해버렸기 때문이다). 말하자면 높은 곳으로 퍼 올린 물이 원래의 저수지로 되돌아오는 것처럼 된다. 단, 실제의 고도차가 아니고, 이 (+)극과 (−)극의 전자 과잉과 부족의 상태에 의해서 생기는 차가 전압이 된다. 전지는 이 에너지의 차가 언제나 일정하게 되도록 흘러간 몫의 전자를 보충해서 유지하고 있다. 전지를 회로에 연결했을 때 흐르는 전류의 세기는 이 '높이의 차'에 비례하며, 사이를 연결하는 도선 저항의 크기에 반비례한다. 따라서 전지를 몇 개의 병렬로 연결하여도 '높이' 즉, 전자의 과잉 상태는 바뀌지 않으므로 전류의 세기는 변하지 않는다(그림 2).

✿ 병렬은 어떤 곳에 사용되고 있는가?

건전지를 병렬로 연결해 사용하는 일은 쉽게 찾아볼 수 없다. 그러나 쉽사리 교환을 할 수 없을 때, 또는 이변이 있어서 하나가 못쓰게 될 때도 다른 전지가 대신해서 위험을 막는 목적으로 사용된다.

✿ 직렬로 연결하면?

직렬로 연결하면 그 전위차는 각각의 전위차를 더한 것이 되며 '높이의 차'가 더해진다. 이것을 전자의 상태로 보면 어떨까? 지금까지 하나의 전지 A로 $(-)$극의 전자 과잉과 $(+)$극의 전자의 부족에 의한 전압이 바로 볼트(V)가 되도록 유지되어 있다고 한다. 이 전지의 $(+)$극과 또 하나의 전지 B의 $(-)$극을 연결하면, B의 $(-)$극의 전자가 흘러 들어가서 A의 $(+)$극의 부족을 감소시켜 버린다. 이에 대해서, A, B에서는 $(+)$와 $(-)$의 높이의 차를 유지하기 위해서 화학 반응을 진행하여 더 많은 $(+)$로부터 전자를 빼앗아 $(-)$극에 전자를 늘린다. 그 결과 각 전지에서는 양극의 전위차가 유지되

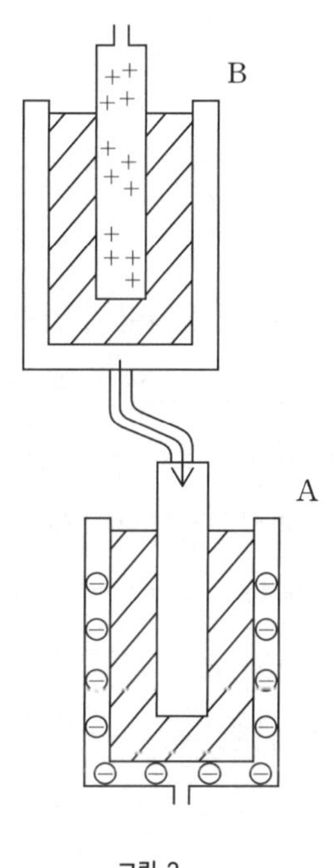

그림 3

어, B의 $(+)$극의 전자 부족과 A의 $(-)$극의 전자 과잉에 의한 전위차는 양편 전위차의 합이 된다.

094

'백 명 위협'이란 무엇인가?

✿ 정전기란 무엇인가?

건조한 겨울에 짜릿한 전기 쇼크를 받아본 경험은 누구에게나 있을 것이다. 이것이 '정전기'라는 현상인데, 왜 이런 일이 일어나는가?

물질은 모두 원자로 되어 있다. 그래서 어떠한 물질이라도 원자가 보일 만큼 확대하면, $(-)$의 전기를 가진 많은 전자가 날아다니는 것이 보여, 그 사이로 $(+)$의 전기를 가진 원자핵이 보일 것이다(그림 1).

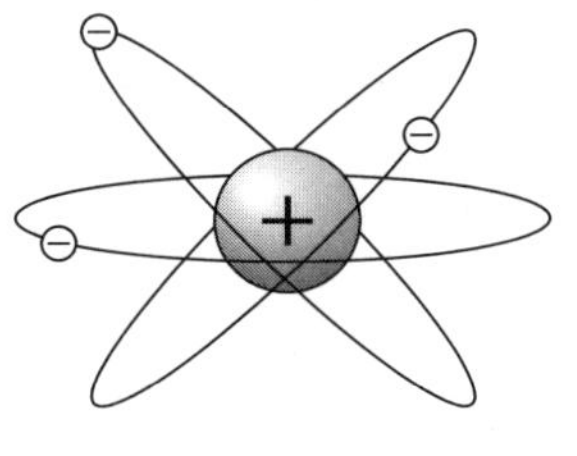

그림 1

그럼, 서로 다른 두 종류의 물질을 마찰시키면 전자의 끌어당김에 차이가 있으므로 전자는 반드시 어느 쪽인가로 이동한다. 그리고 전자를 받은 편은 $(-)$로, 잃은 편은 $(+)$로 대전된다(그림 2).

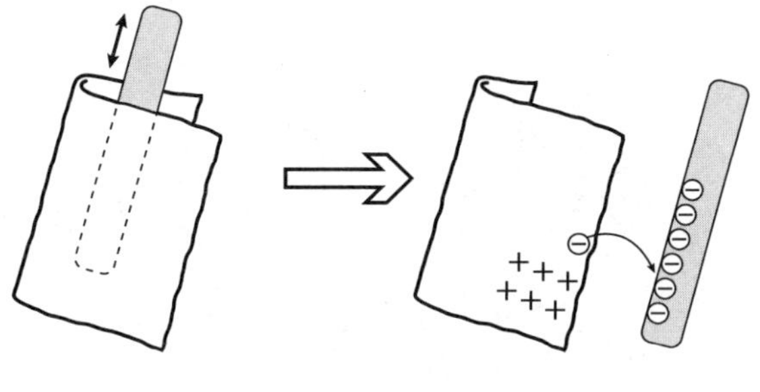

그림 2

예를 들면, 울 스웨터 위에 입고 있던 나일론의 점퍼를 벗으면, 점퍼는 스웨터로부터 전자를 대량으로 빼앗아간다. 이 상태로 수도꼭지에라도 닿으면, 전자를 뺏겨서 (＋)로 대전된 스웨터를 향하여, 전자가 대량으로 흘러 들어온다. 이것이 우리가 느끼는 찌릿함이다(그림 3). 그런데 여름에는 이것을 느낄 수 있는 횟수가 적어진다. 그 이유는 여름에는 대전되기 쉬운 옷을 입지 않으며 습도가 높고 땀도 흘리기 때문에, 옷이나 다른 물건도 전기를 흘리기 쉽고, 다소의 전자 이동이 일어나

그림 3

더라도 곧 원상으로 돌아오기 때문이다. 이것은 금속이 전기를 흘리기 쉽고, 마찰로 전자를 빼앗겨서 대전되어도, 곧 주위로부터 전자를 받아서 원 상태로 되돌아오는 것과 마찬가지이다.

✪ '백 명 위협'을 해보자

에도(江戸)시대 히라가 겐나이(平賀源內)는 엘레크테르(electriciteit, 네덜란드 어로 전기의 뜻) 정전기 발생장치를 만들었다. 그리고 이것으

그림 4

로 만든 전기를 모아, 그것에 닿아서 찌릿함을 느낄 수 있는 실험을 하였다고 한다. 그리고 많은 사람들이 직렬로 손을 맞잡고 있었기 때문에 전기에 닿으면, 모두가 일제히 찌릿한 쇼크를 받았다고 해서, 이것을 '백 명 위협' 이라고 불렀다.

실험실에서 '백 명 위협' 을 할 때는, 보통 밴더그래프(van de Graaff) 기전기와 라이덴(Leiden)병을 사용하는데, 그때의 실험순서를 정리해 두겠다.

❶ 교실에 있는 모두가 손을 맞잡고 원형으로 서서, 양끝의 사람은 라이덴병에 닿을 준비를 한다.

❷ 밴더그래프 기전기(van de Graaff generator)의 구형의 부분과 라이덴병 중심의 금속막대기를 방전차(放電叉)로 연결하여, 라이덴병에 전기를 모은다.

❸ 라이덴병의 내외를 방전차로 잠깐 쇼트시켜, 한 번 방전시킨다.

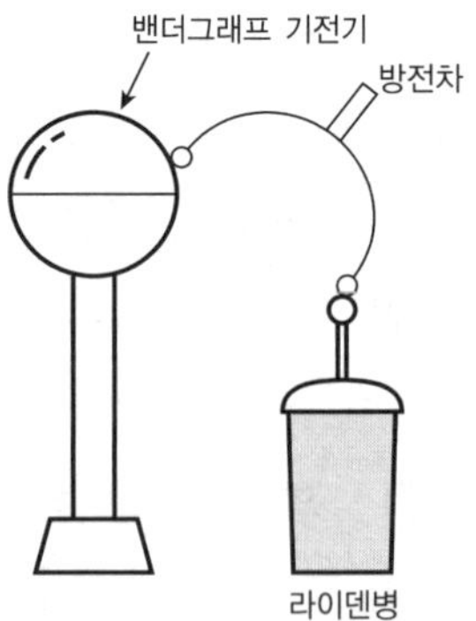

❹ 손을 맞잡은 한쪽 끝의 사람이 라이덴병을 붙잡고, 다른 끝의 사람이 금속막대기에 닿으면, 전기 쇼크가 이동한다.

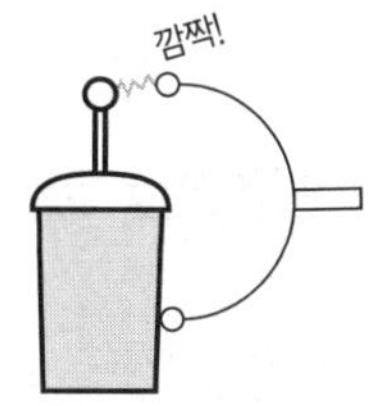

주의 | 밴더그래프 기전기의 상태가 좋고 공기가 건조할 때는, 전압이 상당히 높아지므로 ❸을 생략하면 쇼크가 너무 강해서 위험하다. 또 심장병이 있는 사람 등은 하지 않는 것이 좋다. 또 사람을 위협하는 무서운 도구로 사용하면 절대 안 된다.

패러데이와 지자기

1831년에 패러데이는 전자기 유도 현상을 발표한다. 자석의 작용은 공간에 퍼져 철가루를 뿌렸을 때 볼 수 있는 자기력선으로 존재한다. 그 자기력선은 '전기를 전할 수 있는 도선'이 가로지를 때(단위시간에 가로지르는 자기력선의 수에 비례해서 전기장 즉, 전기의 힘이 생기는 것을 뒤에 알았지만) 전류가 생긴다는 것이다.

패러데이의 상상력은 더욱 발전한다. '지구도 자석이므로 같은 효과가 생길 것이다' 이에 대해서 패러데이가 예상하여 실험하고 고찰한 것이 베이커(Baker) 강의라고 말하는 1832년에 발표된 논문이다.

그는 자기가 자석의 자기력선으로 일으킬 수 있었던 로렌츠 힘의 현상을 자석 없이 즉, 지구의 자기력선만으로 일으키는 것을 기대하였다. 그중 가장 간단하고 명료한 실험에 대해 알아보자. 그가 사용한 것은 길이 8피트, 굵기 1/20인치의 동선이다. 1인치＝2.54 cm, 1푸트＝30.5 cm를 이용하여 환산하면 길이 2.4 m, 굵기 1.2 mm가

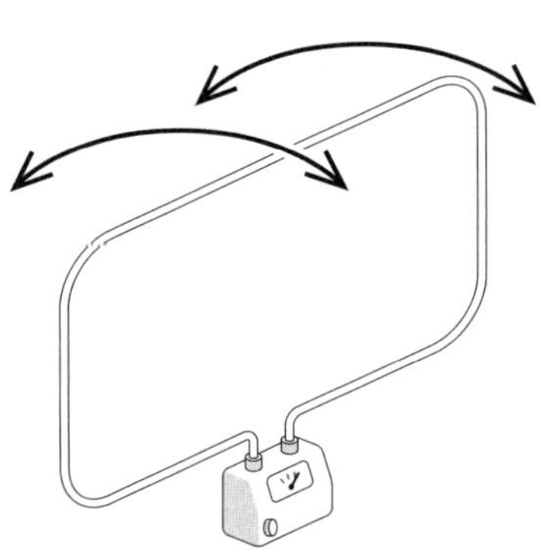

된다. 이 동선을 장방형으로 하여, 양끝을 검류계에 연결한다. 그리고 그림과 같이 검류계 위에서 직사각형의 부분을 좌우로 움직이면, 선은 지구의 자기력선을 가로질러 곧 전류가 흐르게 된다.

우리들의 실험

우리들은 같은 치수의 굵은 에나멜선을 준비하였다. 그러나 학교에서 사용하는 검류계를 사용하여 실험을 하면, 거의 전류를 감지할 수 없다. 패러데이는 어떠한 검류계를 사용한 것일까? 논문 도중에서 '검류계 또는 자침(磁針)'이라고 바꾸어 말하고 있는 것을 보면, 오히려 가느다란 자침과 같은 것이었는지도 모른다. 어쨌든 그와 똑같은 실험을 지금 해 보면, 그 기술의 정묘함에 놀랄 수밖에 없다.

그러나 지금은 증폭기가 달린 검류계가 있다. 이것은 매우 약한 전류도 검출할 수 있으며, 이것에 패러데이와 마찬가지의 도선을 연결하면 곧 지자기에 의한 전류를 검출할 수 있다.

이것을 사용하면, 예를 들어 다음과 같은 실험도 할 수 있다.

❶ 전원 코드를 몇 m 준비하여, 그것으로 줄넘기를 하면 전류가 생긴다.

❷ 시범 실험에서 잘 사용하는 전기그네가 있는데, 그 코일을 검류계에 연결하면, 자석을 제거한 후에도 그네가 흔들릴 때마다 전류가 생긴다(지자기의 자기력선을 가로지르기 때문이다).

이 검류계는 매우 우수하여 다음 그림과 같이 대전체를 가까이만

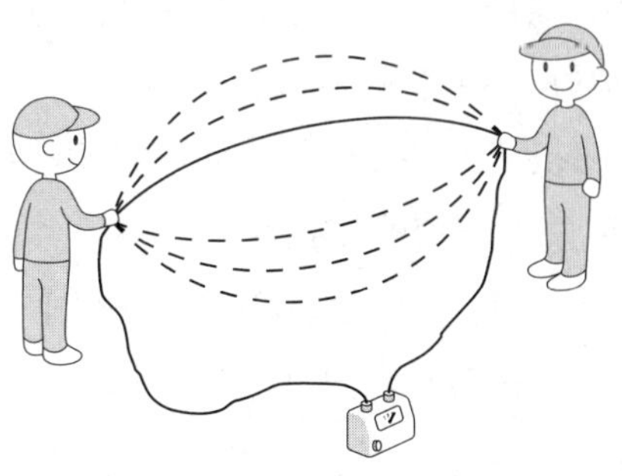

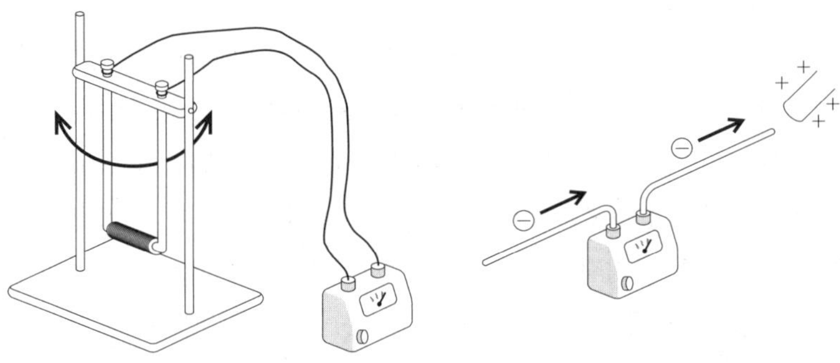

하여도 금속에서 전하의 이동을 전류로서 확인할 수 있다.

한편, 여기서 지구의 자기력선은 남쪽에서 북쪽으로 향하고 있으므로 코일의 방향이 문제라고 생각될지도 모른다. 그러나 실은, 우리들의 주위에서 지자기는 편각 6도 서쪽, 복각(伏角) 50도 정도이다. 즉, 수평에서 50도나 하향인 것이다. 그러므로 오히려 도선을 위로부터 아래로 가로지른다고 생각해도 되므로, 방위각은 그다지 문제가 되지 않는다.

만약 영국에서 프랑스까지 도버(Dover) 해협을 가로질러 갈 때는 수중에서, 올 때는 해저를 연결하는 폐회로를 생각하면, 해저 편은 정지하고 있고 해수 편은 물이 해협을 오르내릴 때마다 지자기를 가로지를 것이다. 따라서 여기에 해류가 생기는 것이 아닌가? 그는 이것을 워터브리지(water bridge)로 실험하였다. 즉, 다리의 난간에 960피트의 동선을 달아 양끝에 금속판을 붙여서 수중에 늘어뜨렸다. 회로를 구성하는 물의 부분이 조석 간만에 따라서 이동할 때 전류를 관측할 수 없는가? 라고 생각한 것이다. 그 결과로 3일이 지나도 불규칙한 흔들림밖에 얻을 수 없었지만, 대범한 상상력이라고 할 수 있다.

　패러데이의 아이디어는 계속 되었는데, 지자기가 보통의 자 석과 마찬가지로 전류를 유도하 는 것이 이렇게 명료하다면 이 것을 사용하여 발전할 수 없을 까? 그는 그때까지 연구하고 있 었던 아라고(Arago)의 원반을

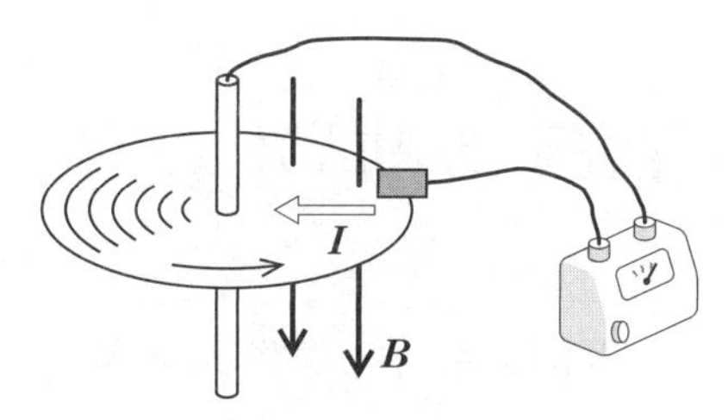

사용하였다. 실험에 사용한 지름 12인치(＝30.5 cm), 두께 1/5인치 (＝5 mm)의 구리의 원반을 수평면 내에서 돌린다. 판을 반시계 방향으로 회전시키면, 위로부터 아래로 꿰뚫는 지자기는 가장자리에서 중심으로 전 류를 유도한다. 중심축과 가장자리의 접점을 검류계로 연결하면 전류를 확 인할 수 있다.

 # 패러데이 모터

전류의 주위에 놓은 자석(자침)이 흔들린다는 것은 외르스테드(Oersted)에 의해서 발견되었다. 전류는 그것이 존재하는 전선뿐만 아니라 주위의 공간에도 영향을 미친다. 그래서 다음의 과제는 이를 이용하여 자석의 흔들림 대신에 연속적인 회전을 만드는 것이

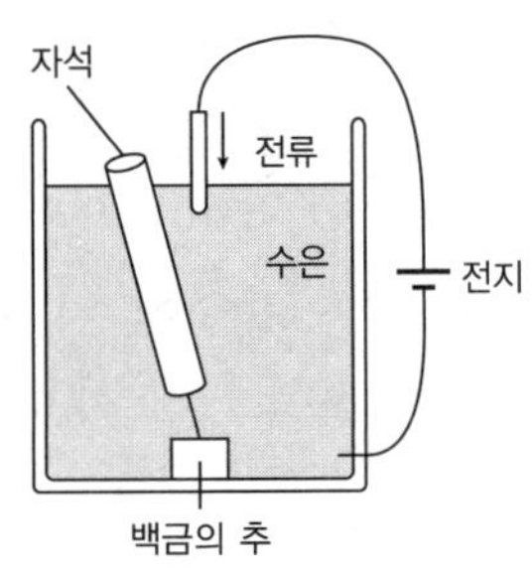

다. 과제는 패러데이가 해결하였다. 1821년에 보고된 장치는 다음의 그림과 같은 것이다. 수은 안의 자석에 백금의 추를 단 것을 가라앉혀서 전류를 흘리며 자석을 회전시킬 수 있었다. 이것이 인류 최초의 모터이다.

우리들이 실험할 때는, 자석을 돌리는 것이 아니라, 자석 주위로 철사를 돌리는 것이 좋다고 생각한다. 전지는 보통의 전지로 충분하

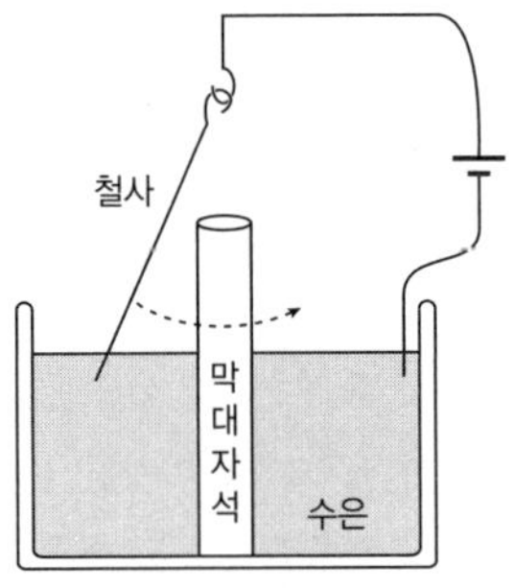

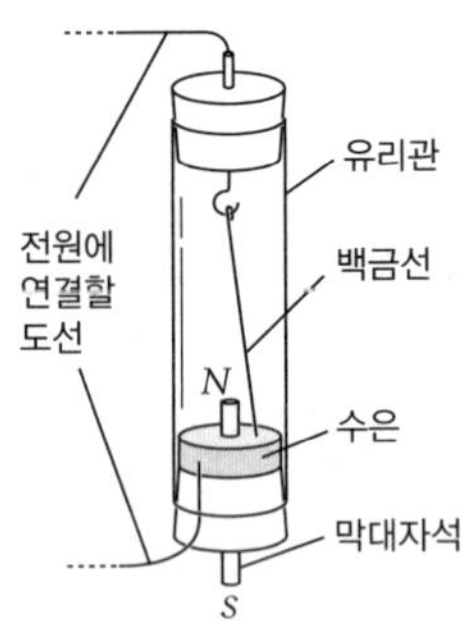

패레이더가 만든 장치

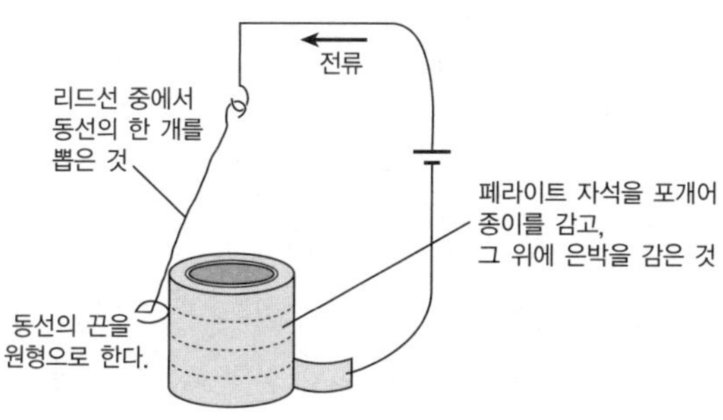

다. 그렇지만 전류가 커서 소모도 빠르다. 이 장치도 패러데이가 만들었다(1822).

이 경우는 처음과 반대로 전류가 자기장으로부터 직각으로 힘을 받아서 움직인다. 수은은 액체이므로 저항이 적어, 움직이는 경우의 실험에 적절하고, 옛날 사람들이 소중히 다룬 것을 알 수 있다. 그래도 수은에는 독성이 있으며, 취급에 충분히 주의하지 않으면 안 된다. 그래서 어린이들이라도 손쉽게 할 수 있는 방법으로 은박을 사용한 것이 있다. 이것은 고바야시 다쿠지(小林卓二) 저 ≪패러데이의 모터의 과학≫에 의한 것이다.

패러데이는 제철공(蹄鐵工)의 아들로 태어나, 13세 때부터 일한 제본소에서 책을 읽고 공부하였다고 한다. 그가 화학자 험프리 데이비(Humphry Davy, 1778~1829)에게 보낸 편지에 '장사는 나에게 욕심을 가득 차게 했지만 과학은 그 길에 종사하는 사람의 마음을 온순하게 하며, 또 자유롭게 한다는 생각을 가지고 있었다'라고 되어 있다.

오늘날 모터는 우리들의 생활에 없어서는 안 되는 것이 되었다.

 # 일렉트릭 기타를 만든다

그림 1과 같이 용수철, 용수철을 걸치는 막대기, 자석을 준비하여 라디오카세트의 마이크 단자에 연결해서 만든다. 더 간단하게 그림 2와 같이 어쿠스틱(acoustic) 기타에 자석을 가까이한 상태로, 기타 줄을 라디오카세트의 마이크 단자에 연결시킬 수 있다. 자석 근처에서 도선을 움직이면 도선의 양단에 전압이 발생하는데 이 전류를 라디오 카세트를 통해 증폭시켜 소리를 내는 원리이다.

실제 일렉트릭 기타에서는 자석에 코일을 감은 것(픽업이라고 말한다)이 기타 본체에 고정되어 있어서, 그 위에서 자성체인 금속 기타 줄이 자기장을 휘저어 코일에 전압을 발생시킨다. 코일의 감은 수를 늘리면 고전압이 발생하는데, 고주파수의 고음이 나오기 어렵게

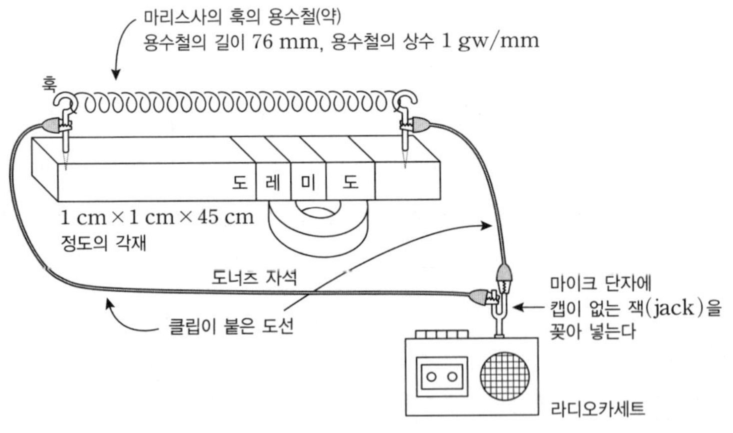

그림 1

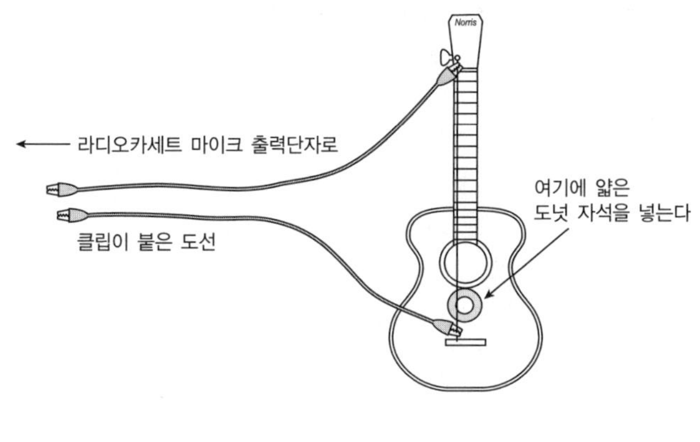

그림 2

된다. 왜 그렇게 되는가? 교류 회로에서 배운 내용을 이용해서 생각해 보자.

제작

여러 가지 만드는 방법이 있지만 구체적 예는 그림 1과 같다. 실험용인 용수철을 걸치기만 하면 되기 때문에 마음에 든다. 물론 다른 용수철이라도 좋다.

어쿠스틱 기타에 자석을 붙여 마이크 단자에 연결하는 단순한 방법으로도 충분하다(그림 2).

095 : 불꽃이 튀면 전파가 나온다?

번개가 치면 라디오에서 잡음이 들려오고 텔레비전의 화면도 흐트러진다. 라디오나 텔레비전은 전자기적인 작용의 영향을 받는다. 잡음은 불꽃에 의한 전자기적 작용이 발생하여, 수신기가 그 영향을 받았기 때문이다. 형광등의 글로 램프(glow lamp)가 점멸할 때, 전기의 스위치를 끊었을 때, 모터가 돌 때도 불꽃이 튀므로 같은 현상이 일어난다. 이 작용은 전자기파에 의한 것일까? 전자기파의 존재를 처음 실험적으로 나타낸 사람은 하인리히 헤르츠(Heinrich Hertz, 1857~1894)인데, 그는 불꽃을 튀김으로써 인공적으로 전자기파를 발생시켰다.

✪ 헤르츠의 실험

헤르츠는 맥스웰이 예언한 전자기파를 실제 실험으로 보인 위대한 대과학자이다. 헤르츠가 사용한 장치의 대표적인 것이 그림과 같은 것이다. 고전압이 발생하는 유도 코일에 금속판이 붙은 2개의 금속구를 연결한다. 구와 금속판은 전기를 모으는 콘덴서의 역할을 한다. 유도 코일에 연결하면 고전압이 걸려, 전하가 콘덴서에 모이므로 금속구 사이에 불꽃이 튄다. 방전 초기에 생기는 이온 때문에 절연이 부서져, 금속구가 간이 도선으로 연결된 것처럼 된다. 방전의 초기는 회로 스위치의 역할을 다하는 것이다. 전류가 흐르면 그때 금속판 간의 도체가 코일의 작용을 한다. 코일은 전자기 유도에 의해서 전류의 변화를 방해하려고 하므로, 지금까지 모여 있던 전하가 방전되어 없어져서 전류가 감소하려고 하면, 같은 방향으로 전류를 계속 흘리려고 한다. 이 결과 금속판에 처음과 반대의 극성인 전기가 모여 처음과 반대의 상태가 된다. 이것이 되풀이되어 전류가 왕래하는 전기 진동이 생긴다. 불꽃을 고속 촬영을 해보면, 불꽃은 1사이클에 2회씩 빛을 발한다. 그리고 몇 번이나 진동한다. 불꽃이 튀고 있을 때 진동은 곧 감쇄하지만, 유도 코일에 의해서 불꽃을 계속 튀겨 진동을 지속시키는 것이다. 전하가 진동하면 금속판과 그 사이의 도체가 안테나 역할을 하며, 전기장의 변화는 자기장을 수반

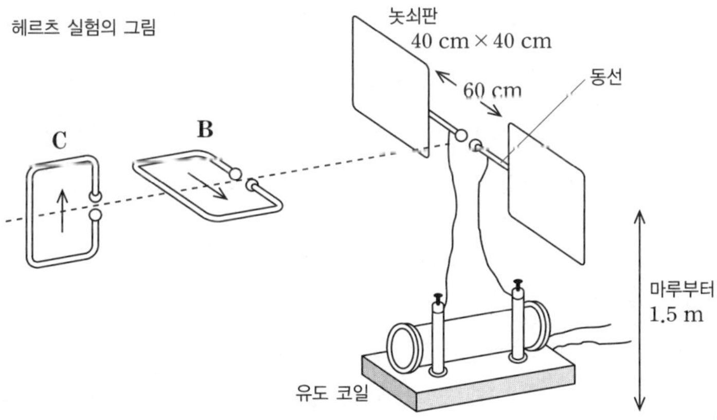

하면서 공간에 파동과 같이 전파되어 간다. 이것이 전자기파이다(제96항 '왜 전파는 진공 중에서도 전파되는가?' 의 항을 참조).

B와 C는 수신 회로이다. 이것은 철사의 회로에 역시 갭(gap)이 있는 어떤 금속구를 붙인 것이다. 전파된 전자기장이 갭에 불꽃을 유도하는 것을 관측할 수 있다. 진동이 공명하는 회로의 크기로 하면 불꽃은 강하다. 여기서는 발신 회로의 두 구를 연결하는 방향의 전기장이 변하므로, 이 전기장을 둘러싸면서 이것과 수직으로 자기장이 만들어지고 있다. 따라서 수신 회로가 B인 경우는 회로 중을 자기장이 빠져나가서 변화하므로 회로에 전기장이 생겨서 불꽃이 튀지만, C의 경우는 자기장이 지나지 않고 전기장도 수직이므로 불꽃은 튀지 않는다. 전자기파는 횡파인 것이다. 안테나의 방향이 다가오는 전기장에 평행해야 한다. 헤르츠는 이 효과가 정전기의 쿨롱 힘과 같이 거리의 제곱에 반비례해서 감쇠하지 않고, 거리에 반비례해서 감쇠하고 멀리까지(12 m) 전파하는 것, 또 파동에 특유한 정상파를 만드는 것을 확인하였다(1887).

가정에서 사용하는 전자레인지는 전자기파로 가열한다. 뜨겁다는 것은 물체 중의 분자가 심하게 운동하고 있다는 것이다. 전자레인지는 전자기파가 진동하는 전기장에서 주로 물 분자를 심하게 진동시켜서 뜨겁게 하고 있다. 무심코 전자레인지에 금속박의 장식이 붙은 접시를 넣으면 레인지 내의 전자기파로 불꽃이 튀어서 깜짝 놀란다.

✪ 무선 통신

헤르츠는 불꽃에 의해서 파장 4 m(75 MHz)의 전파를 발생시켰고, 굴리엘모 마르코니(Guglielmo Marconi, 1874∼1937)는 금속판 대신에 한편을 안테나, 또 한편을 지면에 접지하여 전파의 전달을 좋게 하는 장치를 고안하였다. 지금은 불꽃 발생 장치 대신에 송신기를 사용하고, 안테나의 공진 주파수에 해당하는 진동수의 전기 진동을 안테나에 공급하고 있다. 1895년 마르코니가 무선 통신에 성공하고 10년 후인 1905년 일본 제국의 해군은 러일 전쟁에서 불꽃에 의한 무선기를 사용하여 전황을 유리하게 유도하였다.

불꽃에 의해서 생기는 전파를 실감한다

삐삐- 포켓 벨

'삐삐 포켓 벨'이라는 장난감이 있다. 송신기와 수신기가 세트로 되어 있어서 송신기의 스위치를 찰칵 누르면, 포켓 벨형의 수신기가 '삐삐삐— 삐삐삐—' 소리를 내는 단순한 것이다.

송신기에 들어 있는 것은 압전소자이다. 가스레인지의 점화 장치 등에 사용되고 있으며, 찰칵하면 고전압에 의한 방전으로 불꽃이 튄다. 이때 발생하는 전파로 수신기에서 소리가 난다. 그러면 마찰한 에보나이트(ebonite) 막대에서 다른 것으로 방전할 때도 수신기에서 소리가 날까? 이 경우, 부도체에 방전하면 소리가 나지 않지만, 금속에 방전시키면 소리가 난다.

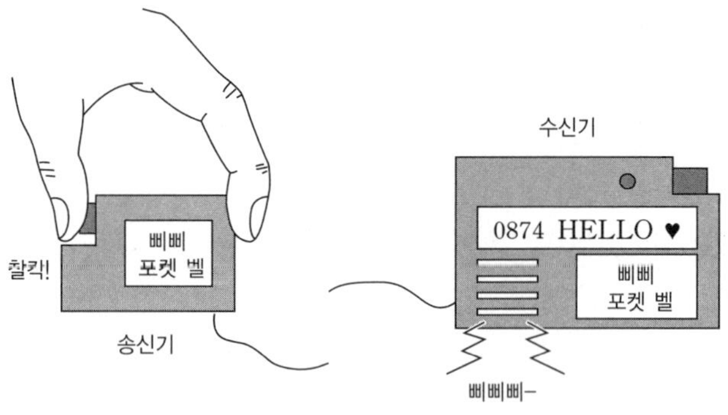

그림 1

밴더그래프 기전기의 불꽃으로

전기 불꽃이라고 하면 바로 생각나는 것이 학교에서 잘 사용하는 밴더그래프(van de Graaf) 기전기이다. 구의 표면에 전기를 모아서 고전압을 발생시켜 실험에 이용하는 장치이다. 이 구를 가까이하여 찰칵 방전시키면, 역시 수신기에서 소리가 난다.

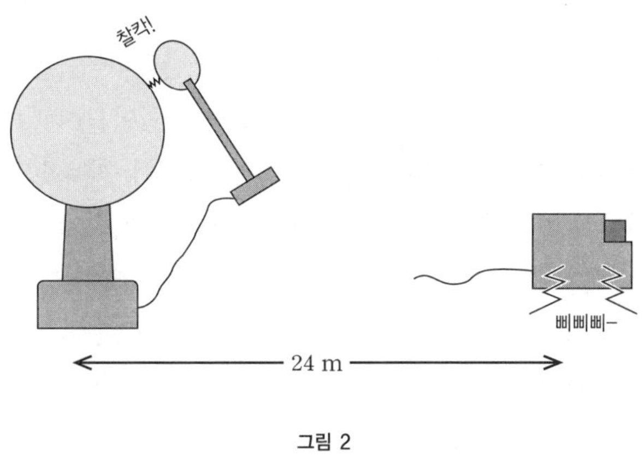

그림 2

그러면 이 강력한 방전으로, 도대체 얼마나 멀리까지 수신할 수 있을까? 단속적으로 방전시키면서 서서히 거리를 멀리하며 실험해 보았다.

도야마(戶山)고교의 물리 실험실 앞의 복도에서, 약 24 m 앞까지 수신할 수 있었다. 구의 간격을 좁게 하여 불꽃 방전을 작게 한 경우 멀리까지 도달했다.

또한 방전하지 않고 움직이는 밴더그래프 기전기의 가까이에 수신기를 놓아두면, 수신기에서 계속 소리가 난다. 이것은 밴더그래프 기전기 주위에 만들어진 불안정한 변농 전기장이, 수신기의 안테나선

안에 변화하는 전류를 흘렸기 때문이라고 생각된다. 2~3 m 이상 떨어지면 수신기가 반응하지 않게 되는데, 이것은 전기장이 급격하게 약해져 버리기 때문이다.

그런데 방전에 의해 불꽃을 튀게 하면 24 m 앞까지 소리를 낸다. 이것은 방전할 때 전자기파가 발생하였기 때문이다. 다시 말하면, 방전으로 생긴 진동 전기장이 찢어져서 날아가며, 안테나선에 진동 전류를 흘렸기 때문이라고 생각된다.

전자기파는 진동 전기장이 진동 자기장을 만들며, 진동 자기장이 진동 전기장을 만드는 것처럼, 장이 서로 상대를 만들어냄으로써 전달해 가는 것이다. 이 실험에서는 자기장을 측정하지 않았으나, 전자기파에 의한 전기장이 떨어진 지점까지 전파되는 것, 그 점에는 아무것도 없는 것처럼 보이지만 물질을 두면 전류가 생기는 것 등을 알 수 있어서 재미있다.

096 : 왜 전파는 진공 중에서도 전파되는가?

✪ 에테르 — 빛을 전하는 물질?

뉴턴 이전에는 힘이 접촉하고 있는 것에서 작용하므로 행성이 태양의 주위를 돌려면 뒤에서 미는 힘이 필요하다고 생각되었다. 데카르트는 투명한 물질이 우주공간을 빈틈없이—진공이라고 말하는 곳도—채우고 있어서, 태양의 자전으로 일어나는 소용돌이가 멀리까지 퍼져서 행성을 밀고 있다고 생각하였다. 그렇지 않으면, 태양의 주위를 행성이 계속해서 공전하는 일이 있을 수 없다고 생각한 것이다.

별이나 태양이 빛은 우주공간을 지나서 지상에 닿는다. 빛은 간섭을 일으키므로 파동이라는 것을 알았고, 편광 현상으로부터 횡파라고 생각된다. 음파 등의 탄성파가 전파되는 것은 탄성체의 일부를 변형하면 탄성력이 생기기 때문에 변형이 주위에 파급되기 때문이다. 빛의 파동이 공간을 전파하는 것도 무엇인가 빛의 매질이 공간에—진공이라고 말하는 곳에도—채워져 있기 때문이라고 생각되었다. 그 매질은 에테르(ether)라고 불렀다.

공간을 나아가는 빛의 속도는 초속 30만 km라는 큰 값이다. 탄성파는 물질의 탄성이 크고(즉, 용수철처럼 단단하고), 밀도가 작을수록(가벼울수록) 빠르게 전파되므로, 에테르의 탄성은 매우 크고 밀도는 매우 작음에 틀림없다. 또 횡파를 전파하므로 고체라고 생각된다. 이와 같이 기묘한 투명체가 우주공간을 채우고 있는 것일까?

빛의 파동 속도는 에테르의 탄성과 밀도로 결정되며, 그 속도는 에테르에 대한 속도가 된다. 광원의 속도에는 관계가 없다(양초의 빛과 태양의 빛도 같은 속도로 전파된다). 그러나 보는 사람이 에테르에 대해서 운동하면 빛의 겉보기 속도가 변할 것이다. 그래서 에테르에 대한 지구의 운동을 조사하는 실험을 하였다. 지구의 공전 속도는 광속의 1만분의 1에 지나지 않으나, 빛의 간섭을 이용하면 그 약간의 영향도 충분히 검출할 수 있다. 앨버트 에이브러햄 마이컬슨(Albert Abraham Michelson, 1852~1931)과 몰리(E. W. Morley, 1838~1923)가 1887년에 실험한 결과, 에테르에 대한 지구의 운동은 전혀 관측되지 않았다. 그 후 더 정밀한 실험을 되풀이하였지만 같은 결과가 나왔다. 에테르는 존재하지 않는다. 그러면 빛의 파동은 어떻게 전파되는 것일까?

✱ 전자기파—전기장과 자기장의 변화가 공간을 전파한다

이 의문의 해결책은 생각지도 않은 방향 즉, 전자기장의 연구로부터 얻어졌다. 전기장(전기력선으로 표시되는 전기력이 작용하는 장) E가 속도 v로 움직이면, 거기에 전기장에 수직인 자기장(자기력선으로 표시되는 자석의 힘이 작용하는 장) B가 생겨, 그 방향은 E로부터 B를 향하여 오른 나사를 돌릴 때 나사가 나아가는 방향이 v의 방향이 되는 것이다. 크기는

$$B = \frac{v}{c^2} E$$

가 된다(그림 1).

또 자기장 B가 속도 v로 움직이면 자기장에 수직으로 전기장 E가 생겨, E로부터 B로 향해서 오른 나사를 돌릴 때 나사가 나아가는 방향이 v의 방향이 된다. 크기는

$$E = vB$$

가 된다(그림 2).

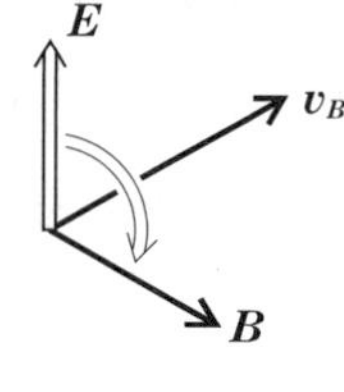

맥스웰은 이 두 법칙으로부터 E가 운동하면 B가 생기고, 그 B의 운동으로 또 E가 생겨서 전기장과 자기장이 서로 상대를 만들어내면서 공간에 나아가는 것이므로, 그것은 파동과 같이 관측되어(그림 3에서 아는 바와 같이) 빛이 횡파라는 것을 예언하였다(1861년). 이것을 전자기파라고 말한다.

전자기파에서는 전기장과 자기장이 서로 상대의 원인이 되어서 다른 것을 만들며 나아가므로, 두 법칙이 나타내는 E, B의 관계식에서 E와 B는 같아야 한다. 이로부터 그가 전자기파가 전파되는 속도를 구하면,

$$B = \frac{vE}{c^2} = \frac{v}{c^2} vB \quad \text{로부터} \quad \frac{v^2}{c^2} = 1 \text{이 되므로} \quad c = v$$

이어야 한다. 빛의 속도와 일치하였다. 이것은 의외의 결과였지만, 그는 빛을 전자기파라고 생각하면 된다는 것에 착안하였다. 그의 생각을 실험으로 확인한 사람이 바로 헤르츠이다. 전기 진동을 이용하여 전자기

파의 발진에 성공하였고, 전자기파가 빛과 마찬가지로 반사, 굴절하는 것을 발견하였다(1888년).

두 법칙은 진공 중에서도 성립하므로 전자기파는 진공에서도 전파된다. 이렇게 빛은 전자기의 법칙으로부터 이해되므로 에테르를 생각하지 않아도 된다는 것을 알아낸 것이다.

❂ 전자기파는 어떻게 생기는 것일까?

탄성파를 일으키려면 탄성체의 일부를 급하게 움직여서 가속하며, 탄성체를 변형시키면 된다. 변형이란 휨이다. 휨이 일어나면 탄성력이 생기고 휨을 주위에 전달한다. 휨이 전달되는 속도는 물질의 탄성과 밀도로 결정된다. 마찬가지로 속도 v로 움직이고 있는 전자를 급하게 멈추면 전자 가까이의 전기력선은 전자와 거의 동시에 멈추지만, 먼 곳의 전기력선은 바로 멈추지는 않고 약간의 시간 t동안 속도 v로 움직이며 전

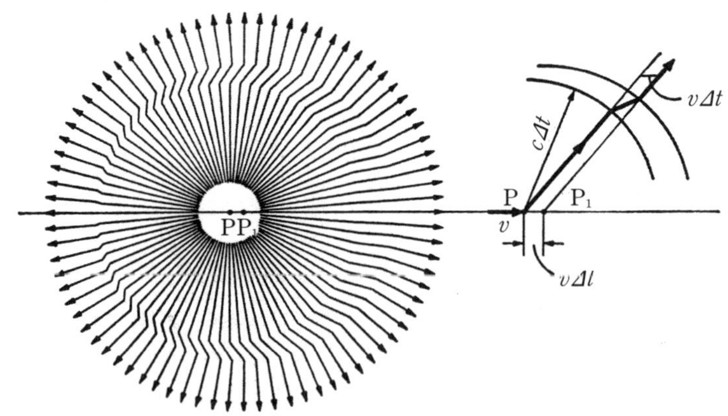

그림 3 ● 제동 복사. 급히 정지시킨 하전 입자의 전기력선.
입자가 왼쪽으로부터 속도 v로 달려 와서 P에서 멈추었다.
(에자와 히로시[江澤洋] 《현대물리학》 아사쿠라(朝倉)서점에서 전재)

기력선은 그림 3과 같이 휜다. 이 휨은 두 법칙으로 결정되는 속도 즉, c 로 전파되는 것이다. 이와 같이, 전자에 가속도를 주면 그 전기력선이 휘며, 변형이 속도 c로 전파되어 전자기파가 나아간다. 헤르츠의 발진기나 안테나의 진동 회로에서도, 전자에 가속도를 주어서 전자기파를 내보낸다.

✪ 텔레비전과 라디오 — 어떻게 화상과 음성을 보내는가?

전파, 적외선, 빛, 자외선, X선, 감마선 등은 모두 전자기파이며, 이 순서대로 파장이 짧아진다. 이들은 통신, 방송, 센서, 에너지 등에서 널리 이용되고 있다. 라디오는 중파(파장 약 100 m)에서 초단파, 텔레비전은 초단파에서 마이크로파(파장 약 1 cm)까지를 사용한다. 보이저 (Voyager) 2호가 보내오는 전파는 서브 밀리파(파장 약 1만 분의 1 m), 전화의 광섬유 통신이나 전자레인지에서는 적외선(파장 약 백만 분의 1 m), CT(컴퓨터 단층 촬영)에서는 X선(파장 약 백억 분의 1 m), 의료에는 감마선(파장 약 1조 분의 1 m)을 사용한다.

안테나에서 에너지가 큰 전파를 내보내려면 주파수를 크게(파장을 중파 이하로) 할 필요가 있다. 음성이나 화상을 전기신호로 바꾼 파동은 중파보다도 훨씬 파장이 길다. 그래서 그 진폭이나 주파수의 변화를 파장이 짧은 전파에 얹어서 보내고 수신한 뒤 분리하면 된다. 진폭을 얹는 것이 AM, 주파수를 얹는 것이 FM이다.

어떻게 해서 X선이
전자기파라는 것을 알았는가?

X선은 약 100년 전, 독일의 빌헬름 콘라트 뢴트겐(Wilhelm Conrad Rontgen, 1845~1923)에 의해서 발견되었다. 그는 1895년에 음극선관의 일종을 고압 방전하여 그 관 속을 지나는 전류를 연구하고 있었다. 11월 8일 암막을 한 암실에서 장비를 검은 종이로 덮었음에도 불구하고, 방전시킬 때마다 가까이 있는 형광판이 빛을 내는 것을 발견하였다. 뢴트겐은 이 관에서 발생하는 '새로운 방사선'에 대해 '미지의 방사선'이라는 의미로 'X선'이라고 이름 붙였다. X는 알지 못한다는 것을 의미한다.

그 후, 음극선이 전자의 흐름이라는 것이 조지프 존 톰슨(Sir Joseph John Thomson, 1856~1940)의 연구(1897)에 의해 밝혀졌다.

뢴트겐의 연구에 의해 X선은 음극선이 닿는 금속 부분으로부터 발생하며, 사진건판을 감광시키고, 1,000페이지나 되는 두꺼운 책은 투과하지만 금속은 거의 투과하지 못한다는 것을 알았다. X선 사이에 손을 넣으면 형광판에 손뼈가 확실하게 찍히고, 빛과 같은 굴절이나 반사를 거의 하지 않으며 자석을 가까이하여도 구부러지지 않고 주위의 공기를 이온화한다는 것 등을 추가로 알게 되었다. 그는 이 자료로부터 X선의 본성은 '에테르의 파동'이라고 제안하였다. 또 빛과 같은 횡파가 아니고 음파와 같은 종파라고 생각했다.

그 후 X선의 본성이 입자인지 파동인지, 또 파동이라면 단파장의 횡파인지, 음파와 같은 종파인지 등 여러 가지 가설이 나왔다. 찰스 글러버 바클라(Charles Glover Barkla, 1877~1944)의 실험이 X선의 편광 현상을 시사한 이래 아르놀트 요하네스 조머펠트(Arnold Johannes Sommerfeld, 1868~1951)는 X선을 전자기파라고 하였다. 회절 실험으로부터 그가 X선의 파장을 측정한 것을 토대로 1912년, 막스 라우에(Max Laue, 1879~1960)는, 'X선의 파동은 결정을 만드는 원자 간의 거리와 거의 같은 파장이라고 생각되므로 빛이 회절격자를 지날 때와 마찬가지로 결정격자에 의한 회절 현상이 생길 것이다.'라는 가설을 근거로 실험하였다. 그 결과 X선은 빛과 같이 전자기파라는 것과 동시에 결정도 규칙적인 원자의 모임이라는 것을 발견하였다.

❂ 일본에서의 연구

라우에의 발견을 듣고 독자적으로 연구를 진행한 사람은 데라다 도라히코(寺田寅彦)이다. 6월에 발표된 라우에의 논문을 10월에 입수한 데라다는 즉시 물리 교실의 X선관과 감응 코일을 사용하여, 라우에 사진의 촬영을 시도하였으나 1주간 연속 노출하여도 아무것도 찍히지 않았다고 한다. 하지만 이에 굴하지 않고 의학교실로부터 보다 강력한 X선관을 받아 보다 강력한 고압 전원으로 개선하여, 비교적 단기간에 성과를 올렸다. 데리다가 독자석으로 올린 성과는 다음과 같다.

❶ 라우에 등은 결정의 대칭축의 방향에 X선을 입사시켜 대칭적인 라우에 반점을 얻으려고 하였지만, 데라다는 결정을 회전시켰을 때 상의 변화를 조사하였다. 이 변화의 관찰로 데라다는 이것이 결정에서 늘어서 있는 원자의 면(결정격자면)으로부터의 반사라는 것을 발견하였다.

❷ 굵은 빔(beam)을 사용하여 단시간에 촬영을 가능하게 하였다. 또 상을 형광판 위에서 직접 관찰할 수 있게 하였다.

데라다가 사용한 자료는 암염, 형석, 명반 등의 결정이었다. 데라다는 속보를 1913년 3월과 4월 날짜로 투고하였는데, 데라다와는 독립적으로 데라다와 공통의 결론을 포함하는 브래그(W. L. Bragg)의 유명한 논문이 이미 1912년 11월에 보고되었다. 양편의 논문을 비교해 보면, 데라다는 X선의 정체가 입자인가 파동인가의 단정을 피한 데 비해, 브래그는 이 현상이 파동에 의한 것이라는 것을 발견하여 유명한 조건식을 도입하였다. 그러나 데라다의 연구는 당시 일본이 독창적으로 전개한 것이라고 충분히 평가할만한 것이다.

데라다의 연구는 대학원생이었던 니시카와 쇼지(西川正治, 1884~1952)에게 인계되었고, 그들은 20종 이상의 시료에 대해 실험하였다. 거기에 생사, 목재, 마 등도 포함한 것은 특필해야 한다. 그 후의 DNA 구조의 결정에 연결되는 가능성이 있었을지도 모른다.

098 : 빛이 파동이라면, 파동에 밀리는 것 같이 빛에도 밀리는 것일까?

빛은 전자기파인데 전자기파는 반사 혹은 흡수될 때 상대에게 압력을 미친다. 이를 복사압이라고 부른다.

✪ 전자기파가 도체판에서 반사될 때

우선 구체적으로, 전자기파가 도체판에 수직으로 입사해서 반사되는 경우에 대해서 생각해 보자. 그림에서, E와 H는 입사파의 전기장과 자기장, E'과 H'는 반사파의 전기장과 자기장이다. 이때 두체의 표면에는 전류 I가 흐른다. I의 방향은 전류가 만들어내는 자기장이 도체 내부에서 입사파의 자기장을 없앤다는 사실로부터, 전기장의 방향에 따라 그림과 같다는 것을 알 수 있다. 전자기파이므로 E와 H도 진동하여 방향이 계속 바뀐다. 그에 따라서 I도 진동하는 전류이다. 이 진동

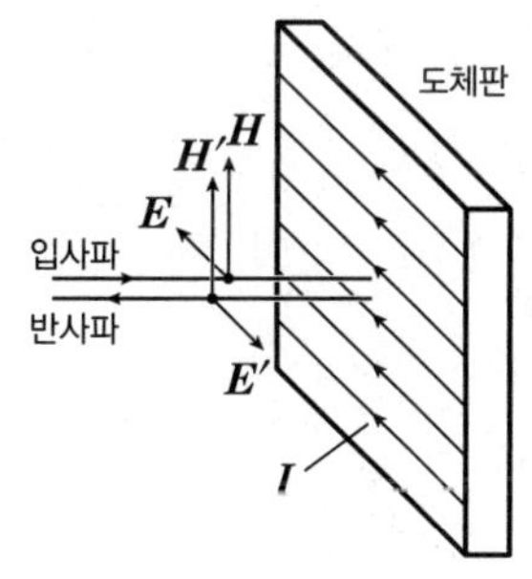

전류가 반사파를 내보내는 것이다. 한편, 전류 I는 자기장 H로부터 힘을 받는다. 그 힘의 방향은 H와 I에 수직이고, 입사파가 나아가는 방향이다. 이렇게 해서, 도체는 입사파의 진행 방향에 힘을 받는다. 이것이 전자기파의 압력이다.

✪ 전자기장의 운동량

압력을 미친다는 것은 상대에게 운동량을 주는 것이다. 따라서 전자기파는 운동량을 가지고 있다. 이것은 장 자신이 가지고 있는 운동량이다. 일반적으로 전자기장은 에너지를 운반하며, 또 운동량을 갖는다. 그리고 단위부피에 포함되는 운동량 p(운동량 밀도)는 단위시간에 단위면적을 통과하는 에너지의 흐름 S(에너지 흐름 밀도)와 방향이 같고, 크기는

$$p = \frac{S}{c^2}$$

의 관계가 있다(c는 빛의 속도). 이것은 전자기장의 기초 이론인 맥스웰 이론으로부터 얻을 수 있다.

✪ 빛의 압력은 매우 작다

빛이 에너지를 운반하는 것은, 햇빛에 닿으면 따뜻해지는 것으로 잘 알 수 있다. 그러나 빛의 압력은 매우 미미하므로 사람이 느낄 수는 없다. 압력은 $1\ m^2$의 면에 1초 동안에 빛이 운반해 오는 운동량이므로, 체적 $1\ m^3 \times c$의 통에 포함되는 운동량이고 cp이다. 앞서 말한 $p = S/c^2$의 관계로부터,

$$cp = \frac{S}{c}$$

가 되므로, 압력은 에너지 흐름 밀도의 $1/c$이다. c가 3×10^8 m/s라는 큰 값이기 때문에, 압력은 에너지 흐름 밀도에 비해서 매우 작아지는 것이다. 예를 들면, 지표에서 태양광이 그것에 수직인 1 m^{2}의 면에 1초간에 공급하는 에너지는 1360 W/m^{2}이다. 이것을 c로 나누면 압력은 4.5×10^{-6} N/m^{2}가 된다. 이것은 1 m^{2}에 대해서 지름 1 mm의 물방울의 무게에 상당하는 힘으로, 새의 눈물 정도에 해당하는 압력이라고 말할 수 있다.

✿ 빛의 압력의 측정과 '산시로'

작은 압력을 실측한 사람은 러시아의 표트르 니콜라예비 레베데프 (Petr Nicolaevich Lebedev, 1866~1912)(1900년), 이어서 미국의 에드워드 니컬스(Edward F. Nichols)와 헐(G. H. Hull)이 은도금한 유리판을 유리 섬유로 매단 비틀림 저울(탄성체의 비틀림을 이용하여 미세한 힘을 측정하는 저울)을 이용해서 복사압을 측정하여, 맥스웰 이론과 일치하는 값을 얻었다.

나쓰메 소세키(夏目漱石)는 이 실험에 대해 물리학자인 데라다 도라히코로에게 듣고, 소설 《산시로(三四郎)》안에 포함시켰다. 소세키는 이 실험을 마치 속세를 떠난 이학자의 일로 그리며 아무런 실용성도 없는 곳에 순수함을 인정하였지만, 현대에는 강력한 광원레이저 덕분으로 복사압은 미립자를 다루는 공학에 실용화되고 있다. 레이저광을 현미경을 통해서 조여 넣고, 이것을 미립자에 대면, 미립자는 복사압 때문에 렌즈의 초점에 끌어당겨져서 멈춘다. 이 레이저 포착이라는 방법으로 미립자를 생각한 모양처럼 늘어놓아 패턴을 만들게 한다든지, 두 미립자를 접촉시켜 화학 반응을 시킬 수도 있게 된 것이다. 이것을 광핀셋이라고 한다.

텔레비전 안테나는
왜 이런 모양으로 만들어졌는가?

하전 입자가 가속 또는 감속되면, 주위의 전자기장에 변화가 생겨 공간에 전자기파로 전달된다. 전해진 전기장의 변화에 의해서 안테나 속의 하전 입자(대개는 금속 중의 전자)가 흔들려 움직여서 수신기에 전해진다. 이것이 전파의 수신이다. 안테나는 효율적으로 전파를 방출 혹은 수신하도록 고안되어 있다. 우리 주변에는 휴대전화기의 안테나, 텔레비전의 안테나 등이 있다. 모양이나 크기는 다르지만, 공간에 전파를 보내거나 받는 기능은 같으며, 용도와 사용하는 전자기파의 파장(주파수)에 의하여 사용이 구분되어 있다. 외부에서 보이지는 않지만 휴대 라디오나 포켓 벨에도 안테나가 붙어 있다.

☼ 야기와 우다가 발명한 텔레비전 안테나

지붕 위에서 많이 볼 수 있는 텔레비전 안테나는 야기(八木) 안테나라고 부르며, 일본의 야기 히데쓰구(八木秀次, 1886~1976)와 우다 신타로(宇田新太郎, 1898-?)에 의해서 발명된 것이다(1925년). 긴 쇠막대에

몇 개의 알루미늄 막대(엘리먼트, element)
가 평행하게 연결되어 있다(그림 1). 왜 그
런 모양을 하고 있는 것일까? 엘리먼트는
텔레비전 채널의 수에 따라서 많이 있다고
생각할지 모르지만 그것은 잘못된 생각이
다. 그것은 원하는 방향에서 오는 전파를
감도 높게 수신하고 다른 방향에서 오는 전
파는 피하도록 설계된 것이다. 많은 엘리먼
트 중 뒤에서 2번째의 엘리먼트가 전파를

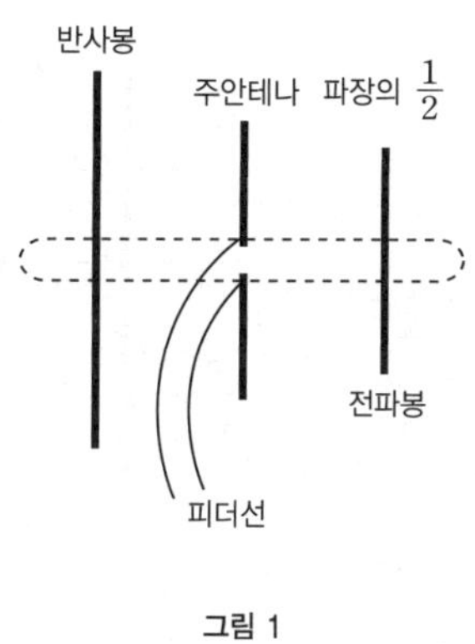

그림 1

받아 진동 전류를 만드는 주 안테나이며, 텔레비전 수상기에 접속하는
피더(feeder)선이 붙어 있다. 공간을 날아온 전파는 주 안테나 내의 자
유 전자를 움직여 진동 전류를 유도한다. 세로 막대의 방향은 전파가 오
는 방향(예를 들면 남산 타워)으로 향하고 가로 막대의 방향은 전파 전
기장의 진동 방향에 맞추어져 있다. (+)와 (-) 전하의 치우침이 쌍으
로 된 것을 다이폴(dipole)이라고 하므로, 주안테나를 다이폴이라고 부
르기도 한다. 진동 전류는 다이폴의 한가운데에서 끄집어내어 수상기에
보내진다. 다이폴의 길이는 전파와 공진하도록 전파 파장의 약 절반이
므로, 안테나의 크기는 파장에 따라 결정된다. 파장이 수십 m의 전파
(짧지 않으나 단파라고 부른다)를 사용하는 통신에는 와이어로 만들어
진 다이폴 안테나가 사용되고 있다.

　텔레비전의 전파는 주 안테나 만으로도 수신할 수 있다. 그렇다면 야
기 안테나의 다른 막대는 무엇 때문에 있을까? 뒤에 있는 1개가 반사 막
대인데, 이것은 반파장의 주 안테나보다 좀 길고 1/4 파장 떨어져서 놓
인다. 앞에 있는 몇 개의 막대는 도파봉(導波棒)이라고 하며 이것은 주

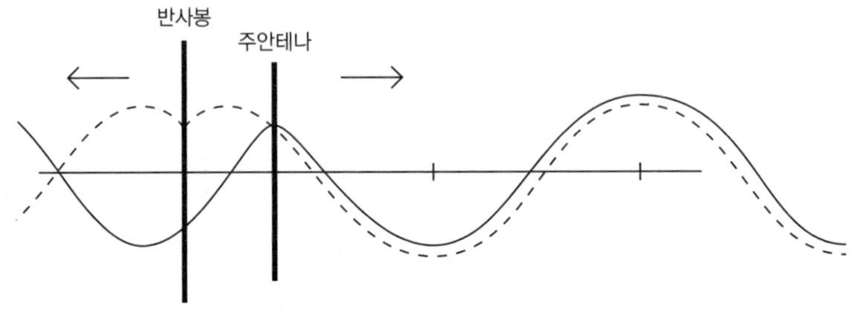

그림 2

안테나보다 조금 짧다. 이것도 1/4파장 간격으로 놓여 있다. 이들의 역할은 지향성을 강화시키는 것으로 특정한 방향의 전파를 강하게 하며, 다른 방향의 전파를 피하는 역할을 한다.

그런 역할이 어떻게 가능할까? 수신과 송신은 반대로 하면 마찬가지이므로 지금은 송신의 경우로 생각하자. 주 안테나가 반파장으로 진동을 일으키면 그 전파는 양측에 전파되어 반사봉과 도파봉 중의 전자를 흔들어 움직인다. 진동체에 밖으로부터 힘을 가해서 진동시키는 것을 강제 진동이라고 말한다. 이때 반사봉의 고유 진동수가 입사파의 진동수보다 작으면, 반사봉 중의 진동은 입사파에 대해서 1/2주기 빨리 간다는 것을 역학에서 알 수 있다. 원래 1/4주기 떨어져 있으므로 반사봉에서 나오는 전파는 총 1/4주기 늦어지며, 주 안테나 쪽에서는 보강되고 반대쪽은 싱쇄된다(그림 2). 도파봉에서는 반대로 길이를 짧게 하고, 고유 진동수를 전파보다 높게 하면 거기에 유발되는 진동은 입사 전파와 위상에 있어, 앞의 반사봉과 안테나의 관계를 안테나와 도파봉으로 대체한 경우가 실현된다(계산은 나중에 기술).

UHF 텔레비전의 전파 파장(39 cm에서 64 cm)은 VHF 텔레비전의 파장(2.7 m에서 3.3 m)에 비해 짧으므로, 안테나가 작아지며 많은 엘리먼트가 붙어 있다. 이들 엘리먼트에 의하여 지향성이 좋아진다. 즉, 빌딩에서 반사된 고스트(ghost, 화상이 2중으로 되는 현상)의 원인이 되는 빗방향이나 뒤로부터 전파가 차단되어 바로 정면에서 오는 텔레비전의 전파만이 선택된다.

❂ BS는 파라볼라 안테나로

BS방송은 적도상 3만 6천 km의 고도에 있는 정지 위성으로부터 출력 약 100 W, 파장이 12 cm의 전파를 내어 방송하고 있다. 빛(전파)의 속도로 0.12초나 걸리는 거리로부터 전구 1개분의 에너지의 전파가 발사되므로 지표에 도달하는 전파는 지상의 방송보다 매우 약해져 있다. 이와 같이 약하고 파장이 짧은 전파의 수신이 가능한 것이 파라볼라(parabola) 안테나이다. 접시 모양의 면은 파라볼라(회전 포물면)로 되어 있으며, 위성을 향한 이 면이 넓을수록 전파의 에너지를 많이 모을 수 있다. 유명한 노베야마(野邊山)의 전파 망원경은 지름 45 m의 파라볼라 안테나로, 먼 별로부터 약한 전파를 수신할 수 있다.

회전 포물면의 방향으로 입사한 전파는 반사되어서 초점에 모인다. 포물면은 전파가 그 어디에서 반사하더라도 위성으로부터 초점까지 통과하는 거리가 같으므로, 초점에서는 입사하는 전파의 위상이 같아, 보강 되어서 수신된다. 초점에 놓인 주 안테나는 전파를 받아서 진동 전류로 바꾸는 역할을 하여, 그 전류가 수상기에 보내진다. 또한 안테나는 송신용과 수신용이 같은 구조이므로, 수신용의 주 안테나도 흔히 방사기(放射器)라고 부른다.

BS용 파라볼라 안테나에는 오프셋 파라볼라가 많이 사용된다. 방사기의 그림자가 반사면에 생기는 것을 막기 위하여 회전 포물면의 끝부분을 방사면에 사용한다. 또 평면의 BS안테나는 그 평면 내에 많은 작은 안테나를 가지런히 놓은 구조이며, 평면에 도달하는 전파의 에너지를 직접 흡수한다. 이들 안테나는 바로 정면으로 오는 전파만이 선택되어 수신할 수 있다. 이것을 지향성이 좋다고 말하며, 안테나에 있어서 중요한 성능이다.

✪ 막대 한 개의 휩 안테나

휴대전화기나 자동차에 달고 있는 무선기의 안테나에는 한 개의 수직인 금속봉으로 되어 있는 휩(whip) 안테나가 많이 사용된다. 이것은 다이폴(dipole) 안테나를 수직으로 세워서 하반부를 자른 구조로, 휴대전화기의 본체나 차체, 지면이 하반부를 대신하고 있다.

휩 안테나는 폭을 차지하지 않고 길이도 다이폴의 절반 즉, 파장의 1/4이 되어 운반에 편리하다. 800 MHz(파장 40 cm 정도)의 전파를 사용하고 있는 휴대전화기의 안테나는 10 cm 길이가 된다. 휴대전화기의 안테나는 사방으로 전파를 방출하는 것이 필요하므로, 휩 안테나가 편리하다. 또한 짧고 굵은 안테나가 달려 있는 휴대전화기도 있지만, 이 안테나의 비닐 커버 안에는 코일이 감겨 있어 안테나의 길이를 보충하고 있다.

✪ 라디오의 안테나는?

보통 중파 라디오에는 페라이트(ferrite) 안테나가 달려 있다. 스테레오용의 튜너(tuner)는 뒷면에, 라디오는 케이스 안에 있다. 지금까지 소개한 안테나는 전파(전자기파)의 전기장 성분에서 전기 진동을 끄집어내는 것에 비해, 이 안테나는 자기장 성분을 이용한다. 이 안테나는 연필 모양의 페라이트 심에 코일이 감겨 있다. 페라이트는 전파의 자기장 성분에 의해서 자화의 방향을 차례로 바꾸어, 코일에 진동 전류를 유도하여 전파를 수신한다. 실제로 보는 것이 제일 좋으므로 못쓰는 라디오가 있다면 열어 확인하여 보자.

보주 1) 야기 안테나의 정량적 설명(전자의 강제 진동)

한 개의 안테나 막대 안에는 전자가 진자와 같이 단진동할 수 있으며, 이때 그것을 방해하는 저항력도 작용한다. 이 진동자에 외력이 작용할 때의 운동 방정식은

$$\frac{d^2x}{dt^2} + \gamma \frac{dx}{dt} + \omega_0^2 x = f(t) \tag{1}$$

여기서 γ은 저항의 계수, ω_0는 고유 진동의 각진동수(주기 T는 $2\pi/\omega$), f는 외력을 나타낸다(강제 진동).

외력이 입사전파에 의한 것이며, 적당한 시간의 원점을 취해서 $f=f_0 \sin \omega t$로 표시된다고 하면, (1)은

$$\frac{d^2x}{dt^2} + \gamma \frac{dx}{dt} + \omega_0^2 x = f_0 \sin \omega t \tag{2}$$

물론 ω는 입사파의 각진동수이다.

지금, 해를 $x = A \sin(\omega t + \phi)$의 모양이라고 가정하자. A, ϕ는 이것에서 결정되는 상수이다. 위상은 변위 x의 편이 외력 f보다 ϕ만큼 나아가고 있다. (2)에 대입하면,

$$[(2)의 좌변] = -A\omega^2 \sin(\omega t + \phi) + \gamma \omega A \cos(\omega t + \phi)$$
$$+ \omega_0^2 A \sin(\omega t + \phi)$$

삼각 함수의 가법 정리

$$\sin(\omega t+\phi)=\sin \omega t \cos \phi+\cos \omega t \sin \phi$$

$$\cos(\omega t+\phi)=\cos \omega t \cos \phi-\sin \omega t \sin \phi$$

를 사용하면

$$[(2)\text{의 좌변}]=(-\omega^2 \cos \phi-\gamma\omega \sin \phi+\omega_0^2 \cos \phi)\cdot A \sin \omega t$$
$$+(-\omega^2 \sin \phi+\gamma\omega \cos \phi+\omega_0^2 \sin \phi)\cdot A \cos \omega t$$

가 되지만, 이것이 $f_0 \sin \omega t$와 같으므로

$$(\omega_0^2-\omega^2)\sin \phi+\gamma\omega \cos \phi=0 \tag{3}$$

$$\{(\omega_0^2-\omega^2)\cos \phi-\gamma\omega \sin \phi\}A=f_0 \tag{4}$$

(3)에서

$$\tan \phi=\frac{\gamma\omega}{\omega^2-\omega_0^2} \tag{5}$$

(4)에서

$$A=\frac{f_0}{(\omega_0^2-\omega^2)\cos \phi-\gamma\omega \sin \phi} \tag{6}$$

(5)에서 그림 3에 의해서 $\cos\phi$, $\sin\phi$를 구하여 (6)에 대입하면,

$$A=\frac{f_0}{[(\omega_0^2-\omega^2)^2+(\gamma\omega)^2]^{\frac{1}{2}}} \tag{7}$$

를 얻을 수 있다.

(7)로부터는 외력의 ω가 고유 진동 ω_0와 같으면 공진한다는 당연한 결과를 얻을 수 있다($\gamma=0$이면 A가 무한대).

지금 ϕ는,

I $\omega \ll \omega_0$ 일 때는

     $\tan \phi \rightarrow -0$

II $\omega \gg \omega_0$ 일 때는

     $\tan \phi \rightarrow +0$

III $\omega \rightarrow \omega_0 - 0$ 일 때는

     $\tan \phi \rightarrow -\infty$

IV $\omega \rightarrow \omega_0 + 0$ 일 때는

     $\tan \phi \rightarrow +\infty$.

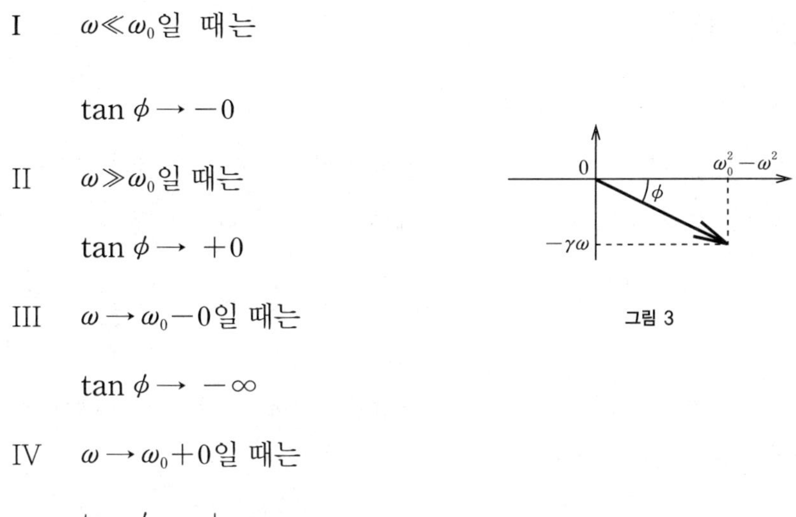

그림 3

따라서 ω와 ϕ의 관계는, ϕ를 ω와 함께 연속적으로 변화하도록 그림 3에서 결정하면 그림 4와 같이 된다. γ가 작아질수록 곡선은 일어선다.

따라서, 주 안테나의 진동수 $\omega / 2\pi$에 대해서 반사봉은 길고 ω_0가 작으면, 반사봉의 진동 x는 외력 f로부터 위상의 어긋남 $\phi = \pi$, 즉 반파장 벗어나는 것을 알 수 있다.

한편, 짧은 도파봉의 ω_0는 ω보다 크므로 $\phi = 0$, 즉 동위상이 되어서

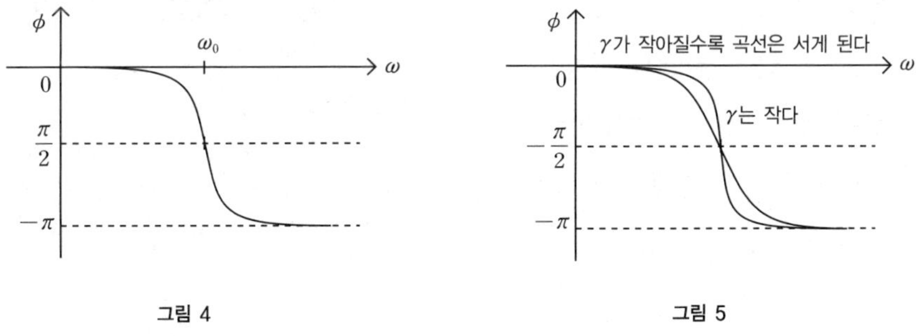

그림 4   그림 5

서로 강하게 한다.

보주 2) 포물면경의 초점

포물선은 '정직선으로부터의 거리와 정점으로부터 거리의 차가 일정한 곡선.'으로 정의된다. 따라서 그림의 거리 X와 r 사이에 항상

$$X-r=일정$$
$$=c \tag{8}$$

가 성립한다. 그래서 반대 측의 임의의 위치에, 포물선의 축에 수직한 정직선 W를 생각하면

$$X+Y=일정=k$$

이므로

$$Y+r=(k-X)+r$$

가 되지만, (8)을 사용하면

$$Y+r=k-(c+r)+r$$
$$=k-c=일정 \tag{9}$$

가 된다. 정점 F가 포물선의 초점이다.

먼 쪽의 위성에서 온 전파는, 위성을 향한 포물면경에 들어갈 때, 포물선의 축에 평행하게 나아가는 평면파로 되어 있다. 그 파면을 W라고 하자. 전파

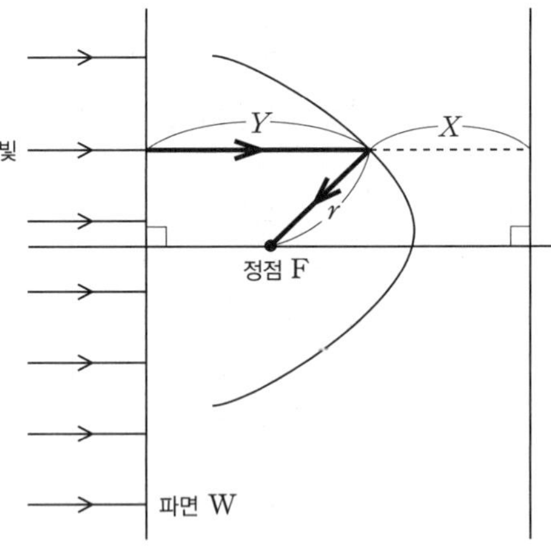

그림 6

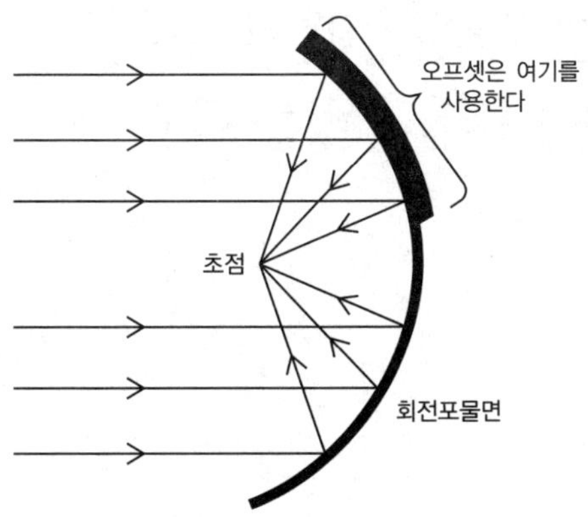

그림 7 • 파라볼라 안테나

는 포물면경에서 반사하여 초점 F에 모인다. 이때 W의 어느 점에서부터 F에 이르는 경로의 길이 $Y+r$도 (9)에 의해서 서로 같다. 또 한편 W는 파면이며, 어느 점에서나 파동의 위상은 같다. 따라서 파동은 F에 와도 동위상이고, 서로 강하게 한다.

왜 오로라는 극지방에서 보이고 일본에서는 보이지 않는가?

오로라(aurora)라는 이름은 새벽을 고하면서 하늘을 달리는 새벽의 여신 아우로라(Aurora)에서 유래했다. 오로라는 북극이나 남극에 가까운 고위도 지방의 지상 60 km로부터 1,000 km에 걸친 고도의 하늘에서 발생하며, 대개는 초록색 빛이 관측된다. 인공위성에서 보면, 오로라는 남북의 지구자극을 둘러싸는 링(ring) 모양의 영역에 있다. 이 영역을 오로라오벌(aurora oval)이라고 말한다. 이 빛은 왜 생기는가? 또 왜 자극을 둘러싸는 링 모양인가?

✿ 빛은 무엇이 내고 있는가?

오로라의 대부분은 산소 원자로부터 나오는 빛이다. 원자에는 원사핵 주위에 전자가 존재하는데, 전자의 궤도는 띄엄띄엄 존재하며, 다른 에너지를 갖는다. 보통은 가장 에너지가 낮은 궤도의 상태(바닥상태)에 전자가 있지만, 외부로부터 에너지를 받으면, 에너지가 높은 궤도의 상태(들뜬상태)로 올라간다. 올라간 전자가 다시 높은 궤도에서 낮은 궤도로 떨어질 때, 그 차에 상당하는 에너지를 빛으로 방출한다. 빛의 에너지 ＝(플랑크 상수)×(진동수)라는 관계가 있으므로, 나오는 빛은 그 에너지의 차에 대응하는 진동수 즉, 색을 갖는다. 원자의 궤도는 원자마다 다르므로, 그 원자 특유의 색의 빛이 생긴다.

오로라에서는 고에너지의 하전 입자가 산소 원자에 충돌하여 에너지를 공급한다. 이것은 네온사인의 원리와 마찬가지이다. 산소 원자의 들뜬상태는 제1차 들뜬상태가 바닥상태(자세하게 조사하면 이것은 두 근접한 상태로 되지만)보다 $1.96\ \mathrm{eV}\,(1\ \mathrm{eV}=1.6\times10^{-19}\ \mathrm{V})$ 위에 있으며, 제2 들뜬상태는 $4.17\ \mathrm{eV}$ 위에 있다. 이 제2상태에서 제1상태로 떨어질 때의 에너지의 차는 $2.21\ \mathrm{eV}$이며, 이것과 대응하는 파장 $5.58\times10^{-7}\mathrm{m}$ 의 초록색 빛을 방출한다. 제1차의 들뜬상태로부터 바닥상태까지는 $1.96\ \mathrm{eV}$이고, 이 사이를 떨어지면 $6.30\times10^{-7}\ \mathrm{m}$의 빨간빛을 낸다. 또한 제2 들뜬상태의 수명이 반감기(들뜬상태의 전자가 – 아래로 옮겨지며 – 절반으로 줄어드는 시간) $0.74\ \mathrm{s}$에 비해, 제1 들뜬상태의 반감기는 $110\ \mathrm{s}$이다. 그러므로 제1 들뜬상태의 원자는, 같은 시간으로 비하면 빛을 내는 확률이 훨씬 작고, 빨간빛을 내기 전에 대개는 주변의 원자와 분자에 부딪치며 바닥상태로 되돌아온다. 따라서 원자·분자의 밀도가 작은 높이 $200\ \mathrm{km}$ 이상에서 빨간빛을 볼 수 있다.

산소를 제외한 오로라 광은 대부분 분자에 의한 것이다. 분자가 내는 빛은 독립적인 진동수가 아니라, 연속한 띠 모양의 진동수를 갖는다. 가장 강한 것은 이온화된 질소 분자에 의한 $3.91\times10^{-7}\ \mathrm{m}$ 부근의 밴드이지만, 여기는 보라색이고 인간은 잘 느끼지 못한다. 실제로 보이는 것은 중성의 질소 분자에 의한 빨간빛으로 오로라 하부에서 볼 수 있다.

왜 산소 분자가 아니라 원자가 지배적인가? 지표 가까이에서는 물론 질소와 산소의 분자가 많지만, 상공 200 km에서 500 km 정도가 되면, 태양의 자외선에 의해서 분자가 원자로 분해되어, 산소 원자가 가장 많아지기 때문이다.

✪ 산소나 질소의 원자 · 분자에 부딪치는 입자는 어디서부터 왔는가?

이 입자는 거의 전자이다. 그것은 태양에서 태양풍으로 날아온 것이다. 태양은 빛 외에 많은 입자를 공간에 방출하고 있다. 그것이 바람과 같이 지구에 쏟아진다. 성분은 주로 양성자와 전자이다. 속도는 매초 수백km, 밀도는 $1 cm^3$당 5개 정도이며, 태양광은 지구까지 도달하는 데 8분이 걸리지만, 태양풍의 입자는 대개 빛의 1000분의 1의 속도로 5시간 반이 걸려 지구에 도달한다. 이 입자가 지구에 쏟아질 때, 주로 그 중의 전자가 원자 분자에 부딪쳐서 빛을 내는 원인이 된다.

✪ 왜 오로라는 남북의 극지방에서 볼 수 있는가?

그러면 왜 오로라는 극지방에 일어나는 것일까? 그것은 지구 자기장의 효과에 의한 것이다. 지구 자기장의 자기력선이 모인 곳에 하전 입자가 오면 어떤 힘을 받을까? 그림 1과 같이 자기력선 안에서 하전 입자가 움직이면 전자기의 법칙에 의해서 자기장과 운동 방향에 모두 수직인 방향으로 입자가 힘을 받는다. 항상 움직이는 방향과 수직으로 힘을 받으므로, 하전 입자는 빙글빙글 돈다. 그것은 마치 자기력선에 휘감기는 것과 같다. 만약 자기력선에 따른 방향의 속도가 있으면 그것은 유지되므로 하전 입자는 자기력선에 휘감기듯이 자기력선을 더듬어갈 것이다. 지구의 자기력선은 남극 쪽에서 솟아 나와서 북극 쪽으로 들어간다. 하전 입자는 양극을 향해서 나아가며, 공기와 부딪쳐서 오로라를 일으킨다.

자기장은 입자에 그 속도와 수직인 힘을 가하므로, 방향을 바꾸지만 속도를 바꾸는 것은 아니다. 태양풍의 전자가 자기력선에 휘감겨서 지구를 향할 때, 오로라를 일으킬 만큼 충분한 에너지일까? 1 eV란 전자 1개가 1 V로 가속되었을 때의 에너지인데, 이때 전자의 속도는 약 600 km/s이고 광속의 500분의 1에 해당한다. 산소가 위에서 말한 바와 같이 일어나려면 5 eV 정도가 필요하고, 이 5배 즉, 광속의 100분의 1은 필요하다. 그러면 태양풍 그 자체의 속도에서 평균적으로는 부족하고 10배 정도로 가속되어야 한다.

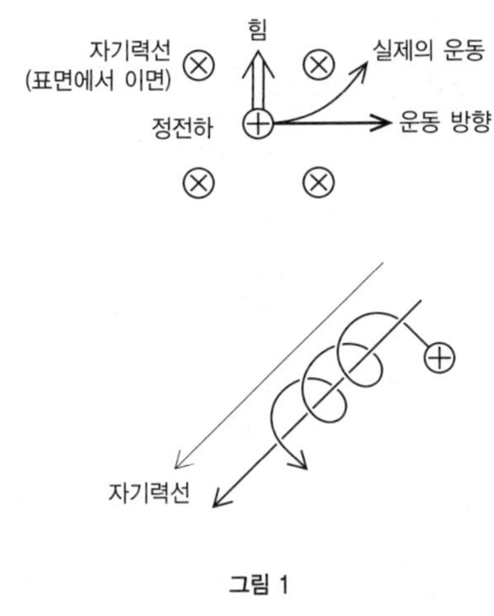

그림 1

실제로 들어오는 전자는 지구 자기권에 들어와서 훨씬 더 큰 에너지($1 k-10 keV$)로 가속되어 있어서(빛의 5분의 1의 속도), 지상 100 km까지 침입하여, 많은 원자·분자에 충돌하여 발광시키거나, 2차 전자를 때리기 시작한다.

전자를 가속하는 것은 전기상인데, 그것은 실제로 존재하는가? 현재, 상공 수천 킬로미터인 곳에서 실제로 전기장이 관측되고 있다. 그러나 그것 뿐만 아니라 지구자기장의 적도면과 태양풍의 자기장이 교차하는 3만 km인 곳에서 에너지의 축적이 일어난다고도 여겨진다. 이 에너지의 축적과 해방이 클 때, 오벌에 자기권폭풍(서브스톰, substorm)이라고 부르는 아름답고노 밝은 폭발적 오로라가 널리 일어난다. 그 방아쇠는 다음과 같이 생각된다.

✿ 태양풍과 지구 자기권의 꼬리

지구는 언제나 태양풍에 드러나 있다. 그때 어떠한 일이 일어나는가? 태양풍이 발견될 때까지 지구는 거대한 자석이며, 그 자기력선이 진공의 우주공간에 쭉 뻗어 있다고 생각하고 있었다(그림 2). 그러나 지구의 자기력선은 태양풍의 입자를 저지하지만, 그 격심한 자기압력을 받아 반대쪽으로 크게 늘어진다. 꼬리의 길이는 지구 반지름의 1,000배까지 미치는 것으로 보고되어 있다. 이것은 마치 우주를 헤매는 거대한 도깨비불과 같다(그림 3).

왜 그렇게 되는가? 지구 자기장은 태양풍과 수직이므로, 태양풍 입자의 진행 방향을 옆으로 향하도록 바꾸어 태양풍의 침입을 방해한다. (＋) 하전 입자는 동쪽으로, (－) 하전 입자는 서쪽으로 움직여, 동쪽으로 도는 환전류가 되어, 자기장이 지자기를 강하게 한다. 자기장이 태양풍에 압축되어서 강해진 것과 같이 되어, 태양풍은 자기권의 경계 외측을 흘러간다. 이와 같은 '도깨비불' 에 어떻게 에너지가 모여지는가?

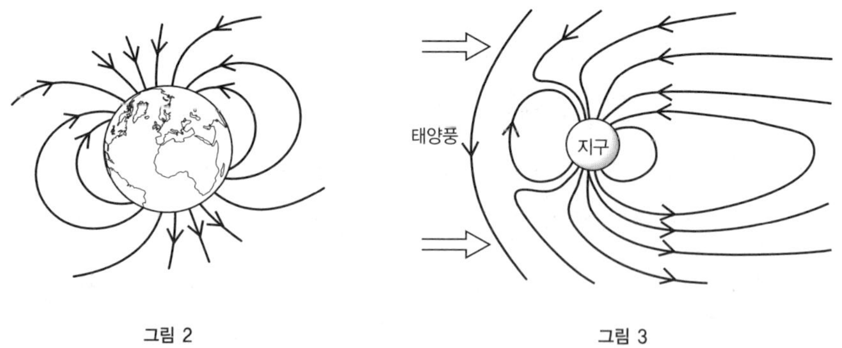

그림 2   그림 3

❂ 자기장 재결합설

가장 유력한 설은 자기장 재결합설이다. 태양풍 같이 흐르는 플라스마(plasma)는 자기력선이 있으면 전류가 생기고, 그 작용에 의해 자기력선을 함께 데리고 간다. 거기서 만약 태양에 남향의 자기장이 있으면(태양 자기장의 방향이 오로라의 발생에 크게 영향을 미치는 것은 알려져 있다), 그 자기장을 안에 가지고 있는 채로 지구에 몰아친다. 지구 자기장은 남극에서 북극으로 향하고 있으므로 적도 부근에서는 북쪽을 향하고 있다. 거기에 도달한 태양풍 내의 자기장이 남쪽을 향하고 있었다면, 그것이 지구에 밀어붙여짐으로써 적도 부근에서 자기장이 서로 지워진다. 그러나 자기력선이 끊어지는 일은 없으므로 남과 북에서는 바꾸어 연결하기가 일어나, 양편의 자기력선이 연결된다(그림 4). 태양풍에 얹힌 자기력선이 점차 밀어닥치면, 자기력선끼리 반발하므로, 지구 앞면에서는 태양풍의 자기력선이 저지되지만, 남과 북에서는 자기력선이 바꾸어 연결되면서

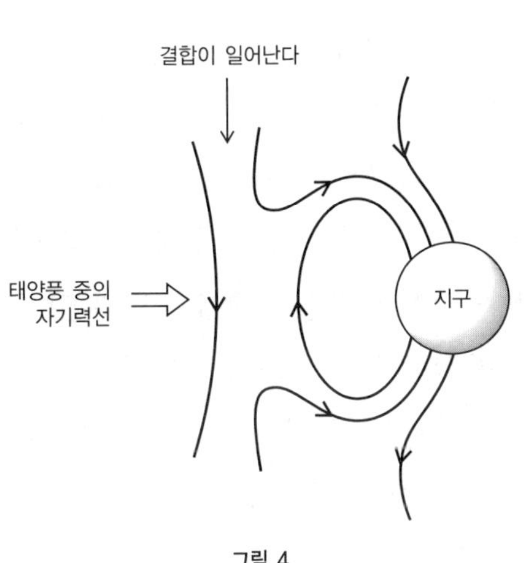

그림 4

밀려나, 그림 5와 같이 점점 지구의 뒤로 꼬리를 끄는 것처럼 가로로 길게 끌어간다. 이것이 지구의 자기권이 길게 꼬리를 끄는 원인으로 생각된다. 또 오로라를 만드는 입자도 이 벌어진 자기력선으로부터 지구 자기권에 들어가 타원형에 연결될 것이다.

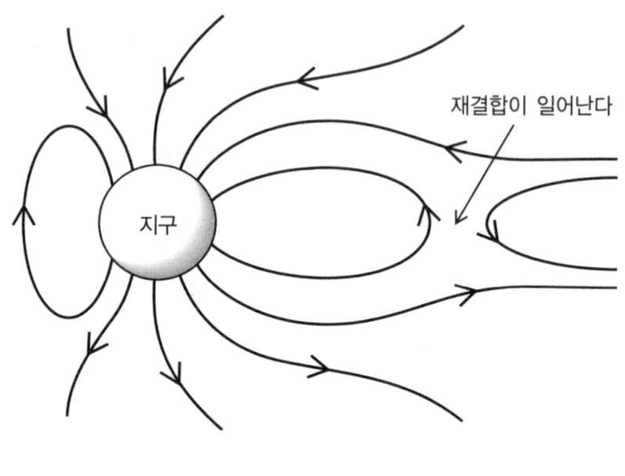

그림 5

　지구 뒤 자기권의 꼬리 안에서는 어떤 일이 일어나는가? 태양풍 내의 태양 자기력선은 실제로는 방향이 계속 변하지만, 만약 이 남향의 자기력선이 얼마 동안 계속되었다고 하면, 자기력선이 점차 흘러오므로 속속 적도면으로 밀어붙여진다. 이 결과 지구 자기권 꼬리의 상반부와 하반부에서는, 그림에서 알 수 있는 바와 같이 자기장의 방향이 달라진다. 하전 입자는 자기력선을 둘러싸는 전류 역할을 하므로 상반부와 하반부의 자기력선을 각각 둘러싸듯이 하전 입자의 전류가 흐른다. 상하의 경계부에서는 양편의 전류가 포개져서, 거기에 태양풍의 하전 입자가 흘러 들어가 평면상의 전류를 형성하고 있다.

　이렇게 하여 새로운 자기력선이 다가오면, 자속빌노와 선류가 높아지게 된다. 거기서는 일단 태양 자기력선과 결합한 지구의 자기력선이 밀어붙여져 급히 또 끊어지고 재결합하여, 지구 쪽으로 되돌아오는 일도 일어날 것이다. 이때 자기력선은 감소하므로 에너지를 방출하여, 자기권폭풍의 에너지가 된다.

✪ 난류설

태양으로부터의 자기력선이 북향일 때에도, 빈도는 적지만 서브스톰이 일어나고 있는 것에 대한 또 하나의 설명이 있다. 자기권의 꼬리 상태는 재결합설로 기술한 것과 거의 같아 상하에 끼워진 경계 면의 하전 입자의 움직임은 자속의 수속(收束)이 한계를 넘으면 불균질한 곳에서부터 불안정이 시작된다. 면전류의 지구 쪽 끝에서부터 난류가 생기고, 그에 의한 저항에 의해서 전류가 막히므로, 그 양단의 전위차가 높아져 축적된다. 갈 곳이 없는 이 전류는 전류가 흐르기 쉬운 자기력선에 따른 방향으로 도피처를 구하여, 자기력선을 타고 가서 극지방의 전리권으로 흘러 들어가, 그림 6의 abcdef와 같이 흐른다. 이렇게 흘러 들어간 하전 입자는 공기의 분자와 부딪쳐, 지상에 오로라를 빛나게 하고 자기장을 흩뜨린다.

오로라의 실체는 아직 명백하게 밝혀지지 않았다. 일본이 쏘아 올린 과학위성 '아케보노(새벽)'(1989년), '지오테일(Geotail)'은 이 연구를 진행하는 목적을 가지고 있었다.

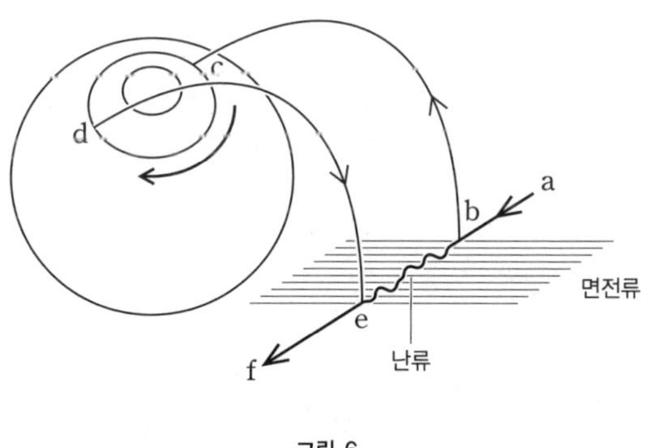

그림 6

참된 모습의
물질 · 원자 · 원자핵의
11
왜?

101: 어떻게 일본의 소립자 물리학에 자유와 협력의 정신이 뿌리를 내렸는가?

전쟁 중 일본은 군국주의가 지배하여 자유를 매우 억압받았다. 그러나 이 시대에 시작된 일본의 소립자 물리학은 당시 드물게 볼 수 있던 자유로운 토론과 열린 협력의 정신하에 발전하여 세계에 자랑할 만한 성과를 올렸다. 여기서는 그 발자취를 되돌아보도록 하자. 이 과정에서 자유와 민주주의의 존엄성도 함께 느낄 수 있다면 다행이다.

✪ 이화학연구소와 '코펜하겐 가이스트'

도쿄 분쿄구(文京區)의 고마고메(駒込)에 이화학연구소라는 민간 연구소가 있었다. 현재, 사이타마(埼玉)현 와코(和光) 시에 있는 같은 이름을 가진 연구소의 진신으로 1917년에 창설되어 기초 연구에 주력하여 매우 우수한 성과를 내었다. 참으로 독창적인 연구소였다. 거기에는 당시의 제국대학에서는 볼 수 없는 자유로운 분위기와 활기가 있었다. 세미나에서는 젊은 연구자가 훌륭한 스승에게도 거리낌 없이 질문하며 반론하였다. 학벌이나 연구실 간의 장벽도 없었고, 부담 없이 서로 교류하며 연구에도 서로 협력하는 분위기였다.

이화학연구소에 이런 자유로운 분위기가 조성된 것은 지도자 중 제2대 소장 오코우치 마사토시(大河內正敏)나 물리학자인 나가오카 한타로(長岡半太郎)와 같은 자유를 존중하는 생각을 가진 인물이 있었으며 젊은 연구원들이 그에 응하는 기개와 의욕을 가지고 있었기 때문일 것이다.

예를 들면, 1926년에 이화학연구소의 젊은이를 주요 멤버로 하여 나이가 많은 사람은 포함시키지 않는다는 원칙을 세운 '물리학 윤강회(輪講會)'라는 공부모임이 시작되었다. 이것은 도쿄대학 대학원에 재학 중인 젊은 물리학자들이 도쿄대학의 권위주의와 정체한 분위기를 못마땅하게 여겨, 자기들이 마음껏 서로 논하는 윤강회를 갖자고 제안하여 생긴 것이다. 당시 도쿄대학의 물리학과 교수였던 데라다 도라히코는 이화학연구소에도 연구실을 가지고 있었는데, 그는 도쿄대학의 권위주의에 비판적이었다. 젊은 연구자들의 윤강회에 초대 받은 데라다는 기뻐서 이 회의에 단골손님으로 참가하여, 이를 '호걸의 모임'이라고 불렀다고 한다. 이 윤강회에서는 당시 유럽에서 발표된 지 얼마 안 되는 양자 역학의 원논문을 열심히 서로 논하며, 그것을 소개하는 《물리학 문헌초》라는 책도 내고 있었다.

니시나 요시오(仁科芳雄)는 일본의 원자 물리학의 아버지라고 불렸다. 1921년에 이화학연구소로부터 유럽에 파견되어, 1923년부터 1928년까지 6년간, 코펜하겐(Copenhagen)의 닐스 보어(Niels Bohr, 1885~1962)연구소에서 지냈다. 훌륭한 지도자였던 보어 밑에는 베르너 하이젠베르크(Werner Heisenberg, 1901~1976), 폴 에이드리언 디랙(Paul Adrien Dirac, 1902~1984) 등 양자 역학의 주역이 되는 젊은 천재들이 모여 자유롭고 활발한 토론을 벌이고 있었다. 이런 과정을 통해 강한 연대감과 영감을 얻곤 하였다. 이 '인간과 인간 사이에 떠다니고 있는 초개인적인 것'《도모나가 신이치로 저작집 6》(p.246), 그것이 '코펜하겐 가이스트(Geist, 정신)'라고 부른 것의 진수이다.

니시나는 클라인(Oskar Klein, 1894~1977)과 공동으로, 컴프턴 효과(Compton effect)의 산란 방법을 결정하는 '클라인-니시나의 공식'이라는 이론을 완성하여 1928년 말에 귀국하였다. 그 후 즉시, 하이젠베르크와 디락을 일본에 초청하여 강연회를 열기도 하였다. 니시나 자신도 홋카이도대학이나 교토대학에서 양자 역학을 강의하였다. 교토대학에서는 유카와 히데키나 도모나가 신이치로라는 젊은 인재들에게 깊은 감명을 주었다.

1931년 이화학연구소에 니시나연구실이 탄생하였다. 이때 니시나의 가슴 속에는 일본에 최첨단의 물리학 연구를 뿌리내리려는 포부와 이 연구소 안에 코펜하겐과 같은 가이스트(Geist)를 기르고 싶다는 바람이 있었음에 틀림없다. 니시나연구실은 원자핵과 우주선의 문제를 테마로 이론 부문에 교토대학에서 도모나가를 초청하였다. 니시나연구실에는 세계에 뒤쳐지지 않으려는 왕성한 의욕이 있었고, 서로를 별명으로 부르는 등 마음을 터놓은 분위기였다. 니시나는 경애의 뜻을 담아서 '우두머리'라고 불리우고 있었다. 도모나가도 이러한 자유로운 분위기에서 연구를 시작하여 얼마 후 니시나연구실의 가이스트를 지지하는 중심인물이 되었다.

✪ 중간자 토론회

유카와 히데키의 중간자론은 1935년에 나왔다. 원자핵 중에서 양자나 중성자를 결합시키는 핵력은 어떤 미지의 입자에 의해 중개된다는 가설이다. 1937년에 미국 우주선 중 거의 유카와가 예언한 것과 같은 질량을 갖는 새 입자가 발견되어, 유카와 이론은 갑작스럽게 세계의 주목을 끌게 된다. 일본에서는 이화학연구소를 중심으로 우주선의 실험적 연구를 진행하였다. 이와 관련하여 간사이(關西)의 유카와, 사카타 쇼이치(坂田昌一)를 중심으로 하는 그룹과, 도쿄의 도모나가들을 중심으로 하는 그룹이 중간자에 관한 이론적 분석에 몰두하였다. 이들 그룹은 이 연구소의 강연회나 학회에 모여서 자유로운 토론을 하였는데 이것을 '중간자 토론회'라고 불렀다. 이렇게 각각 독자성을 발휘하면서 밀접하게 서로 협력하여 활발한 연구 활동을 펼쳤다. 이 토론회는 전쟁이 격화된 1943년까지 계속되었는데, 여기에서 사카타들의 '2중간자론'이나 도모나가의 '초다시간 이론'이라는 획기적인 성과도 산출되었다.

❂ 전후의 사카타 그룹

1945년에 패전한 일본은 이때까지의 군국주의로부터 빠져나와 민주주의를 기본방침으로 하는 나라로 다시 태어났다. 사카타는 전쟁 중에 교토대학에서 신설한 나고야(名古屋)대학으로 옮겼다. 원래 유물 변증법 철학이나 사회사상에도 관심이 깊었던 사카타는 전후의 나고야대학의 재출발에 있어서 연구 조직에 민주주의의 원칙을 접목하는 데 주력하였다. 이렇게 하여 1946년에 '나고야대학 물리교실 헌장'이 생겼다. 이것은 기존의 대학에서 볼 수 있었던 교수의 독재적인 지위를 배제하고 전 연구원이 구성하는 교실 회의가 최고의 권한을 가지며, 연구에 관한 모든 중요 사항을 결정하는 방식을 도입한 것이었다. 이 새로운 방식이 나고야대학 젊은 연구자들의 의욕과 활기를 높인 것은 당연하였다. 실제로, 전후 사카타 그룹의 소립자 물리학에 대한 공헌은 눈부셨다. 그

활력은 긴 생명을 유지하여 복합 입자라는 생각을 도입한 '사카타모형'을 비롯하여, 수많은 중요한 성과를 산출하였다.

✪ 유카와, 도모나가의 노벨상 수상 ; 제2세대의 사람들

전후 머지않아 외국에서 중요한 실험 결과가 차례로 발표되었는데, 이것들은 이미 전쟁 중 일본의 소립자 연구자들이 산출했던 이론의 타당성을 실증하는 것이었다. 즉, 일본의 소립자 물리학은 당시 세계 첨단의 수준이었다. 1948년에는 영국의 세실 프랭크 파웰(Cecil Frank Powell, 1903~1969)이 강한 상호작용을 하는 π중간자를 발견하여, 그것이 μ입자(1937년에 발견된 입자)로 붕괴하는 것도 밝혀냈다. 이 π중간자가 바로 유카와가 예언한 입자였다. 1949년에 유카와는 일본인으로서는 처음 노벨상을 수상하였다. 또, π중간자가 μ입자로 붕괴하는 것은 사카타의 2중간자론의 증거가 되었다.

도모나가는 전쟁 중에 연구한 초다시간 이론을 양자 전기 역학에 적용하여, 전자의 질량이나 전하가 이론상 무한대로 되는 난점을 회피하는 '모여들기 이론' 을 전개하기 시작하였다. 그는 미국에서 독립적으로 같은 문제를 연구했던 줄리언 시모어 슈윙거(Julian Seymour Schwinger, 1918~1994), 파인먼(Feynman)과 함께 노벨상을 수상하였다.

전후 도쿄대학의 젊은 소립자론 연구자들이 끊임없이 공동연구를 위해 도모나가를 방문하였다. 이들 제2세대의 사람들은 오사카(大阪)시립대학 등에 활기찬 중요 거점을 만들어냈다. 그리고 여기에서도 세계의 주목을 끄는 우수한 성과가 점차 나타났다.

102 | 물질은 무엇으로 되어 있는가?
그리고 쿼크란 무엇인가?

물질은 수소나 탄소, 질소, 산소 등의 원자로 구성되어 있는데, 원자의 크기는 약 10^{-10} m 이다. 원자는 원자핵과 원자핵 주위를 회전하는 전자로 구성되어 있는데, 원자핵은 원자 크기의 10^{-5}배 정도이지만 원자 질량의 거의 100 %를 차지한다. 또 원자핵은 양($+$)전하를 가진 양성자(p)와 전기적으로 중성인 중성자(n)로 되어 있으며, 양성자와 중성자를 총칭해서 핵자(核子)라고 부른다. 양성자 1개의 질량은 1.67262×10^{-27} kg이며, 중성자의 질량은 양성자의 1.00138배로 거의 같다. 전자의 질량은 양성자의 $1/1836.15$이며, 전하는 양성자의 전하와 반대이고 전하 크기는 같다.

원자의 화학적 성질은 전자의 운동에 의해서 결정되지만, 원자는 중성이므로 원자핵의 양성자의 수와 같은 개수의 전자를 갖는다. 그러므로 원자의 화학적 성격을 결정하는 것은 원자핵의 양성자 수라고 말할 수 있다. 이 때문에 원자핵 안의 양성자의 수를 원자 번호(Z)라고 부른다. 중성자와 양성자의 질량은 거의 같고 전자의 질량은 무시할 수 있으며 양성자와 중성자의 수가 원자 질량의 기준이 되므로, 양성자와 중성자 개수의 합을 질량수(A)라고 말한다. 원자핵은 원자 번호(Z)와 질량수(A)를 지정하면 결정된다. 원자 번호는 같지만 질량수가 다른 원자를 동위 원소라고 부르며, 이들의 화학적 성질은 같지만 물리적 성질은 다르다.

대부분의 탄소원자핵 C는 양성자와 중성자가 각각 6개이고 질량수가 12이지만 중성자가 8개이고 질량수가 14인 것도 있다. 이것은 ^{14}C의 기호로 표시된다. 이 원자핵은 불안정하여 전자를 방출하고 질량수 14의 질소원자핵 ^{14}N로 붕괴한다. 이 현상을 β붕괴라고 부르는데, 이 현상을 일으키는 것을 약한 상호작용이라고 부른다. β붕괴의 과정에서 처음에는 에너지가 감소하는 것처럼 보였지만, 이때 감소한 에너지는 전기적으로 중성이고 관측이 매우 어려운 중성미자(ν; 뉴트리노, neutrino)를 가지고 있다는 것을 발견하였다. 이로부터 β붕괴는 원자핵 중에서 n → p+e+$\bar{\nu}$(중성자 → 양성자＋전자＋반뉴트리노)인 과정이 일어나는 현상으로 이해되었다(페르미(Fermi), 1934). 상대론적 양자 역학의 이론에 의하면, 입자가 있으면 반드시 반입자도 존재한다고 한다. 단 광자와 같이 반입자가 자기 자신인 경우도 인정된다. 여기서 $\bar{\nu}$라고 쓴 것은 ν의 반입자를 뜻한다.

원자핵에서는 양성사와 중성자가 대단히 좁은 영역에 강하게 결합되어 있는데, 유카와 히데키는 오늘날 파이온(pion, π)이라고 부르는 중간자가 이 강한 힘을 매개하고 있다는 설을 제창하였다(1935). 오늘날에는 양성자, 중성자와 파이온도 쿼크(quark)로부터 만들어진다는 것을 알고 있다. 이 강력한 힘도 쿼크 간에 글루온(gluon)이 교환되면서 만들어진다고 이해하고 있다(QCD ; Quantum Chromo Dynamics).

유카와는 원자핵을 결합시키는 힘의 도달 거리를 분석해서, 파이온의 질량을 양성자의 약 1/10로 정하였다. 당시 파이온을 만들 수 있을 정도의 가속기는 없었으므로, 과학자는 우주선(cosmic ray, 우주로부터 날아오는 고에너지 입자를 말함)이 대기에 충돌하여 만들어내는 생성물 중에서 예상했던 질량의 입자를 찾았지만, 불가사의하게도 그것은 강한 상호작용을 하지 않았다. 이 문제는 사카타 쇼이치에 의해서 풀렸는데, 전자와 같은 부류이며 질량이 전자의 200배 정도인 뮤온(μ, muon)과, 이것과 조가 되는 중성미자(ν_μ)가 있어서, 파이온이 만들어지면 곧 $\pi \rightarrow \mu + \bar{\nu}_\mu$로 붕괴하여, μ가 실험에 사용되었다고 하였다(1942). 여기서 사카타는 β붕괴를 할 때의 중성미자(ν_e)와 이 중성미자는 달라도 된다고 하였다. 이것은 1962년에 가속기 실험에서 확인되었다. 핵자나 중간자와 같이 강한 상호작용을 하는 입자를 하드론(hadron)이라고 부르며, 전자나 뮤온, 그리고 그것들과 조(組)를 이루는 중성미자를 렙톤(lepton)이라고 부르지만, 질량의 차이를 무시하면 꼭 닮은 렙톤의 조 (e, ν_e)와 (μ, ν_μ)가 왜 있는지, 뒤에 말하는 쿼크가 3세대 6종류가 왜 있는지의 문제는 풀리지 않고 남아 있다.

1950년대에서 60년대에 걸쳐서 핵자 동아리의 바리온(baryon)이나 파이온 동아리의 중간자가 차례로 발견되어, 60년대 말에는 수백 종류에 달했다. 이 문제를 처음 계통적으로 연구한 것은 사카타였다(1955). 원자핵에서는 양성자나 중성자의 존재를 특징짓는 양으로 핵자수와 하진이 있었다. 이것은 강한 상호작용으로 보존하는 좋은 물리량이었다.

새로이 발견된 입자를 특징짓는 양으로 스트레인지니스(기묘도, strangeness)라고 부르는 양이 발견되었다. 사카타는 이것에 주목해서 이 양을 떠맡는 Λ입자를 양성자, 중성자와 더불어 기본입자로 정하였다. 이 3조($pn\Lambda$)를 t로 나타내면, 중간자족은 t와 그 반입자 $\bar{t}$의 결합 상태($t\bar{t}$)이고, 기본 구성자를 제외한 바리온족은 t 둘과 $\bar{t}$ 한 개의 결합 상태($tt\bar{t}$)가 되었다. 이 설은 중간자족에는 성공을 거두었지만, 바리온족에서는 좋지 않았다. 여기서 머리 겔만(Murray Gell-Mann, 1929~)과 슈테판 츠바이크(Stefan Zweig, 1881~1942)는 독립해서 사카타가 성공한 부분을 인계하는 형식으로 쿼크 모형을 제창하였다(1964).

쿼크의 3조 q는 사카타의 t와 기본적으로는 같고, 다만 핵자수가 사카타의 1에 대해서 1/3이었다(이 때문에 쿼크의 전하는, 양성자의 그것을 1로 하여서 2/3이라든가 $-1/3$이 되었다). 사카타가 바리온을 ($tt\bar{t}$)로 만든 것에 대해서, 쿼크모델에서는 $pn\Lambda$를 포함해서 쿼크 3체의 결합 상태(qqq)가 되었다. 이것이 큰 성공을 거두었다. 구체적으로 쿼크의 3조는 u, d, s쿼크라고 부르고 있다. 또 실제로 양성자는 (uud), 중성자는 (udd), 그리고 Λ는 (uds)타입으로 쿼크가 결합한 상태이고, 정전하의 파이온 π^+는 ($u\bar{d}$)로 되었다.

쿼크가 제창된 다음 해에 한(韓)과 난부 요이치로(南部陽一郎, 1921~)는 쿼크3체로부터 만들어지는 바리온의 역학을 구체적으로 연구하여, 쿼크는 각각 3개의 내부 상태가 없으면 안 뒈다고 하였다. 1969년 프랑스에서 겔만이 젊은 연구자들 앞에서 강연할 때, 123 대신 프랑스 국기의 색을 사용하여 청백적색으로 하고, 그것을 색의 자유도라고 불렀다. 그때까지 이름이 없었던 한·난부의 자유도에 이름이 생겨서 편리해졌으므로 일반적으로 사용하게 되었다. 그 후 색을 빛의 3원색으로 하면 쿼크가 존재할 수 있는 상태는 언제나 백색이라고 간결하게 말할 수 있다는 것을 알아차려 그 후에는 빛의 3원색이 사용되고 있다. 왜 유색의 쿼크계가 존재할 수 없는가는 어려운 문제였지만, 70년대에 게이지(gauge) 이론과 QCD 게이지 이론의 완전 반유전성(反誘電性)의 성질로부터 이해가 가능하게 되었다. 쿼크는 반드시 색을 가지고 있으므로 단독으로는 존재할 수 없다. 예를 들면, 양성자 중 u쿼크는 단독으로 끄집어낼 수 없다. 이것을 쿼크의 폐입기구(閉込機構)라고 부른다.

한ㆍ난부의 자유도에 이름이 붙었지만, uds 쿼크 종류를 표시하는 자유도에도 이름이 있으면 좋겠다고 하여 색에 대응하여 풍미(favor)의 이름이 쓰이게 되었다. 서스킨드(Leonard Susskind)가 최초로 사용했을 때는 빛의 적록청에 대응하는 구체적인 이름으로 미국의 자동판매기에서 살 수 있는 아이스크림의 바닐라, 멜론, 초콜릿을 사용하였지만, 오늘날에는 폐지되어 사용되고 있지 않다.

앞에서 입자가 있으면 반드시 반입자가 존재한다고 말했지만, 이와 관련된 중요한 개념에 CP변환이 있다. 이것은 입자와 반입자를 치환하는 C변환과 공간의 전후좌우상하를 동시에 갈아 넣는 P변환을 조합한 것이다. 모든 '힘'(소립자론에서 정식으로는 상호작용이라고 부른다)은 이 변환하에서 대칭이라고 생각되고 있었다. 그러나 1964년에 약한 상호작용의 수백분의 1의 빈도로 CP변환에 대해서 대칭이 아닌 현상이 발견되었다. 이것은 약한 상호작용의 틀 안에서 설명할 수 있는 현상인지, 그렇지 않으면 너무나 약해서 지금까지 발견할 수 없었던 새로운 '힘'이 발견된 것인지 관심을 불러일으켰다. 이 문제에 대한 해답 중에서 '6원(元)쿼크' 이론이 생겼다.

강한 상호작용의 이론은 전에 QCD 게이지 이론이라고 말했지만,

1967년에 독립해서 와인버그(Weinberg)와 살람(Abdus Salam, 1926~1996)에 의해서 전자기 상호작용과 약한 상호작용이 통일되어서 하나의 전약(電弱) 게이지 이론이 되었다. 사카타 문하에서 5년 후배인 고바야시 마코토(小林誠) 씨와 위에 말한 CP대칭성의 파괴 현상에 대해서 연구를 시작했다. 전약(電弱) 이론에서는 하전이 $\frac{2}{3}$의 쿼크와 $-\frac{1}{3}$의 쿼크가 언제나 조가 되어서 취급되고 있지만, 2조 이하에서는 좋은 성질을 가진 이론이 만들어지지 않고 3조 이상이 필요하다는 것을 알았다 (1972). 이렇게 해서 6원쿼크 이론이 생겼는데, 이 당시에 실험적으로 알려져 있었던 것은 u, d, s의 셋이었다. 2년 후인 1974년에 c쿼크가 발견되고, 1975년에 3번째의 하전렙톤 τ발견의 보고가 있은 후 2년쯤 뒤에 확립되었다. 그리고 1977년에 b쿼크가 발견되고, 1994년에 t쿼크가 존재한다는 증거가 있다고 보고되어, 그 다음 해에 추가 인증되었다. 앞에서 하전렙톤과 중성미자의 조를 더해서 설명했지만, 이것에 약전(弱電) 이론의 쿼크의 조를 더하여, 동시에 4종류의 입자를 하나로 묶어서 의논하면 잘 설명할 수 있으므로, 이것을 소립자론에서는 세대라고 부른다. 이 시점에서 겨우 3세대가 갖추어진 셈이다.

$$\begin{bmatrix} u \\ d \\ e \\ \nu_e \end{bmatrix} \quad \begin{bmatrix} c \\ s \\ \mu \\ \nu_\mu \end{bmatrix} \quad \begin{bmatrix} t \\ b \\ \tau \\ \nu_\tau \end{bmatrix}$$

이것 이외에 약한 상호작용을 매개하는 약한 보존(weak boson) $W^\pm$, Z와 전에 소개한 강한 상호작용을 운반하는 글루온 g, 전자 상호작용의 매개자(媒介子) 광자 γ, 중력의 중력자(重力子) Gr가 있다. 그리고 '물질의 질량이란 무엇인가, 그 기원은?' 의 항목에서 설명하고 있는,

소립자에 질량을 주는 역할을 하는 힉스 입자(Higgs meson)의 존재가
예언되고 있다. 이것들이 오늘날 '표준 이론' 이라고 부르는 이론에 등
장하는 입자이다. 이외에도 여러 가지 입자가 예언되고 있지만 실험적
증거는 없다.

우주의 물질도 지구상의 물질과 같은 구성요소로 만들어져 있다고 생
각해서 편리한 점은 항목 '궁극의 이론은 존재하는가?' 에 써 두었다.
또 항상 손에 닿는 물질은 양성자와 중성자 그리고 전자로 되어 있으므
로, ud쿼크와 전자를 생각해 두면 충분하다.

질량이란 무엇인가? 그리고 그 기원은?

질량의 개념은 뉴턴이 운동 법칙을 발견했을 때 명확해졌다. 이 운동 방정식은 물체에 힘 f를 가했을 때 힘에 비례해서 가속도 a가 생긴다고 말하고 있다. 그 비례 상수가 물체의 질량 m이라고 해서 도입되었다 ($f=ma$). 한마디로 말하면 질량은 '물체의 움직임의 어려움'이다. 뉴턴은 동시에 질량은 만유인력의 발생 원인이라는 것도 발견하였다. 질량에 비례하는 중력장을 발생시켜, 질량에 비례해서 그 중력장을 느낀다고 하였다. 둘을 구별할 때는 전자를 관성 질량, 후자를 중력 질량이라고 부른다. 전기적 힘과 비교했을 때, 전기력은 중성의 입자에는 작용하지 않는다. 이에 반해서 중력은 모든 물질에서 질량에 비례한 힘으로 작용한다. 개념적으로는 달라도 중력 질량과 관성 질량이 같다는 것에 중력의 본질이 있다고 꿰뚫어 보아 아인슈타인은 상대론의 요구를 만족하는 중력 이론 즉, 일반 상대론을 만들어냈다.

상대론에 의하면 광속 c는 관측자의 속도에 관계없이 일정하다. 이것은 실험으로 확인되었다(마이켈슨 몰리[Michelson-Morley]의 실험).

정지계와 등속도계의 두 관측계가 t＝0일 때 원점이 일치한다고 하고, 시각 제로에서 원점으로부터 떨어진 빛의 시공의 좌표를 $(x_1,\ x_2,\ x_3,\ t)$와 $(x_1',\ x_2',\ x_3',\ t')$으로 한다. 광속불변은

$$\frac{|x|}{t} = \frac{|x'|}{t'} = c$$

로 표시된다. 3개의 공간 좌표 $x_i(i＝1,\ 2,\ 3)$에 더하여 시간에 광속을 곱한 것을 4번째의 좌표 $x_4＝ct$라고 정의한다. 상대론적 4성분벡터 $(A_1,\ A_2,\ A_3,\ A_4)$의 자기내적을 $A_1^2＋A_2^2＋A_3^2－A_4^2$이라고 결정하면, 광속불변은 2개 좌표의 자기내적이 불변이라고 표시된다.

$$x_1^2＋x_2^2＋x_3^2－x_4^2＝x_1'^2＋x_2'^2＋x_3'^2－x_4'^2＝0$$

또 상대론에 의하면, 운동량 p와 에너지 E를 광속 c로 나눈 것도 위에서 말한 의미에서의 상대론적 4성분벡터를 이루고 있다는 것이 알려져 있다. 어떤 입자를 생각하여 이 운동량, 에너지의 4성분벡터로부터 자기내적을 만들어 보자. 이 좌표계를 잡는 방법에 의하지 않는 불변량은 입자 고유의 양이며, 질량과 속도 각각 제곱의 차원을 가지므로 $-m^2c^2$으로 해보면 다음의 식이 성립한다.

$$p_1^2＋p_2^2＋p_3^2－\frac{E^2}{c^2} ＝-m^2c^2$$

이 식으로부터 E를 풀고, 운동량은 그다지 커지지 않는다고 하여 전개하면,

$$E＝\sqrt{m^2c^4＋c^2p^2}＝mc^2＋\frac{p^2}{2m}＋\cdots\cdots$$

가 된다. $p^2/2m$이 뉴턴 역학의 운동 에너지라는 것을 생각해 보면, 이 식으로부터 m은 입자의 질량이라는 것과, 상대론까지 생각하면 에너지 는 4성분 벡터의 제4성분에 비례하고 있으며, 진공에서 이 4성분벡터는 제로벡터이므로, 에너지를 측정하는 기준이 결정된다. 이것으로부터 운 동량이 0일 때에도 '정지 질량 에너지' mc^2의 존재를 예견할 수 있다.

이와 같이, 어떤 계의 질량이란, 그 계의 전 에너지를 그 계의 정지계 (운동량이 0)로 측정하여 광속의 제곱 c^2으로 나눈 것이라고 말할 수 있 다. 광자(입자로서의 빛)는 어느 계에서 보아도 광속으로 움직이고 있으 므로 정지계는 없다. 이것은 광자의 질량이 0이라는 의미이다. 또 질량 이 m_a와 m_b인 두 입자 a와 b가 있어서, 그것들에 힘이 작용하여 결합 에너지($-E_{ab}$; 인력이면 $(-)$)가 있으면, 이 계의 질량은 m_a+m_b- E_{ab}/c^2이 된다.

화학 결합은 전기적 힘이므로 그리 크지 않고, 정지 질량 에너지에 비 해 무시할 수 있으므로, 화학 반응의 전후에서는 정지 질량 에너지가 보 존된다고 할 수 있다. 이것이 화학에서 배우는 질량보존의 법칙이다. 그 러나 원자핵에서는 원자핵을 구성하는 양성자나 중성자에 매우 강한 힘 이 작용하고 있으므로 결합 에너지를 무시할 수 없다. 실제로 중수소의 원자핵은 양성자와 중성자 각 1개로 이루어져 있지만, 양성자의 질량을 1로 하면, 중성자는 1.0014, 중수소의 원자핵은 1.9990이다. 결합 에너 지는 $-0.0024 \times m_p c^2 (m_p$; 양성자의 질량)임을 알 수 있다.

상대론의 요구를 만족하는 중력 이론은 아인슈타인의 일반 상대론을 뜻하는데, 이 이론에서 중력은 에너지 · 운동량의 밀도 간에 작용한다고 말하고 있다. 광속에 비해 충분히 느린 속도로 움직이는 물체에 있어서 에너지 운동량 밀도는 정지 질량 에너지의 항이 주요항이 되므로, 이 근사에서는 두 물체 간에 각각의 질량의 곱에 비례하고, 거리의 제곱에 반비례하는 만유인력이 유도된다. 반대로, 일반상대론에 의하면 정지계가 없는 질량 0인 광자에도 중력이 작용한다. 실제로 일식일 때 태양의 표면에서 빛이 구부러지는 현상이 관측된다. 오늘날의 관점에서는 물질을 구성하는 가장 기본적인 구성요소(제102항 '물질은 무엇으로 되어 있는가, 쿼크란 무엇인가?'를 참조)는 쿼크와 전자 동아리의 렙톤으로 알고 있으며, 이들 입자의 운동을 기술하는 이론은 오늘날 '표준 이론'이라고 부르는 게이지 이론이다. 이 이론에 의하면, 높은 대칭성 때문에 쿼크나 렙톤은 상호작용이 없을 때(힘을 서로 미치는 능력이 스위치 오프되어 있다)는 질량을 갖는 것이 허용되지 않고, 광자와 마찬가지로 정지 질량이 없다고 생각된다. 현실의 쿼크나 렙톤이 질량을 갖는 것은 힉스 입자가 우리 우주에 충만해 있어서, 쿼크나 렙톤이 항상 그들로부터 영향(에너지가 부가되는)을 받아 정지 질량 에너지가 발생한다고 생각하고 있다. 단, 특수사정이 있어서 ud쿼크에서는 강한 상호작용의 영향이 기본적이다.

2000년 9월 7일의 신문은 '힉스 입자를 관측하였는가?'라고 일제히 보도하였다. 표준 이론이 예측한 기본입자 중 힉스 입자만 발견되지 않은 상태였다. CERN의 전자양자 충돌형 가속기에 의한 실험에 참가한 도쿄대학 소립자 물리 국제센터의 가와모토(川本) 조교수는 "지금까지도 힉스 입자의 존재를 나타내는 듯한 현상은 발견되었지만, 이번과 같이 신뢰도가 높은 관측은 처음이다."라고 말했다.

빛과 전자가 입자이면서
파동이라는 것의 의미는?

현대에는 모든 것이 파동이기도 하며 입자이기도 하다고 생각한다. 그러나 그 생각에 이르는 길은 순탄하지 않았다. 대표적으로 빛과 전자에 대해서 알아보자.

✿ 빛의 파동성

빛은 처음에는 입자라고 생각되었다. 그러나 빛의 속도가 매우 빠르다는 것을 포함한 몇몇 사실은 입자설보다는 파동설로 잘 설명되었다. 거기서부터 호이겐스(Huygens)는 빛이 파동이라고 생각하였다. 파동의 특징은 공간에 퍼져 있다는 것과, 서로 중첩하여 간섭을 일으킨다는 것이다.

1801년에 영(Young)은 다음과 같은 유명한 간섭 실험을 하였다. 새까만 유리판에 2개의 가는 슬릿을 뚫어 빛을 통과시킨다. 그러면 뒤의 스크린에는 명암이 교차하는 줄무늬 모양이 생긴다. 이것을 간섭무늬라고 말한다. 두 슬릿을 통과해서 온 빛의 파동의 마루와 마루 또는 골과

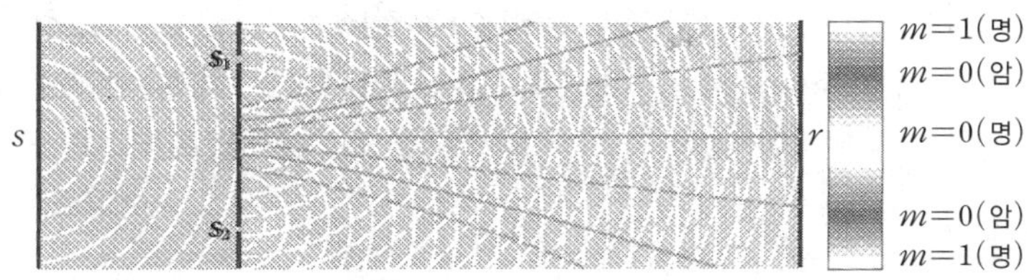

《상설 물리Ⅰ B 개정판》 산세이도[三省堂]에서

골이 서로 중첩하여 밝은 무늬가 만들어지고, 마루와 골이 중첩하여 어두운 무늬가 생기는 것이다.

이와 같은 간섭무늬는 빛을 입자라고 간주하면 설명할 수 없지만 파동으로 간주하면 잘 설명되므로 파동설의 결정적 증거가 되었다. 파동에는 간섭 외에도 장애물의 뒤쪽까지 전달되는 회절이라는 성질이 있다. 이것을 쉽게 발견하지 못한 것은 빛의 파장이 짧아(10^{-7} m) 회절의 효과가 작았기 때문이다.

✪ 빛의 입자성

그런데 1905년에 아인슈타인은 빛이 알갱이 같은 것이라는 설(광양자 가설)을 제창하였다. (−)로 대전된 금속판에 자외선을 쪼이면 전자기 튀어나오는 현상(광전 효과)은, 빛을 파동이라고 생각해서는 잘 설명할 수 없다. 이것은 전자와 빛이 에너지를 주고받을 때, 빛의 에너지가 플랑크 상수 h와 빛의 진동수 ν를 곱한 $h\nu$라는 입자로 흡수된다고 생각하면 설명할 수 있다. 그리고 에너지가 공간적으로 국한된 하나의 덩어리가 되는 것은 입자의 특징이기 때문이다. $h=6.63\times10^{-34}$ Js, 또 가시광으로 $\nu=10^{14}$ Hz 정도이므로 빛 한 알갱이의 에너지는 6×10^{-20} J 정도밖에 인 된다. 따라서 보통 빛에 의한 현상에서는 광자의 수가 많아

그 입자성이 눈에 띄지 않았던 것이다. 그러나 빛을 입자라고 간주하면, 먼 별에서 오는 빛이나 지상에서 멀리 떨어진 양초에서 오는 빛의 에너지가 매우 작은데도 실제로 눈에 보이는 현상도 설명할 수 있다.

이와 같이, 빛은 입자의 성질을 가지고 에너지를 주고받는다는 것을 알았다. 그러나, 그 입자의 에너지는 파동에서 사용하는 진동수로 주어진다. 여기에서도 그 이중성이 나타나고 있다.

✪ 전자의 입자성

전자는 처음 발견되었을 때부터 입자인지 파동인지에 대해 논란거리가 되었다. 공기를 뺀 관 안의 음극에서 발생하는 '음극선'이 1859년에 발견되었는데, 이 정체가 무엇인가에 대해서 헤르츠 등 독일의 물리학자들은 이것이 에테르의 진동인 전자파와 같은 파동이라고 주장하였다. 이를 뒷받침하는 증거에는 음극선이 전기장에서 구부러지지 않는 것과 금속박막을 투과하는 등의 관찰 결과가 있었다. 이에 대해서 이것이 후에 전자라고 부르는 입자라는 것을 확인한 것은 영국의 톰슨(J. J. Thomson, 1856~1940)이다. 톰슨은 전기장에서 구부러지지 않았던 것은 진공도가 낮았기 때문이며, 진공도를 높이면 전기장에서 구부러진다는 것과 입자로서 뉴턴의 운동 법칙에 따른다는 것을 확인하였다. 동시에 자기장에서 원을 그리는 것을 이용해서 전하와 질량의 비(e/m;비전하라고 말한다)를 측정하여, 이것이 일정하다는 사실로부터 정해진 질량과 전하를 가진 입자라고 주장하였다.

✪ 전자의 파동성

빛과 같은 이중성은 입자라고 생각되던 전자 등에서도 볼 수 있는 일반적인 성질이라는 것이 1924년에 드 브로이(de Broglie, 1892~1987)에 의해서 제시되었다. 드 브로이는 파동이라고 생각되었던 빛이 입자성을 보이듯이, 입자라고 생각되는 전자도 파동성을 띨 것으로 예측하였다. 전자가 파동이라는 증거는 결정에 의한 전자선의 회절 현상에 의해 확인되었다.

이 전자의 이중성을 최근의 실험 사실로 설명하자. 이전에는 사고 실험밖에 할 수 없었던 원리적 실험이 기술의 진보에 의하여 가능하게 된 것은 경탄할 만한 일이다.

영의 간섭 실험과 마찬가지인 장치에 전자선을 대어 본다. 슬릿 대신에 전자에 의한 전자선 바이프리즘(biprism)을 사용하지만 본질적으로는 같다. 우선 전자선을 약하게 해서, 2개 이상의 전자가 동시에 슬릿을 지나지 않도록 한다. 그러면 그림 1과 같은 결과를 얻을 수 있다. 이것을 보면 전자는 스크린에 한 개씩 도달하고 있다. 전자는 입자라고 생각해도 좋을 것 같다. 전자는 어느 쪽인가의 슬릿을 빠져나왔음에 틀림없

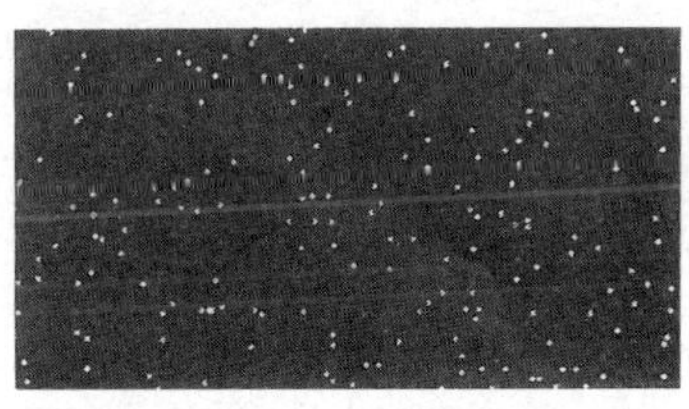

그림 1

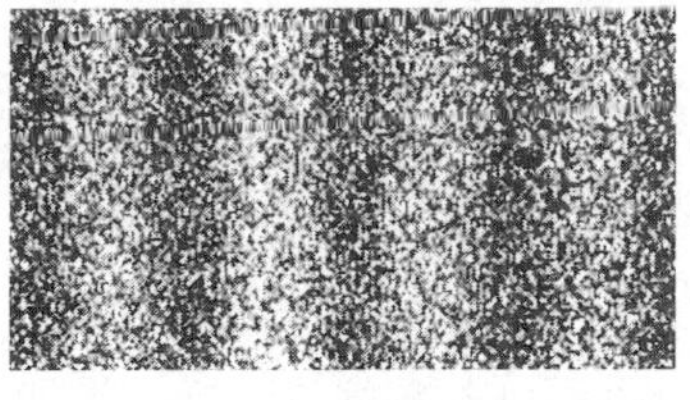

그림 2

다.

그 다음에 위의 실험을 충분히 오랫동안 실시하여 스크린에 많은 전

자가 도착하기까지 기다리면 그림 2와 같이 된다. 이것은 앞에 나온 빛의 간섭무늬와 완전히 같다. 이 결과는 명백히 전자의 파동성을 나타내고 있다. 전자가 양편의 슬릿을 빠져나가서 간섭한 결과이기 때문이다. 이 현상은 꽤나 곤란한 문제이다. 전자는 한 개씩 관찰되는 것이므로 한 개의 입자로 보이는데, 간섭이 일어난다는 것은 양편의 슬릿을 통과했다는 것을 의미한다. 도대체 어떻게 이것이 가능할까? 그렇지만 이것은 실험을 통해 입증된 사실인 것이다.

이에 대한 해답은 1925년에 양자 역학이 발전하면서 해결되었다. 전자는 그 상태를 나타내는 파동 함수로 표시된다. 여기서 파동 함수 ψ(프사이)란 전자 등의 시간적·공간적 행동을 나타내는 파동이며, 슈뢰딩거(Schrodinger) 방정식의 해이다. 확률 해석이란, '파동 함수의 절대치의 제곱 $|\psi|^2$이 전자를 관측하였을 때 찾아내는 위치의 확률 분포를 나타낸다고 하는 것이다. 즉, 전자원으로부터 방출된 전자는 파동 ψ로 퍼져 나가며, 2개의 슬릿의 양편을 빠져나간 후, 스크린 위에 입자로 검출된다. 이때 $|\psi|^2$이 큰 곳일수록 전자가 발견될 확률이 크다. 전자는 입자로 관측하면 입자이고, 파동으로 관측하면 파동이며, 관측하지 않을 때는 파동 함수로 표시되는 파동도 입자도 아닌 '상태'이다.

실은 위에서 말한 직접적 실험 이전에 전자가 파동으로 회절을 한다는 사실이 이 이론이 나온 직후에 실험적으로 제시되고 있었다. 1928년에 클린턴 조지프 데이비슨(Clinton Joseph Davisson, 1881~1958)과 거머(L. H. Germer, 1896~1971)는 니켈의 결정에 전자선을 쪼여 실험하였고, 조지 패짓 톰슨(George Paget Thomson, 1892~1975)은 금속박막을 사용하여 실험하였다. 일본에서도 기쿠치 세이시(菊池正士, 1902~1974)가 이화학연구소에서 운모의 단결정 박막을 이용하여

기본적인 실험을 하여 1928년에 발표하였다.

❂ 파동과 입자는 어떻게 양립하는가?

위에서 본 바와 같이 빛과 전자의 역사도 처음부터 파동과 입자의 양면에서 고찰되어 왔다. 그것은 근본적인 물질의 이중성으로 모든 물질에 해당한다. 그 둘을 연결하는 것은 드 브로이의 관계식 $E=h\nu$ 와 $p=h/\lambda$이다. 단, p는 운동량, λ는 파장이다.

이를 이용하여 현실의 양면성을 보자. 예를 들면, 전자보다 큰 원자나 인간은 파동성을 나타내는가? 원자의 파동성은 1988년에 데이비드 워드 키스(David Ward Keith) 등에 의해서 나트륨 원자의 간섭 실험에 의해 제시되었다.

다수의 원자 집합은 그 중심의 운동량에 대한 드 브로이 파장에서 간섭한다는 양자 역학의 결과를 사용하면, 나트륨 원자의 파장은 이 실험에서 1.7×10^{-11} m가 된다(질량 3.8×10^{-2} kg, 속도 1.0 km/s). 회절 격자는 금으로 만들어졌으며, 그 슬릿의 폭은 0.2 μm이었다. 더욱 큰 것으로는, 풀러렌(fullerene)C_{60}의 간섭이 1999년에 안톤 질링거(Anton Zeilinger, 1945~)등에 의해서 실증되었다. 인간은 어떨까?

한편, 파동이라고 해서 그것이 입자의 성질을 설명할 수 있는가? 톰슨의 실험은 음극선과 같이 구부러지는가? 지금 포텐셜 V의 장을 운동하는 전자를 생각해서 드 브로이의 식으로 되돌아오면,

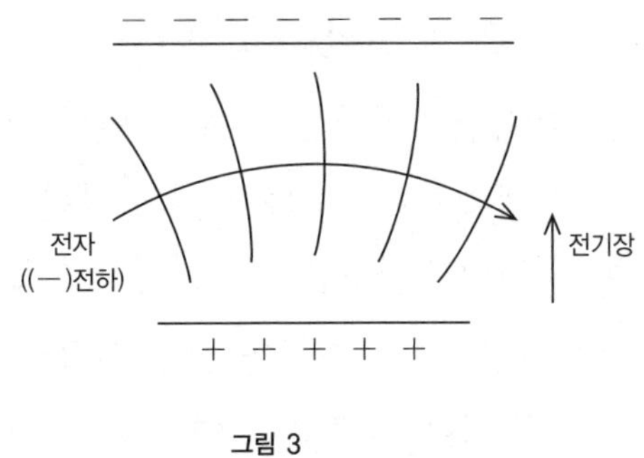

그림 3

에너지보존으로부터

$$\frac{p^2}{2m}+V=E$$

즉,

$$p=\sqrt{2m(E-V)}$$

가 되므로

$$\lambda=\frac{h}{\sqrt{2m(E-V)}}$$

가 된다. 따라서 위치 에너지 V가 큰 곳일수록 파장이 길어진다. 만약 전자의 파동이 포텐셜 V가 위 만큼 커질 만한 곳에서 운동했을 경우, 장소에 따른 파장의 차이로 그림 3과 같이 전파될 것이다. 따라서 파동으로 생각하여도 파장이 운동 범위에 비해서 작을 때는 입자와 같은 운동이 나타나므로 두 면은 양립할 수 있다.

❂ 진리는 어디에?

이와 같이, 사람들은 그때까지의 실험 결과를 기초로 해서, 어떤 때는 빛을 파동과 같은 것으로 생각하고, 또 어떤 때는 입자와 같은 것으로 생각했다. 두 가지 모두 그 나름대로 합리성을 가지고 있었으므로 문제는 한층 심각하지 않을 수 없었던 것이다. 그렇기 때문에 파동 함수의 확률 해석으로 모순에 빠진 현상이 이제까지 하나도 없었다는 것은 대단한 일이다. 그러나 기초 법칙에 확률을 도입한 이 해석에 대해서는, 아인슈타인을 비롯하여 많은 사람들이 의문을 품고, 아직도 논의를 계속하고 있다. 우리들은 여기에 더 깊은 '진리'가 숨어 있는 것과 같은 느낌이 있다. 당신들 중에 누군가 그 '진리'를 찾으려는 사람은 없을까?

105 : 전자는 구름과 같은 것인가?

원자 주위에는 원자 번호의 수 만큼 전자가 날아다닌다고 말한다. 예를 들면, 탄소 원자의 경우 전자의 수가 6개이고, 이 모습은 고등학교 화학교과서에서 그림 1과 같이 표현되어 있다. 이것은 행성이 태양의 주위를 도는 것과 마찬가지로, 전자가 원자핵의 주위를 돌고 있다는 발상으로 나타난 모델이다.

그러나 미시 세계의 기본 법칙인 양자 역학을 사용하여 전자의 운동을 조사하면, 전자의 궤도는 완벽하게 결정되지 않는다는 것을 알 수 있다. 그 정확한 모습을 표시하는 것은 어렵지만, 보통은 그림 2와 같은 그림으로 나타난다. 부족한 느낌이 드는 것은, 이것이 단순한 곡면이 아니라, 곡면에 둘러싸인 입체를 나타내며, 이 중 어딘가에 전자가 존재한다는 것밖에 모르기 때문이다.

그래서 이 전자가 존재하는 공간을, 이제

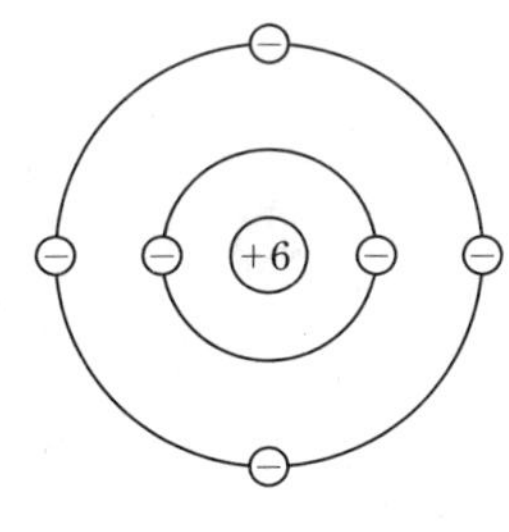

그림 1

까지의 '궤도'(orbit)에 대해서 오비탈(orbit의 형용사 orbital을 명사로 하여서 사용한 말로 직역하면 '궤도 같은 것')이라고 한다(그림 1의 안쪽 궤도가 그림 2의 1s에 대응하고 그림 1의 바깥쪽의 궤도는 그림 2의 2s, $2p_x$, $2p_y$에 대응하여, 각각에 전자가 2개, 1개, 1개씩 들어 있다. 이들 기호는 전자가 취할 수 있는 여러 가지의 상태를 나타내고 있다).

이 오비탈은 그 모양 때문에, '전자 구름'이라고 부르기도 하지만, 이 일부를 뜨면 얇은 전자의 구름을 조금 가질 수 있다고 생각하는 것은 잘못이다. 이 '구름'은 전자가 관측될 확률의 대소를 진하기로 나타냈을

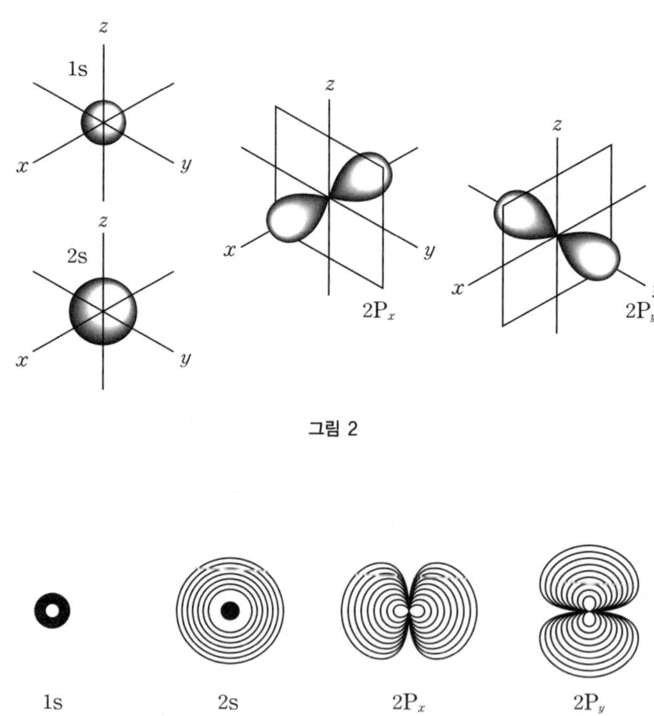

그림 2

그림 3 ● 탄소 원자의 4개의 오비탈
(배로[Barrow] 《물리화학(상)제3판》 도쿄화학동인에서 전재)

뿐이며, 실제로는 이러한 것이 존재하지 않는다. 이 구름에 해당하는 부분의 한 획을 작은 그물(실제로는 이런 것은 존재하지 않으나)로 떴다고 하면, 그 안에는 한 개의 전자가 들어 있을 수도 있고, 들어 있지 않을 수도 있다. 전자는 어디까지나 어딘가에 한 개의 전자로밖에 발견되지 않는다.

오비탈의 좀더 정확한 표현 방법으로 '등고선'이 사용되기도 한다(그림 3). 이것은 원자핵을 포함하는 평면상에서 전자가 관측되는 확률이 같은 부분을 선으로 연결한 것이다.

이 표시 방법은 분자 내 전자의 분포를 나타내는 데에도 유효하다. 그림 4는 아세틸렌 분자(C_2H_2)의 오비탈을 표시한 것이다. ❶의 오비탈에 속하는 전자는 C와 H의 주위에 존재하여 C와 H를 연결하는 역할을 하고 있으며, ❷의 오비탈에 속하는 전자는 C와 C를 연결하는 작용을 하고 있다. 또 ❸의 오비탈도 C와 C를 연결하고 있지만 ❷와는 다르다. 실제는 ❸과 수직이며 ❸과 같은 모양의 오비탈이 또 하나 존재한다.

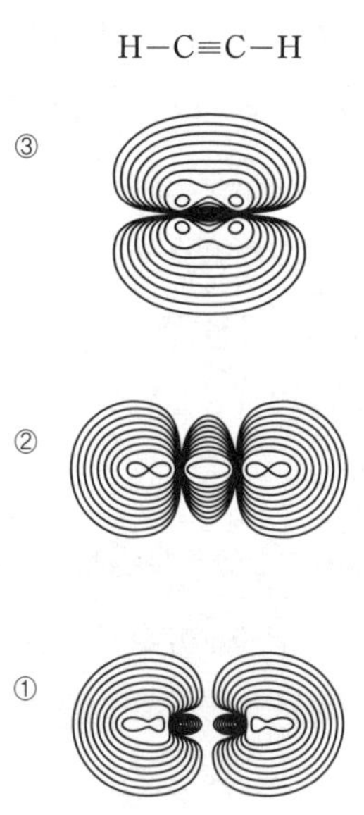

그림 4 ● (오노 고이치[大野公一] 《양자물리화학》 도쿄대학 출판회에서 전재)

✪ ‘존재확률’ 이라는 말은 왜 옳지 않은가?

원자 안의 전자는 이상과 같은 ‘상태’로 표시되지만, 전자의 위치를 측정하면 전자는 어디까지나 한 개의 전자로 측정된다. 그리고 전자 자신이 구름과 같이 퍼져 있고 그 일부가 관측되는 것은 아니다. 그래서 이 ‘구름’은 전자가 ‘존재하는 확률’을 나타낸다고 해도 될까? 실은 지금도 그와 같이 쓰여 있는 책을 볼 수 있지만 그것은 잘못이다. 왜냐하면 그것은 전자가 처음부터 한 개의 입자로 존재하며, 측정 여부에 관계없이 어딘가에 있다는 전제가 있기 때문이다. 실제 전자는 우리들이 입자성을 관측함으로써 처음으로 입자의 모습을 나타내므로, 그때까지는 입자라고 말할 수 없는 것이다. 따라서 ‘존재확률’이 아니고 전자의 위치를 관측했을 때 거기에서 발견될 확률이라고 말하여야 하며, 그것은 측정이 행해졌다는 사실이 전제되어 있는, 전자와는 다른 개념이다. 그러면 전자는 입자로서 관측되기 전에는 무엇인가? 전자는 공간에 퍼진 파동인 ‘파동 함수로 표시되는 어떤 상태’로 존재하며, ‘상태’의 파동끼리 서로 포개어져서 간섭하는 것이다. 관측하기 전부터 ‘한 개의 전자’가 ‘어딘가에 있다’고 볼 수는 없다.

금속에서 가장 가벼운 리튬 원자와 가장 무거운 우라늄 원자 중 어느 것이 더 큰가?

일반적으로 물건이 입자로 구성되어 있다고 하면, 적은 수의 입자로 된 것보다 많은 입자로 된 것이 클 것이다. 원자는 중심에 있으며 양성자와 중성자로 만들어진 원자핵과 그 주위에 퍼져있는(고전적 모델에서는 행성과 같이 도는) 전자로 되어 있다. 원자핵은 작으므로 원자의 공간 대부분은 전자가 차지한다고 말해도 된다. 그러면 실제 원자의 크기는 어떨까? 금속 원자 중 가장 가벼운 것은 리튬으로, 원자 번호는 3이다. 이는 원자핵 내의 양성자가 3개이고, 주위를 돌며 (−)전하를 갖는 전자가 3개라는 것을 나타낸다. 무거운 것을 꼽는다면 우라늄이며 원자 번호는 92 즉, 양성자 92개와 주위의 전자 92개로 되어 있다. 화학교과서에 있는 모식도로 그리면 그림 1과 같다.

이 그림에는 전자의 궤도가 여러 개 그려져 있는데, 가장 안쪽의 궤도에는 2개, 2번째에는 8개와 같이 각 궤도에 들어가는 전자의 수가 정해져 있으므로, 전자가 많은 원자는 많은 궤도가 꽉 차 있다. 같은 궤도에 들어가는 전자의 수가 결정되어 있는가 하면, 하나의 상태에는 하나의

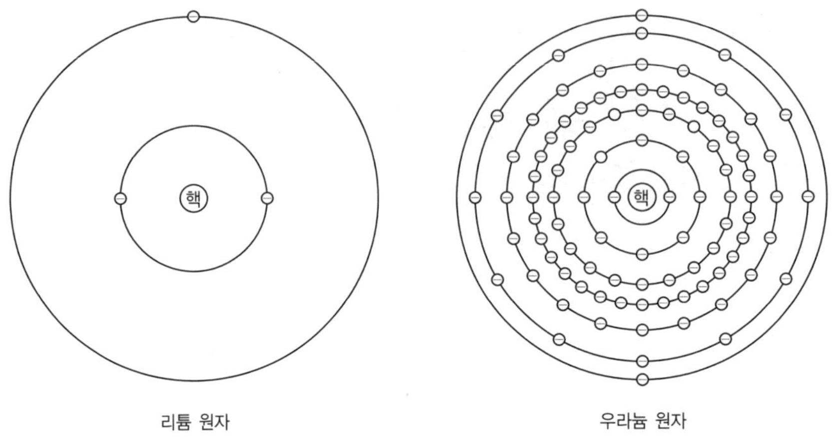

그림 1

전자밖에 존재할 수 없다는 볼프강 파울리(Wolfgang Pauli, 1900∼ 1958)의 원리가 있기 때문이다(221페이지 참조). 하나의 궤도에 2개의 전자가 있는 이유는 같은 궤도라도 2개의 다른 상태가 있기 때문이다.

이 그림을 보고 어느 원자가 더 클지를 예상할 수 있을까? 우라늄이 많은 궤도에 퍼져 있으므로 당연히 큰 것처럼 생각된다. 실제로 그럴까? 원자의 크기는 몇 가지 방법으로 구할 수 있지만, 금속 원자의 경우에는 원자를 단단한 구라고 생각하고 금속 결정은 이것이 조밀하게 채워져 있다고 보고 구한 반지름이 있으므로 비교해 본다. 일본화학회 편 《화학편람(1984년판)》에서 놀라운 것은 리튬의 반지름이 1.52옹스트롬(angstrom)에 대해서, 우라늄이 1.38옹스트롬이라는 것이다. 또 기체가 되었을 때의 충돌로부터 구한 반지름, 기체 반지름에서는(반 데르 발스[van der Waals] 반지름이라고 말한다) 리튬이 1.82옹스트롬인 것에 비해 우라늄은 1.86옹스트롬이다. 어느 경우든지 크기는 크게 달라지지 않는다.

모든 원자가 거의 같은 크기라면, 금속 밀도의 비는 원자 한 개 무게의 비가 될 것이다. 데이터를 살펴보자. 리튬의 원자량은 6.9, 우라늄은 238이고 약 34.5배이다(물론 원자량은 핵내의 양성자와 중성자 수의 합과 거의 같다). 한편, 밀도는 리튬이 534 kg/m³, 우라늄이 약 19,100 kg/m³로 약 35.6배로 각각 원자 무게의 비와 거의 비슷하며, 원자의 크기가 대체로 같다는 것을 알 수 있다.

✪ 왜 모든 원자가 비슷한 크기가 되어 버리는가?

원자는 가득 차 있는 궤도의 수가 많을수록 밖으로 퍼지지만, 동시에 원자핵의 전하가 커지면 궤도는 그만큼 중심으로 끌어당겨진다. 리튬 원자핵의 전하 $3e$(e는 전자 또는 양자 한 개의 전하를 나타낸다)에 비해서 우라늄의 원자핵은 $+92e$의 전하로 전자를 강하게 끌어당긴다. 그래서 궤도가 줄어들어 리튬과 우라늄 원자의 크기가 같은 정도가 된 주요한 원인일 것이다. 그러나 핵의 인력 외에 많은 전자가 서로 배척하는 반발력도 있을 것이다. 그것은 어떤가? 원자의 크기는 가장 바깥쪽 전자의 궤도로 결정된다고 말해도 될 것이다. 바깥쪽의 전자에서 보면 그것보다 안쪽의 전자는 전자에 대한 반발력에 의해서 핵의 인력을 줄일 것이다. 안쪽 전자의 반발력을 뺀, 바깥쪽의 전자가 느끼는 인력은, 이론에 의하면 리튬에서 $1.3e$, 우라늄 바깥쪽의 6개의 전자가 느끼는 인력은 $16e$ 정도이다. 이것들을 유효 전하라고 한다. 이것을 원자 모델과 비교해 보자. 정전하의 핵의 주위를 한 개의 전자가 돌고 있는 모델로, 양자 조건과 쿨롬 힘에 의한 원운동을 사용한 계산을 하면, n번째의 궤도 반지름 r는, 원자핵의 전하를 Ze로 하여서

최단 원자 간 거리의 절반을 나타낸다
(2종 있는 경우에는 짧은 편의 값을 취하고 있다).

Li 1.52	Be 1.11														
Na 1.86	Mg 1.60	Al 1.43													
K 2.31	Ca 1.97	Sc 1.63	Ti 1.45	V 1.31	Cr 1.25	Mn 1.12	Fe 1.24	Co 1.25	Ni 1.25	Cu 1.28	Zn 1.33	Ga 1.22			
Rb 2.47	Sr 2.15	Y 1.78	Zr 1.59	Nb 1.43	Mo 1.36	Tc 1.35	Ru 1.33	Rh 1.35	Pd 1.38	Ag 1.44	Cd 1.49	In 1.63		Sn 1.41	Sb 1.45
Cs 2.66	Ba 2.17	La 1.87	Hf 1.56	Ta 1.43	W 1.37	Re 1.37	Os 1.34	Ir 1.36	Pt 1.39	Au 1.44	Hg 1.50	Tl 1.70		Pb 1.75	Bi 1.56

La	Ce	Pr	Nd	Pm	Sm	Eu	Gd	Tb	Dy	Ho	Er	Tm	Yb	Lu
1.87	1.83	1.82	1.81	1.80	1.79	1.98	1.79	1.76	1.75	1.74	1.73	1.72	1.94	1.72

Ac	Th	Pa	U	Np	Pu	Am
1.88	1.80	1.61	1.38	1.30	1.6	1.81

단위 환산 : 1Å＝0.1 nm

표 ● 금속 결합 지름 $r/$ Å

H 1.20																	He 1.40 (1.50)
Li 1.82												C 1.70	N 1.55	O 1.52 (1.40)	F 1.47 (1.35)		Ne 1.54
Na 2.27	Mg 1.73											Si 2.10	P 1.80 (1.9)	S 1.80	Cl 1.75		Ar 1.88
K 2.75						Ni 1.63	Cu 1.4	Zn 1.39	Ga 1.87	Ge 2.10	As 1.85 (2.0)	Se 1.90	Br 1.85				Kr 2.02
						Pd 1.63	Ag 1.72	Cd 1.58	In 1.93	Sn 2.17	Sb (2.2)	Te 2.06 (2.20)	I 1.98 (2.15)				Xe 2.16
						Pt 1.75	Au 1.66	Hg 1.55	Tl 1.96	Pb 2.02							
U 1.86																	

단위 환산 : 1Å＝0.1 nm
( )내는 이전 L. Pauling이 제창한 값이며 Bondi의 값과 1Å＝0.1 nm이상 다른 경우를 나타낸다.
1) A. Bondi, J. Phys. Chem., 68, 441~451(1964)

표 ● 반데르발스 반지름 $r/$ Å

그림 2 ● 일본화학회편 《화학편람 기초편 개정 4판》 Ⅱ－726, (1993) 마루젠(丸善)에서

$$r = a\frac{n^2}{Z}$$

으로 표시된다[주]. a는 보어 반지름이며 5.3×10^{-11} m이다. 리튬은 2번째, 우라늄은 7번째의 궤도까지 전자가 들어가므로 n은 각각 2와 7이 된다. 이로부터 r가 같다고 하면, 핵의 유효 전하 Z는 우라늄이 리튬의 12.2배가 된다. 앞서의 1.3과 16도 12.3배가 되므로 두 경우가 거의 일치한다.

결과적으로, 원자의 크기는 구성입자가 크게 증가하여도 그다지 달라지지 않는다. 일반적으로 바깥쪽의 궤도가 같다면 핵의 전하가 커질수록 끌어당겨져 반지름이 작아지고, 주기율표의 가로열에서는 오른쪽으로 갈수록 작아진다. 또 전자 배치가 같은 동족 원자는 주기율표 아래로 갈수록 채워진 궤도가 증가하므로 반지름이 커진다.

제108항 '파울리가 뚱뚱한 것은 파울리 원리의 탓?' 을 참조.

[주(注)]

수소형 원자 궤도의 반지름 식은 전자가 핵의 (＋)전하에 의해서 원운동을 하는 것과 그 원 궤도에 양자 조건이 포함되어 계산되었다. 전자가 원운동할 때 전자기파를 내어서 에너지를 줄이시 않으며 궤도가 양자 조건을 만족해야 한다는 것이 양자론적인 것이다.

전자가 핵의 Ze의 쿨롱 힘하에서 원운농을 하는 것은

$$\frac{mv^2}{r} = 9 \times 10^9 \frac{Ze^2}{r^2}$$ 이고, 또 양자 조건은

$$mv \times 2\pi r = nh$$ 라고 표시된다.

파울리의 원리와 원소의 주기율

학교에서 물리 시간에 원소의 주기율표를 이야기하면 학생들은 "그건 화학이잖아요?"라고 말하고, 케플러의 법칙이나 만유인력장에서 타원 궤도에 대해 언급하면 "그건 지구과학인데요?"라고 말한다. 왜 그럴까? 사실 이것들은 모두 원자 구조의 수수께끼를 푸는 데 큰 실마리가 되는 것들이다.

❂ 파울리의 원리

파울리의 원리라는 양자 역학의 대원리가 있다. 이것은 원소의 주기율을 통해서 발견되었다. 주기율을 원자의 구조로부터 이해하려고 노력한 최초의 사람은 N. 보어였다. 그 노력은 파울리(Wolfgang Pauli, 1900~1958)가 전자의 스핀을 발견했을 때 결실을 맺었다(1925년). 파

---

1 ● 막스 야머(Max Jammer) 《양자역학사》(상), 고이데 쇼이치로(小出昭一郎)역(도쿄도서 1974), p. 166 을 보라. 1922년의 파울리에 대해서는 W. 파울리《물리와 인식》, 후지타 준이치(藤田純一)역 (고단샤, 1975)의 역자에 의한 제1부, p. 16을 참조.

울리는 조수였던 1922년에 주기율에 관한 보어의 강연을 들었다. 그는 "2라는 수가 8과 마찬가지로 본질적이라는 것이 인상에 강하게 남았다."고 말했다.[1]

그 경위를 설명하려면 보어의 원자구조론으로부터 살펴보아야 한다.

❂ 보어의 원자구조론

보어의 원자구조론(1913년)은, 수소 원자의 선스펙트럼이 다음과 같이 이해된다는 발견에서부터 시작되었다.

수소 원자는 원자핵과 하나의 전자로 되어 있다. 그 전자(질량 μ, 전하 $-e$)는 원자핵(전하 e)을 중심으로 반지름 a의 원을 그리며 달리고 있다고 하자(그림 1). 그 속도를 v라 하면, 뉴턴의 운동 방정식은

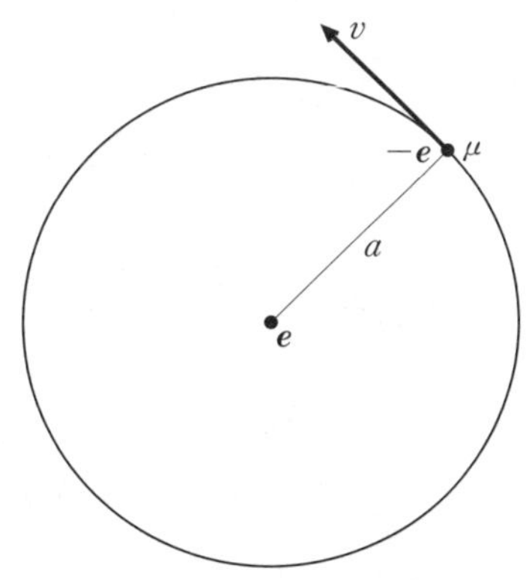

그림 1 • 보어의 원자모형, 원궤도

$$\frac{\mu v^2}{a} = \frac{e^2}{4\pi\varepsilon_0 u}\frac{1}{a} \tag{1}$$

이 된다. 여기서 $\varepsilon_0 = 8.854 \times 10^{-12}\,\mathrm{C/Nm^2}$은 진공의 유전율이다.

보어는 이것의 이유는 모르지만, 당시 화제의 플랑크 상수 h를 사용하여서($\hbar = \dfrac{h}{2\pi} = 6.58 \times 10^{-16}\,\mathrm{eV \cdot s}$이다.)

양자 조건 : $\mu va = n\hbar$ $(n=1,\ 2,\ \cdots)$ \tag{2}

를 지킨다면 전자의 에너지가

$$E_n = -\frac{I_H}{n^2} \qquad (I_H = 13.6 \text{ eV}, \ n = 1, \ 2, \ \cdots) \tag{3}$$

이라는 띄엄띄엄 떨어진 값에 한정되며, 전자가 에너지 E_3의 운동 상태로부터 E_2의 운동 상태로 건너 뛸 때의 에너지 차는

$$E_3 - E_2 = \left\{ \left(-\frac{1}{3^2} \right) - \left(-\frac{1}{2^2} \right) \right\} I_H = \frac{5}{36} \times 13.6 \text{ eV} = 1.89 \text{ eV}$$

가 되어서, 수소 원자의 H_α선이라고 부르던 스펙트럼선(파장 $\lambda_{H\alpha} = 6.56 \times 10^{-7}$ m)의 광자의 에너지

$$\hbar \omega_{H\alpha} = \hbar \frac{2\pi c}{\lambda_{H\alpha}} = (6.58 \times 10^{-16} \text{ eV} \cdot \text{s}) \cdot \frac{2\pi \cdot (3 \times 10^8 \text{ m})}{6.56 \times 10^{-7} \text{ m}}$$

$$= 1.89 \text{ eV}$$

와 바로 일치한다는 것을 발견하였다[2]. 수소 원자의 다른 모든 스펙트럼선도 적당한 번호 n, n'를 취하면

$$E_n - E_{n'} = \hbar \omega_{nn'} \tag{4}$$

의 관계식에 적합한 것이다. 이것은 각진동수 $\omega_{nn'}$의 스펙트럼선은 전자가 에너지 E_n의 운동 상태로부터 $E_{n'}$의 상태로 건너뛸 때 방출된다는 것을 말하고 있다. 보어의 눈에는 그렇게 보였다.

(3)을 운동 방정식 (1)과 양자 조건 (2)로부터 유도할 때 다음과 같이 하면 좋다.

운동 방정식 (1)의 양변에 a를 곱해서 2로 나누면

2● ω는 진동수의 2π배이고, 각진동수라고 부른다.

$$\frac{1}{2}\mu v^2 = \frac{1}{2}\,\frac{1}{4\pi\varepsilon_0}\,\frac{e^2}{a} \tag{5}$$

이라는 관계를 얻을 수 있다. 좌변은 전자의 운동 에너지, 우변은 전자의 위치 에너지의 $-1/2$배이다. 이것들이 서로 같다. 따라서, 전자의 총 에너지는

$$E = \frac{1}{2}\mu v^2 - \frac{1}{4\pi\varepsilon_0}\,\frac{e^2}{a} = -\frac{1}{2}\,\frac{1}{4\pi\varepsilon_0}\,\frac{e^2}{a} \tag{6}$$

이라고 쓸 수 있다. 원자핵을 중심으로 원궤도를 그리는 전자의 총 에너지는 궤도 반지름 a로 정해져 버리는 것이다.

또 한편, 운동 방정식 (1)의 양변에 μa^3을 곱해서

$$(\mu va)^2 = \frac{\mu e^2}{4\pi\varepsilon_0}\,a$$

를 구하고, 양자 조건 (2)를 이용하면

$$a_n = 4\pi\varepsilon_0\frac{\hbar^2}{\mu e^2}\cdot n^2 \quad (n=1,\ 2,\ \cdots) \tag{7}$$

을 얻을 수 있다. 아니, 얻어지는 것은 $a=\cdots$이라는 식이지만, 그 값은 정수 n에 따라서 정해지므로 n을 첨자로 붙인 것이다. 전자의 궤도 반지름은, 이와 같이 **보어 반지름** a_B

$$a_B = 4\pi\varepsilon_0\frac{\hbar^2}{\mu e^2} = 0.53\times10^{-10}\,\mathrm{m} \tag{8}$$

의 1배, 4배, 9배, ……라는 띄엄띄엄 떨어진 값에 한정된다.

전자의 에너지 E는 궤도 반지름 a일 때 (6)과 같이 정해져버린다. 따라서 (6)의 a에 (7)의 a_n을 대입하면

$$E_n = -\frac{1}{2}\left(\frac{1}{4\pi\varepsilon_0}\right)^2 \frac{\mu e^4}{\hbar^2} \cdot \frac{1}{n^2} \quad (n = 1,\ 2,\ \cdots) \tag{9}$$

이 얻어진다. E는 번호 n으로 결정되므로, 그것을 덧붙여 써넣어서 E_n으로 하였다. 이것은 확실히 (3)의 모양을 하고 있다. 상수 I_H는

$$I_\mathrm{H} = \frac{1}{2}\left(\frac{1}{4\pi\varepsilon_0}\right)^2 \frac{\mu e^4}{\hbar^2}$$

이 된다. 계산해 보면 이것도 확실히 13.6 eV가 된다!

보어 이전에는 원자의 크기를 이론으로부터 정하는 것은 할 수 없었다. 전자가 만약 원자핵의 주위를 돌고 있다면, 어떻게 해서든지 가속도를 가지므로, 맥스웰의 전자장 이론으로부터 필연적으로 빛을 계속 내며, 그 때문에 에너지를 잃어서 원자핵에 추락하여 원자가 부서지게 된다. 하지만 그런 일은 일어나지 않는다. 물리학자들은 매우 곤경에 빠져 있었던 것이다.

보어는 이 난점을 $\hbar$의 도입으로 해결했지만 거기에는 여러 가지 무리한 가정이 있었다. 또 '양자조건 (2)란 무엇인가?' 라는 어려운 물음을 물리에 반영하게 되었다. 결국, 보어의 이론은 참된 이론을 향한 길을 찾는 과도적인 시도였다. 여기서부터 장래에 많은 실마리를 찾아내게 된다.

그 과정을 알려면 도모나가 신이치로의 《양자역학(1)》(미스즈서방) 등 적당한 책을 읽기 바란다.

✪ 타원 궤도로

보어의 양자 조건의 물리적인 의미는 드 브로이가 찾아냈다. 전자의 운동에는 파동이 수반된다. 그 파동이 궤도를 일주하여 하나로 연결되

고 정상파가 되는 조건이었다. 드 브로이 파의 파장 λ는, 전자의 운동량 $p=\mu v$로부터 $\lambda=\dfrac{2\pi\hbar}{p}$ 에 의해서 정해진다.

　원자핵의 주위를 도는 전자의 궤도는 원이라고 한정하지 않는다. 태양의 주위를 도는 행성들과 같이 타원 궤도를 취할 수도 있다. 태양이나 원자핵은 타원의 하나의 초점에 위치하게 된다.

　타원은 장반지름과 이심률로 결정된다(그림 2). 전자가 원자핵을 하나의 초점에 갖는 장반지름 a, 이심률 ε의 타원 궤도를 그리는 경우에도 드 브로이의 정상파의 양자 조건은 적용할 수 있다(그림 3, 이제부터 상세한 논의는 계산도 포함해서 에자와 히로시《현대물리학》(아사쿠라 서점)§9.4.4를 참조).

　그 결과 전자의 에너지는

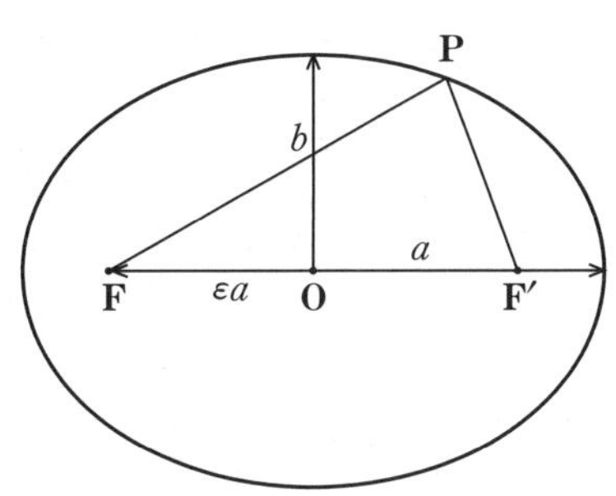

그림 2 • 타원
2점 $\mathbf{F}$, $\mathbf{F}'$에 바늘을 세워서 길이 $2a$의 실 양끝을 묶어, 연필을 심의 끝 $\mathbf{P}$로 실을 팽팽하게 하면서 한바퀴 움직여 그린 곡선이 타원이다.

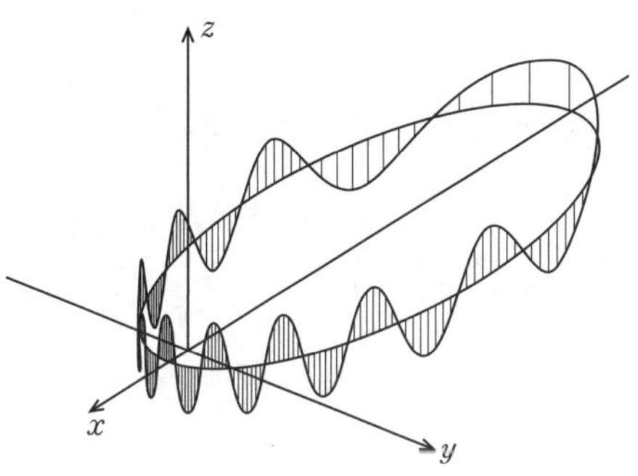

그림 3 • 디원 궤도 위의 정상파

$$E_n=-\frac{1}{2}\left(\frac{1}{4\pi\varepsilon_0}\right)^2\frac{\mu e^4}{\hbar^2}\cdot\frac{1}{n^2}\tag{10}$$

이 된다. 원궤도에 대한식 (6)과 마찬가지이다! 따라서 이제부터 유도되

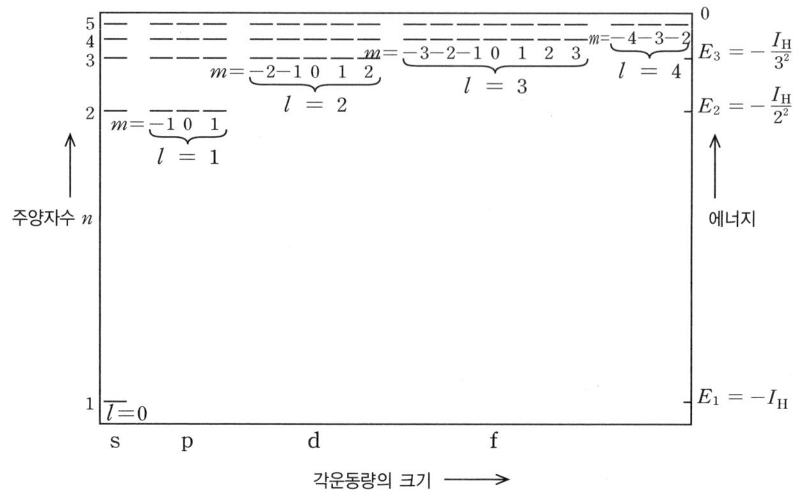

그림 4 • 수소 원자에 있어서 전자의 에너지 준위.
바로 뒤에 말하는 각운동량의 값도 나타냈다.

는 수소 원자의 선스펙트럼은 원궤도만 생각했을 경우와(강도는 따로 하고) 다르지 않다. 이렇게 허용되는 에너지의 값을 **에너지 준위**(準位)라고 하며(그림 4), 그 번호 n을 **주양자수**라고 말한다.

궤도의 장반지름 a와 에너지 E_n 사이에는, (6)에 해당하는

$$E_n = -\frac{1}{2}\frac{1}{4\pi\varepsilon_0}\frac{e^2}{a}$$

의 관계가 있으며, E_n에 대응하는 a에 같은 번호 n을 붙여서 쓰면

$$a_n = n^2 a_B \tag{11}$$

가 된다. 이것도 원궤도에 대한식 (7)과 같은 모양이다!

타원의 이심률에 관계된 것은 각운동량이다. 각운동량은 벡터이며, 그 크기는 면적 속도의 2μ배, 궤도면에 수직이고, 방향은 전자가 궤도

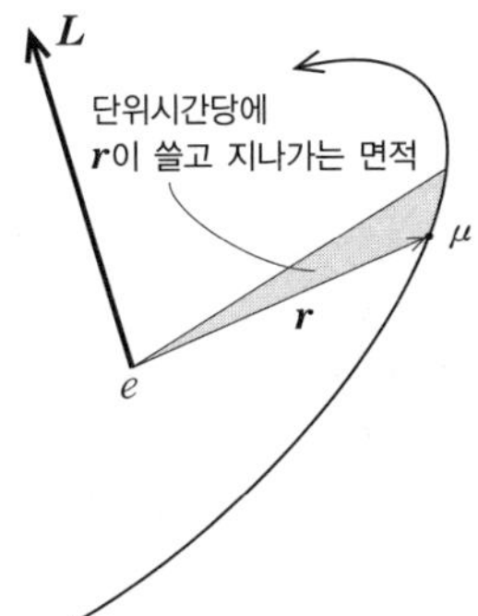

그림 5 • 각운동량 L. 면적 속도란 r이 쓸고 지나가는 면적의 증가율을 말한다.

를 도는 데에 맞추어서 돌린 오른 나사가 나아가는 방향이다(그림 5). 전자의 타원 궤도의 경우, 각운동량의 크기 L은

$$(1-\varepsilon^2)\,a_n=\frac{4\pi\varepsilon_0}{\mu e^2}L^2 \tag{12}$$

과 같이 궤도의 이심률과 관계가 있다. 이들 두식으로부터

$$1-\varepsilon^2=\left(\frac{L}{n\hbar}\right)^2 \tag{13}$$

이 나오고, 좌변은 1보다 작으므로

$$L\leq n\hbar \tag{14}$$

라는 관계가 얻어진다.

여기서, 뒤에 완성한 양자 역학으로부터의 결과를 미리 취해서 보면, 각운동량의 크기 L은 $\hbar$의 정수배이며, 또한 $(n-1)\hbar$ 이하이다 :

$$L=l\hbar \quad (l=0,\ 1,\ 2,\ \cdots,\ n-1) \tag{15}$$

각운동량 벡터의 크기 l을 고정했을 때, 그 성분 L_z는

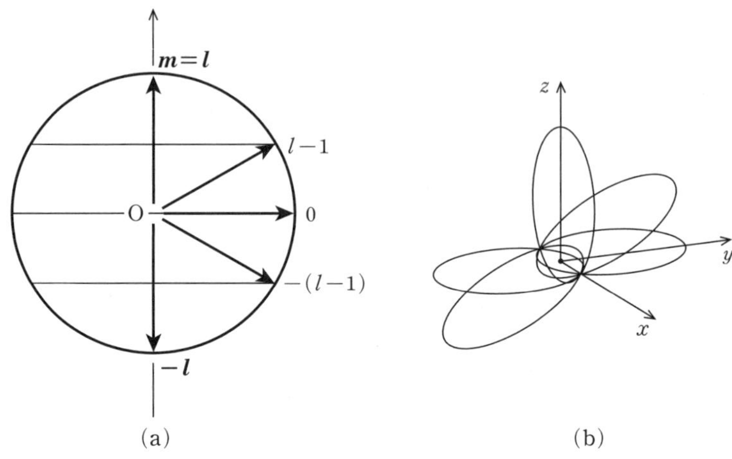

(a)   (b)

그림 6 ● 캡션

$$L_z = m\hbar \quad (m = -l, -(l-1), \cdots, 0, \cdots, l) \tag{16}$$

이라는 $(2l+1)$개 중 어느 하나의 값을 취한다(그림 6).

구체적으로 보자. 에너지가 최저인 E_1 운동을 생각하면, $n=1$이므로, 각운동량 벡터의 크기는 $l=0$뿐이며, z성분 $L_z=m\hbar$도 $m=0$으로 한정된다.

에너지 E_2의 운동에서는 $n=2$이므로, 각운동량 벡터의 크기는 $l=0$, 1의 어느 것이라도 좋고, z성분 $L_z=m\hbar$는 $l=0$이면 $m=0$뿐, $l=1$이면 $m=-1$, 0, 1의 셋 중의 하나가 된다.

에너지 E_3까지 가면, $n=3$이므로, 각운동량 벡터의 크기는 $l=0$, 1, 2의 어느 것이라도 좋고, z성분 $L_z=m\hbar$는 $l=0$이라면 $m=0$뿐, $l=1$이면 $m=-1$, 0, 1의 셋 중의 어느 하나가 되고, $l=2$이면 $m=-2$, -1, 0 1, 2의 다섯 중의 어느 하나가 된다.

모든 경우를 표로 나타내면 표 1~3과 같이 된다.

표 1. 에너지 E_1을 갖는 운동의 각운동량

크기 l	z성분 m	상태수
0	0	1
		합계 1

표 2. 에너지 E_2을 갖는 운동의 각운동량

크기 l	z성분 m	상태수
0	0	1
1	$-1, 0, 1$	3
		합계 4

표 3. 에너지 E_3을 갖는 운동의 각운동량

크기 l	z성분 m	상태수
0	0	1
1	$-1, 0, 1$	3
2	$-2, -1, 0, 1, 2$	5
		합계 9

그림 7 ● 에너지 준위와 상태수

❂ 원소의 주기율과 파울리의 원리

이 표와 원소의 주기율표의 관계에 최초로 주목한 사람은 보어이다.

주기율표(표 4)의 제1행에는 H와 He 두 원소가 있다. 제2행에는 8개

표 4. 원소의 주기율표

주원자수 n	$2n^2$	외각 전자가 이 상태를 차지하는 원자							
1	2	H	He						
2	8	Li	Be	B	C	N	O	F	Ne
3		Na	Mg	Al	Si	P	S	Cl	Ar

의 원소가 있다. 이 2와 8이라는 수는 표 1과 표 2의 각각 '상태수의 합계' 의 바로 2배가 된다.

더 나아가 각 원소의 원자가 갖는 전자의 총수와의 관련이 눈을 끈다.

수소 원자는 1개의 전자를, 헬륨 원자는 2개의 전자를 가지고 있다. 표 1에서 하나의 상태가 2개의 전자까지 수용한다면, 이 상태는 헬륨에 와서 2개의 전자로 만원이 된다.

제2행의 끝에 있는 네온은 원자 번호가 10이고 10개의 전자를 가지고 있지만, 표 2가 말하는 4개의 상태가 수용하는 것은 — 하나의 상태가

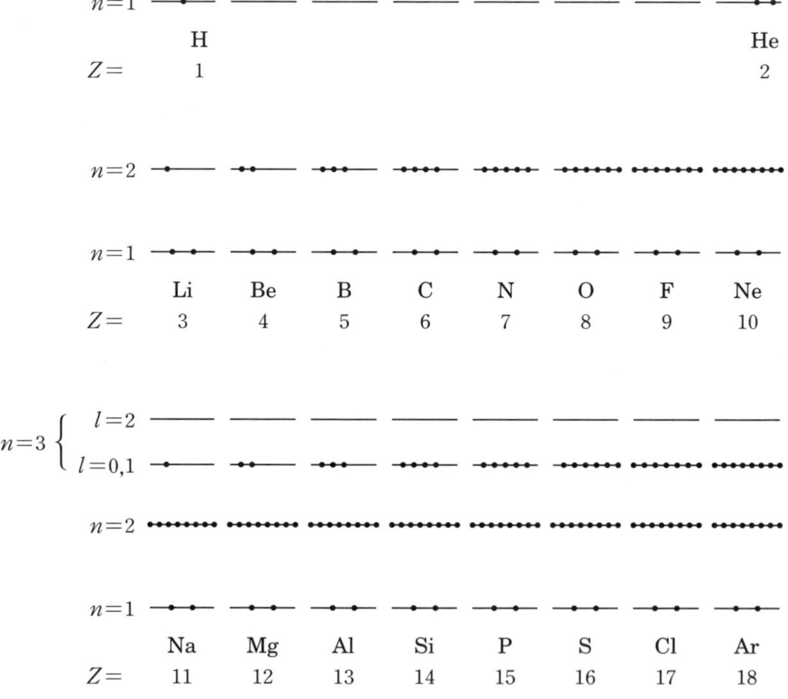

그림 8 • 전자의 자리잡기. 각 준위의 자리수는 상태수와 같고, 정해져 있다.
$n=3$의 준위의 분열에 대해서는 다음에 설명한다.

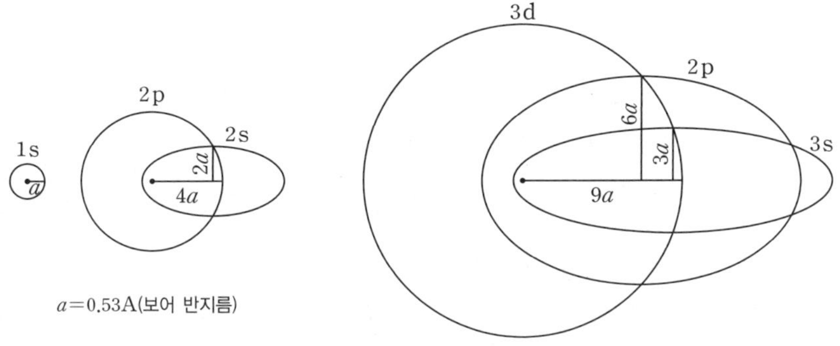

그림 9 • $Z=1$의 원자에 있어서의 전자의 각운동량과 궤도. $l=0$, 1, 2, 3을, 이 순서로
s, p, d의 기호로 나타냈다. 숫자는 주양자수 n을 나타낸다.

2개까지의 전자를 수용한다면 ─8개까지이다. 그런데 이것은 $n=2$의 ─
그림 8에서 말하면 아래서부터 두 번째의 ─에너지 준위 E_2를 말한다.
그 아래에 $n=1$의 준위 E_2가 있어서, 거기에 2개의 전자가 수용된다.

원자의 전자를 아래의 준위부터 차례로 넣어서, 꽉 차게 되면 다음 준
위에 넣는 방식으로 원자를 구성하면 그림 8과 같이 된다. 전자가 그림
8의 최저 준위에 들어가는 것이 주기율표의 제1행이다. 다음의 준위에
들어가기 시작해서 만석이 되기까지가 제2행이다.

이 규치으로 나아가면 제3행에는 $2 \times 3^2 = 18$개의 원소가 늘어서지만,
실제로는 8개밖에 늘어서 있지 않다. 이것은, $n=3$의 상태 중 $l=0$, 1의
것보다 $l=2$의 것의 에너지가 어떠한 이유로 높아져서, $l=1$까지 가득
찬 곳에서 한 매듭이 된 것이라고 생각된다.

그 이유는 ⒀에 의하면, 같은 n의 궤도에서는 l이 작은 것일수록 이
심율 ε이 크다. $n=3$이면, 이심률이 큰 궤도는 ─안쪽의 $n=1$, 2의 궤
도 속에 돌입하여서 ─원사핵 가까이 지나므로, 핵의 인력을 정면으로

받아서 에너지가 내려가는 것이다(그림 9). 그것에 반해서, l이 큰 궤도
는 원에 가깝고 핵의 인력의 일부는 안쪽에 있는 전자들에 의해서 차단
되어 버린다. 다시 말하면, 바깥쪽을 도는 전자는 핵으로부터의 인력과
동시에 안쪽에 있는 전자들로부터 반발력도 받는 것이다.

이렇게 하여, 전자를 (n, l, m)으로 정해지는 상태로 2개까지 넣는다
면 주기율표를 이해할 수 있을 것 같다.

그러면 $l=2$에서 2는 무엇을 말하고 있는 것일까? 파울리는 그것을 집
요하게 찾았다. 결론을 말하면, 전자는 자전(스핀)하고 있어서 크기 $\frac{1}{2}\hbar$
의 각운동량을 가지며, 궤도 운동의 각운동량이 $m=-l, -(l-1), \cdots,$
l이라는 $2l+1$가지의 방향을 취할 수 있었던 것과 같이,

$$m_S = -\frac{1}{2}, \ \frac{1}{2} \tag{17}$$

이라는 2가지의 방향을 취할 수 있다. 전자의 상태는 (n, l, m, m_s)로
지정되며, 상태수는 표 1~3에서 나타난 수의 2배가 된다. 전자의 스핀
에 대한 발견이 '2의 수수께끼'를 푼 것이다. 이 생각은 원자의 스펙트
럼에서도 시사되었다.

전자의 자리잡기의 법칙은, 간명하게 하나의 양자 역학적 상태에는
하나의 전자밖에 들어갈 수 없다고 표현할 수 있다. 이것이 파울리의 원
리이며 또 배타 원리라고도 부른다.

108: 파울리가 뚱뚱한 것은 파울리 원리의 탓?

W. 파울리는 양자 역학의 형성에 중요한 역할을 한 물리학자인데, 그는 뚱뚱했다(그림 1). 양자 역학에 파울리의 원리가 없었다면, 그도 이렇게 뚱뚱하지 않았을 것이라고 한다. 그렇게 말하는 이유는 무엇일까?

문제는 물체의 크기와 파울리의 원리의 관계이다. 앞서 그림 8, 9에서 파울리의 원리에 따르면, 원자 번호 Z가 큰 원자는 그만큼 커지는 것처럼 생각될 것이다. 원자가 커지면 그것이 모여서 만들어지는 물체도 그만큼 커질 것이다.

그런데 실제로는 원자 번호가 커지면 원자핵의 인력이 강해져 궤도

그림 1 ● 파울리(하이젠베르크 《부분과 전체》 미스즈 서방에서)

가 줄어들게 되므로 그렇게 간단하지는 않다. 이 점은 후에 생각하기로 하고, 우선은 파울리의 원리가 없는 세계를 상상해서 간단한 계산을 해 보자.

✪ 파울리의 원리가 없었더라면?

원자 번호 Z인 원자를 생각해 보자. 이 원자는 Z개의 전자를 갖고 있으며, 모든 전자가 원자핵의 주위에 반지름 a의 원궤도를 그린다고 하자. 파울리의 원리가 없었다면 이러한 것도(초기 양자론의 의미에서는) 가능하다. 이러한 상태에서 총 에너지가 최소가 되도록 궤도 반지름 a를 결정해 보자. 이것은 파울리의 원리가 없는 세계에서 원자 크기의 기준이다.

반지름 a의 원궤도에서 운동량이 최소인 드 브로이 파장은 $2\pi a$이며, 이것이 운동 에너지를 최소로 한다. 운동량 K는

$$p = \frac{2\pi\hbar}{2\pi a} = \frac{\hbar}{a} \tag{1}$$

가 된다. 따라서 Z개의 전자의 운동 에너지의 총합 K는

$$K = \frac{1}{2\mu}\left(\frac{\hbar}{a}\right)^2 \times Z = \frac{Z\hbar^2}{2\mu a^2}$$

이 된다. 원자핵과 전자들의 상호작용에 의한 정전 에너지는

$$V_{e-N} = -\frac{1}{4\pi\varepsilon_0}\frac{Ze^2}{a} \times Z = -\frac{1}{4\pi\varepsilon_0}\frac{Z^2 e^2}{a}$$

이다. 전자와 전자 사이의 정전 반발력의 에너지를 계산하는 것은 어렵다. 차라리 Z개 전자의 전하 $-Ze$를 반지름 a의 구면에 균일하게 분포시키면 (양자 역학의 s상태의 이미지), 그 정전 에너지는

$$V_{e-e} = \frac{1}{2}\frac{1}{4\pi\varepsilon_0}\frac{(Ze)^2}{a} = -\frac{1}{2}V_{e-N} \qquad (2)$$

이다. 따라서, 이 계의 총 에너지 $E = K + V_{e-N} + V_{e-e}$

$$E_z(a) = \frac{Z\hbar^2}{2\mu a^2} - \frac{1}{8\pi\varepsilon_0}\frac{Z^2 e^2}{a} \qquad (3)$$

이 된다. 이것을 최소로 하는 a는, 간단한 계산으로부터

$$a(Z) = \frac{2}{Z}a_B \quad (Z \geq 2, \text{ 파울리 원리 없음}) \qquad (4)$$

가 된다. 여기에서 a_B는 보어 반지름[전항의 (8)]이다.

(4)를 수소 원자($Z=1$)에 적용하면, 그 반지름이 $a_B/2$가 되어 버리지만 이는 잘못이다. 전자가 1개인 경우에는 V_{e-e}가 없으므로

$$E_1(a) = \frac{\hbar^2}{2\mu a^2} - \frac{1}{4\pi\varepsilon_0}\frac{e^2}{a}$$

이어야 한다. 이것을 최소로 하는 a는 a_B와 같다. (4)에 $Z \geq 2$라고 한 것은 이 때문이다.

그것은 어쨌든, (4)의 $a(Z) = \frac{2}{Z}a_B$ $(Z \geq 2)$는 원자 번호 Z와 함께 감소한다. 원자 번호 $Z=100$의 페르뮴(fermium)은 수소 원자에 비해서 반지름이 1/50에 불과한데, 이는 당연히 사실과 다르다. 산소 원자에서도 원자 번호는 8이므로 수소 원자에 비해서 반지름은 1/4이 된다. 만약 파울리의 원리가 없었다면 원자 크기가 작아졌듯이 파울리의 몸도 뚱뚱하지 않았을지도 모른다.

❂ 파울리의 원리에 따르면

파울리의 원리를 고려하여 전자의 운동을 생각하면, 앞 항의 그림 8

에 나타낸 에너지 준위의 구조가 결정적
으로 된다. 그 그림을 한 번 더 그려보자
(그림 2). 단, 여기서는 원자핵의 전하가
Ze인 경우도 생각하므로 그 원자는 이온
일 수도 있다. 그래서 '수소 원자형 이
온'이라고 부르자.

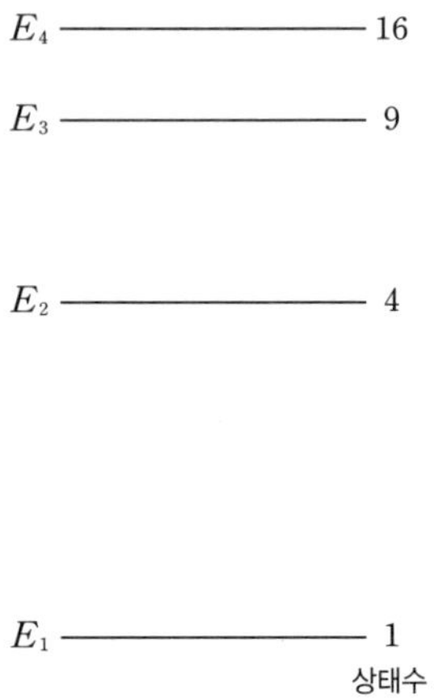

파울리의 원리를 고려해도 전자가 1개
인 수소 원자($Z=1$)의 크기는

보어 반지름 $a_B=0.53\times10^{-10}m$

(5)

이며, 전자가 2개가 되어도 아직 (4)대
로 이고

헬륨 원자($Z=2$)의 크기는 $a(2)=\dfrac{2}{2}a_B=a_B$ （6）

이다. 전자 2개까지는—파울리 원리 하에서도—그림 2의 최저 에너지
준위 E_1을 차지하기 때문이다.

$Z=3$인 리튬 원자에서 최초 2개의 전자는 그림 2의 최저 에너지 준
위(주양자수 $n=1$)를 차지한다.

일반적으로 전하 $Z'e$의 원자핵 주위에서 N개의 전자가 주양자수 n
의 원궤도에 있다고 하면 (3)에 상당하는 에너지의 식은

$$E(Z',N;a)=N\times\frac{n^2\hbar^2}{2\mu a^2}-N\times\frac{1}{4\pi\varepsilon_0}\frac{Z'e^2}{a}+\frac{1}{8\pi\varepsilon_0}\frac{(Ne)^2}{a}$$ （7）

이 된다. 우변의 제1항에 n^2이 있는 것은 드 브로이 파장이 $2\pi a/n$이기
때문이고, 제3항은 전자끼리의 반발 에너지로, 전자의 전하를 반지름 a
의 구면에 균일하게 분포시킨 모델을 취했다. 이것을 최소로 하는 a를

그림 2 • 에너지 준위와 상태수

$a_n(Z', N)$라 놓으면

$$a_n(Z', N) = \begin{cases} \dfrac{1}{Z'} \cdot n^2 a_B & (N=1) \\[2ex] \dfrac{2}{2Z'-N} \cdot n^2 a_B & (2 \leq N \leq Z') \end{cases} \tag{8}$$

이 된다[1].

리튬 원자$(Z=3)$에서 처음 $N=2$개의 전자의 경우, 주양자수는 $n=1$이고

$$a_1(3, 2) = \frac{2}{4} a_B = 0.27 \times 10^{-10} \text{ m}$$

가 된다.

리튬 원자의 3개째의 전자는, 파울리 원리 하에서는 그림 2의 제2의 준위$(n=2)$에 들어가야 한다. 그 궤도는 $n=1$의 궤도보다 크지만, 거기에서 보면 원자핵의 본래의 전하 Ze는 안쪽의 궤도를 도는 2개의 전자에 의해서 차단되어, $(Z-2)e$로 보인다. $Z'=Z-2$이다. 리튬 원자의 경우라면 e로 보이므로, $n=2$의 궤도의 크기는 $a_2(1, 1)$이 된다. 따라서

리튬 원자$(Z=3)$의 크기는
$$a_2(1, 1) = 2^2 a_B = 2.12 \times 10^{-10} \text{ m} \tag{9}$$

로 껑충 뛰어오르게 된다. 이 크기의 궤도로부터 보면, 안쪽의 $n=1$의 궤적은 원자핵을 둘러싸서 작게 굳어져 있는 것 같다(그림 3).

다음의 베릴륨(beryllium)에서 증가하는 한 개의 전자는, 역시 같은

---

1. 수소에 대한 (5)식, 헬륨에 대한 (6)식도, 이에 포함되고 있다.

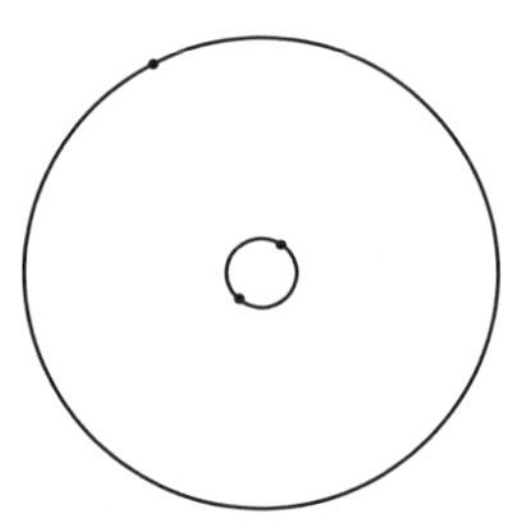

그림 3 • 리튬 원자의 전자들. 원자핵의 친위대 2개와 외야의 1개로 나누어져 있다.

$n=2$의 궤도에 들어간다. 따라서 $Z'=Z-2$, $N=2$로서 (8)의 아래쪽의 식에 해당하며

베릴륨 원자($Z=4$)의 크기는

$$a_2(2,\ 2)=4a_B=2.1\times10^{-10}\ \text{m} \tag{10}$$

은 리튬과 다르지 않다. 그 다음의 붕소에서 반지름은 (8)의 아래쪽의 식에 따라서 줄기 시작하여

네온 원자($Z=10$), 크기

$$a_2(8,\ 8)=a_B=0.53\times10^{-10}\ \text{m} \tag{11}$$

에 이른다.

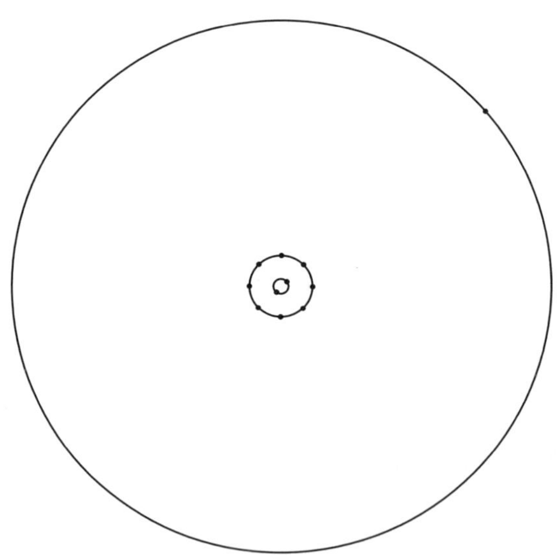

그림 4 • 나트륨의 전자들. 원자핵의 친위대가 2층을 이루고 있다.

그 다음 나트륨($Z=11$)에 와서 증가하는 한 개의 전자는, 파울리의 원리하에서 $n=2$에 들어갈 수 없다. $n=3$의 궤도에 들어가야 하는데 이 궤도는 훨씬 크므로 이 전자의 입장에서 보면 이전 10개 전자는 원자핵의 가까이를 돌면서, 핵의 전하를 차폐하고 있는 것처럼 보인다. 그 결과, 본래 원자핵의 Ze의 전하는 $(Z-10)e$로 보인다. 나트륨 원자의 경우 e로 보이므로, $n=3$의 궤도의 크기는 $a_2=3^2 a_B$가 된다. 따라서

나트륨 원자($Z=11$)의 크기는
$$a_3(1,\ 1)=9a_B=4.8\times10^{-10}\,\mathrm{m} \tag{12}$$

로 껑충 뛰어올라간다(그림 4).

다음의 마그네슘의 반지름 $a_3(2,\ 2)$는 나트륨과 비슷한 $9a_B$이지만, 그 후 알루미늄, 규소…로 나아감에 따라서 반지름은 (8)의 아래쪽의 식에 따라서 서서히 줄며

아르곤 원자($Z=18$)는 크기는
$$a_3(8,8)=\frac{9}{4}a_B=1.2\times10^{-10}\mathrm{m} \tag{13}$$

에 이른다.

이렇게 전자들의 궤도 반지름은 $Z=1$의 수소 원자로부터 시작해서 Z가 증가함에 따라 그림 5와 같이 변해간다.

이렇게 원자의 전자들은 원자핵 주위에 층상 구조를 이룬다. 영어로 '층(layer)'이 아니고(층은 서로 접해서 겹겹이 쌓이는 것이므로!) '각(껍질, shell)'이라는 용어를 사용한다. 따라서 가장 안쪽 $n=1$의 각을 K각, 다음 $n=2$의 각을 L각이라고 말한다. K각에는 전자가 2개까지 들어가며, L각에는 8개까지 들어간다. 전자가 가득찬 각은 **닫혀 있다**든

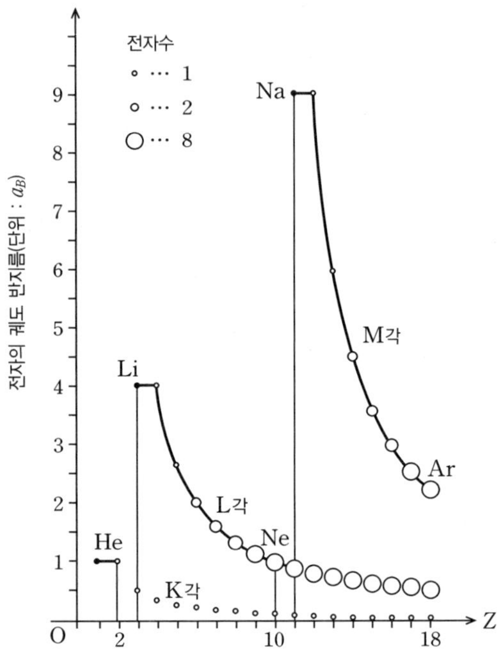

그림 5 • 전자들의 각 구조. 안쪽으로부터 K각, L각, M각이라고 부른다.
각 각에 속하는 전자의 수를 둥근 표의 크기로 나타냈다.

가 **폐각**이라고 한다. $n=3$의 M각에는 전자가 18개까지 들어갈 수 있지만, 이것은 8개까지 들어가면 서둘러 닫혀, 주기표는 다음 열로 옮겨진다.

그림 5에서는 각 껍질에 속하는 전자의 수를 둥근 표의 크기로 나타내었다. 실선으로 연결한 곳이 가장 바깥 각이며, 그 반지름이 원자의 반지름이 된다.

✿ 원자의 부피

원자의 크기는 원자 번호 Z에 어떻게 의존하고 있을까? 대략적인 어림은 양자론 이전부터 행해졌는데, 그 방법은 다음과 같다.

1몰 중 원자의 수는 6.02×10^{23}개인데, 1몰이란 그램 단위로 원자량과 같은 양이므로, 원자량 M인 물질의 밀도가 D g/cm³이라고 할 때 원자 한 개당 부피를 계산하면

$$(\text{원자 한 개당의 부피}) = \frac{M}{D} \cdot \frac{1}{6.02 \times 10^{23}} \text{ cm}^3 \tag{14}$$

이 된다. 보통 상수 $1/(6.02 \times 10^{23})$은 생략하여

$$(\text{원자의 부피}) = \frac{M}{D} \text{ cm}^3/\text{mol} \tag{15}$$

로 정의한다. 이것을 《이과연표》의 데이터로부터 원소마다 계산하였다

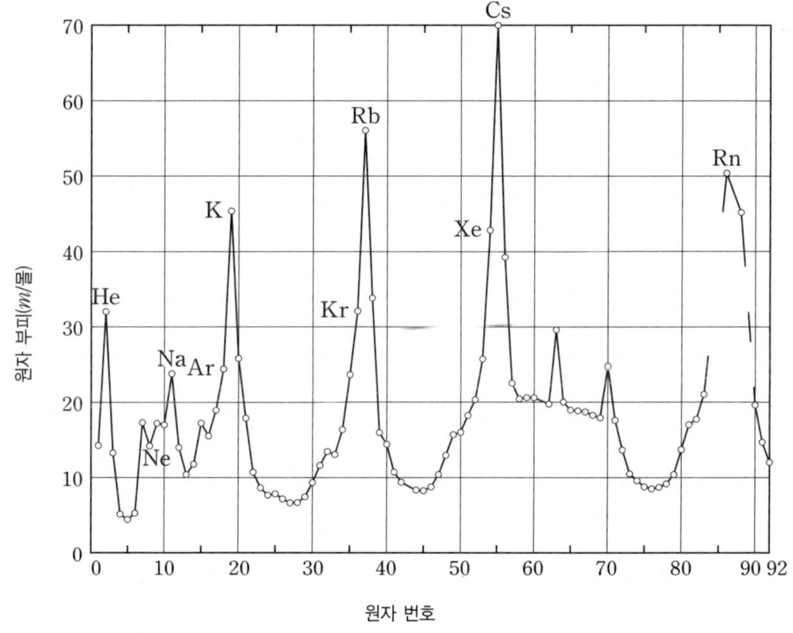

그림 6 ● 원소의 원자 부피의 주기성

(그림 6).

　예를 들면, 칼륨의 원자량은 39.1이고 밀도는 0.86 g/cm^3이므로

$$(\text{K의 원자 부피}) = \frac{39.1}{0.86} \text{ cm}^3/\text{mol} = 45.4 \text{ cm}^3/\text{mol}$$

이 된다. 이것이 그림 6에 나타낸 칼륨의 값이다.

　원자 부피는 원자 1개당의 부피로부터 보편 상수를 제거한 것이므로, 이것을 보면 원자의 크기가 Z와 함께 어떻게 변화하는가를 관찰할 수 있는 것이다.

　우리 이론에 의한 그림 5를 그림 6과 비교하면 비슷하다는 것을 알 수 있다. 폐각의 Ne과 그 외각에 전자가 1개 붙은 Na 사이에서 급격히 증가하는 것 등이 매우 흡사하다. 그림 5에는 Ar로부터 K사이의 급격한 언덕 그래프가 없으나, 전자배치표(예를 들면 《이화학사전》, 이와나미 서점, 부록 11, 또는 《현대물리학》, §13. 4. 1)에 의하면 K부터 $n=4$의 궤도가 묻히기 시작하므로, 우리 이론에서도 K의 반지름은 $16a_B$가 된다. Ar에서 K으로 옮아갈 때 원자의 반지름이 급증하는 것은 여기서 n의 새로운 궤도에 전자가 들어간다는 것을 알려준다. Ar도—$n=3$의 각은 완전히 닫혀 있지 않지만—폐각이라고 간주해야 한다.

　우리 이론에서 그림 5가 원자 반지름의 세밀한 증감에 있어서 실제의 그림 6에 잘 맞지 않는 것은, 우리들이 전자의 궤도를 원에 한정한 탓도 있을 것이다. 타원 궤도는 내각에도 파고들어서, 때로는 원자핵의 전하를 충분히 느끼므로, 궤도의 크기도 영향을 받을 것이다.

　어쨌거나 파울리의 원리를 채택한 계산으로부터 원자의 크기는 원자 번호 Z와 함께 증가하는 것을 알 수 있다. 파울리의 원리가 없다고 가정하였을 때의 (4)와는 현저한 차이가 난다! 파울리의 비만을 파울리의

원리가 지지하고 있다고 해도 크게 벗어나지 않을 것 같다.

이제까지는 원자의 크기가 원자 번호와 함께 어떻게 변하는지를 알아보았다. 고체나 액체에서는 원자가 빽빽이 채워져 있으므로 원자의 크기는 물질의 밀도와 밀접하게 관련되어 있다. 그러므로 물질의 밀도와 원자량으로부터 추정한 원자 부피가 의미를 갖는 것이다.

원자 번호 Z를 늘려 가면 원자는 어떻게 될까? 자신의 인력에 의해 부서지지는 않을까? 위의 고찰에 의하면 그런 걱정은 없는 것 같다.

그렇다면 양성자, 중성자와 전자 여러 개를 냄비에 넣어서 휘저으면 전체는 거대 원자가 되는가? 작은 단위로 원자나 분자가 생겨서, 그것들이 완만하게 상호작용하면서 공존하는 형태를 취할까?

109 산소 15의 반감기는 2분이다. 그러면, 최후에 2개가 되었을 때부터 1개가 되기까지의 시간은?

'방사능이 강하다' 는 의미로 명명된 라듐은 1898년 그 발견자 퀴리 부인에 의해서 기차 2대 분의 우라늄 광석에서 분리, 정제되어 0.1 g이 추출되었다. 이 라듐은 인류가 처음으로 입수한 강한 방사선원이다. 우라늄의 방사능을 발견한 앙투안 앙리 베크렐(Antoine Henri Becquerel, 1852~1908)은, 퀴리 부인으로부터 소량 나누어 받은 라듐을 주머니에 넣어서 운반하였기 때문에 피부에 방사선 피해를 받았다.

라듐 226이 1 g 있으면, 1초에 3.7×10^{10}개의 원자핵이 α선을 방출하면서 붕괴된다. 이렇게 많은 원자핵이 잇따라 붕괴되면 라듐 원자가 곧 없어질 것 같지만, 라듐 원자의 수는 1 g 중에 3.7×10^{10}개의 7.2×10^{10}배나 있으므로 그렇게 간단하게 없어지지 않는다.

라듐 226의 원자핵은 α선을 내어 라돈 222로 바뀐다. 라돈으로 변환되기까지 라듐 원자핵의 평균 수명은 얼마일까? 라듐 원자핵의 수는 시간이 지나면 라돈으로 바뀐 양 만큼 적어진다. 이렇게 하여 원자의 수가 절반으로 되기까지의 시간은 어느 단계에서나 같으며, '반감기' 라고 부

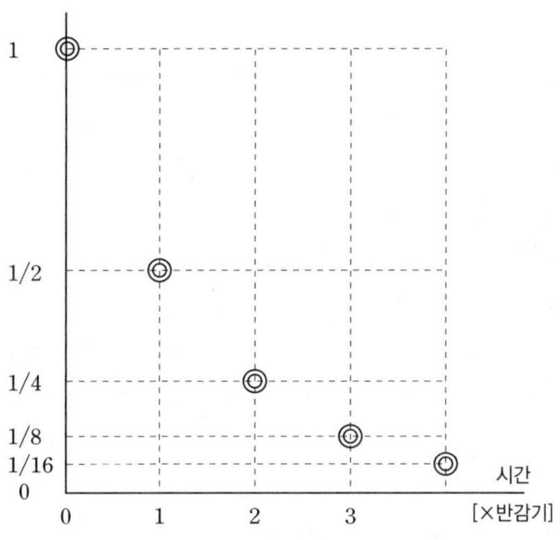

그림 1 ● 방사능의 강도와 시간 변화
: 반감기(최초의 측정치를 기준으로 한다)

른다. 이것은 방사능 강도의 감쇄 비율이기도 하다(그림 1). 예를 들면, 라듐 226의 '반감기'는 1,600년이므로 라듐 1 g을 그대로 방치하여 1600년이 지나면 라듐은 0.5 g이 되며, 그 붕괴에 의한 방사능의 강도는 1/2로 감소한다. 다시 1,600년이 지나면 처음의 1/4로, 또다시 1,600년 지나면 1/8로, 그 원자수나 방사능의 강도가 감소한다.

원자핵이 점차 붕괴되어 최후의 2개만 남는 상태가 언젠가는 올 것이다. 2개 중 1개가 붕괴되어 나머지 1개가 되기까지의 시간은 얼마나 될까?

2개의 절반인 1개가 되려면 '반감기 1600년'과 같은 시간이 걸린다고 단정할 수 있을까? 이것은 일본인의 평균 수명이 80세이므로 '내 수명은 80세이다.'라고 결론 내릴 수 없는 것과 마찬가지이며, 한 개, 한 개의 원자핵에 대해서는 불확실함이 있어서 수명을 정할 수 없는 것이

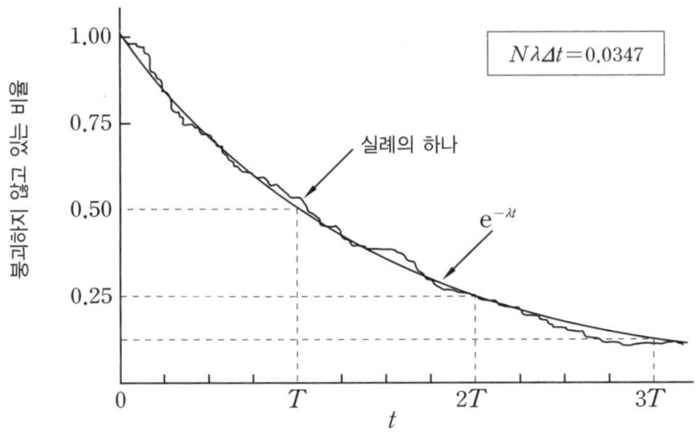

시각 t까지 붕괴하지 않고 있는 원자의 수 $N(t)$의 비율
$N(t)/N$을 $t=(\Delta t$의 정수배$)$에 대해서 표시한다.
단, $N \cdot \Delta t/\mathrm{T}=1/20$의 경우

그림 2 ● 방사성 붕괴의 흔들림(에자와 히로시 《현대물리학》 에서)

다. 그래서 2개의 원자핵에만 주목하면, 이중 한 개의 원자핵이 언제 붕괴될 지는 확률로만 예측할 수 있다. 그렇지만 막대한 수의 원자핵에 대해서라면 전체의 절반까지 줄어드는 '반감기'는 산소 15는 2분이라든지, 라듐 226은 1,600년이라고 확실하게 말할 수 있다.

확률적이라는 것은 어떠한 것인가? 어떤 시간에 관찰해서 존재를 확인한 원자가 단위시간 내에 붕괴하는 확률이, 그 원자의 종류에 따라서 정해진 일정한 값이 된다고 말하는 것이다. 그 원자가 늙었는지 젊었는지, 지금까지 어떻게 살아왔는지는 관계가 없다. 즉, 우주가 생성되기 시작한 무렵에 생긴 원자나 어제 생긴 원자도, 관측한 순간부터 같은 확률로 붕괴한다. 동일 종류의 소립자는 그 수명을 포함해서 무엇을 측정하든 완전히 같은 것이다.

한편, 확률이라면 같은 양의 방사성 물질이 있어도, 같은 시간 내에

붕괴하는 원자의 수는 언제나 변동한다. 이것을 확률적인 흔들림이라고 말한다. 평균값으로 원자의 수는 지수 함수적으로 감소하지만, 실제로는 그림 2와 같이 그 수가 흔들리면서 감소하는 것이다. 원자의 수가 많으면 흔들림은 눈에 띄지 않는다.

라듐 226의 붕괴 속도에 대해서 다음 2가지를 말하였다.

❶ 1 g 중 1초에 부서지는 것은 원자의 수로 해서 3.7×10^{10}개이다.

❷ 반감기는 1,600년이다.

둘의 관계를 연결하고 싶다. ❶로부터 ❷를 유도하기로 하자(그 반대 경우는, 독자가 시도해 보라). 라듐 226의 원자량은 226이므로 1 g 중에는 $6.02 \times 10^{23}/226$ 개의 원자가 있다. 이중 3.7×10^{10}개가 1초 사이에 부서지므로, 원자가 N개 있으면 시간 Δt 사이에

$$(3.7 \times 10^{10} \text{ 개}/s) \frac{N}{\dfrac{6.02 \times 10^{23}}{226}} \Delta t$$

만 부서진다. 살아남는 것은

$$(1 - \lambda \Delta t)N$$

이다. 단

$$\lambda := (3.7 \times 10^{10} \text{ 개}/s) \times \frac{226}{6.02 \times 10^{23}}$$

시간 $2\Delta t$의 후에 살아남는 것은 $(1 - \lambda \Delta t)^2 N$이다. 시간 T 후에 살아남는 것은 $(1 - \lambda \Delta t)^{T/\Delta t} N$이고, $T =$반감기일 때 $\frac{1}{2}N$이 된다. $\Delta t \to 0$이라고 하면 $(1 - \lambda \Delta t)^{T/\Delta t} \to e^{-\lambda T}$가 된다. 따라서

$$e^{-\lambda T}=\frac{1}{2}$$

그러므로

$$T=\frac{\log 2}{\lambda}=\frac{(6.02\times10^{23})\cdot\log 2}{(3.7\times10^{10}\text{개}/s)\cdot226}$$

$$=5.0\times10^{10}\text{s}=1,600\text{년}.$$

　방사선은 눈에 보이지 않고 인간의 오감으로는 아무것도 감지할 수 없는 다루기가 매우 힘든 것이다. 더욱이 방사선은 원자나 분자 수준에서 변화(대개는 방사선의 전리 작용에 기인하고 있다)를 일으킨다. 그 변화가 세포 수준까지 성장하여 암으로 변해 그 증상이 나타나기까지는 긴 시간이 걸린다. 그 시간은 사람에 따라서 다르다. 그래서 적은 양의 방사선 피폭의 영향을 논할 때는 확률 통계적인 모양으로 나타낼 수밖에 없다. 즉, 방사선을 쪼이면 일생 유효한 암 당첨 제비를, 모르는 동안 체내에 박아 넣은 것과 같은 것이라고 말할 수 있다. 제비를 많이 가지고 있으면, 그만큼 제비에 당첨될 확률도 높아지는 것과 마찬가지로, 방사선을 많이 쪼이면 그만큼 암에 걸릴 확률도 많아지는 것이다. 인류는 핵탄두, 핵실험, 원자력발전과 그 폐기물 등 많은 방사능을 생산하게 되었다. 그렇지만 한 번 만들어진 방사능은 자연적인 감소를 기다릴 수밖에 없다. 기껏해야 고준위 수준의 위험이 없어질 때까지, 그대로 밀봉해서 땅속에 저장하는 수밖에 없다. '암 당첨 제비'라는 방사능으로부터 몸을 지키기 위하여, 우리들은 방사능에 더 신중하게 대처해야 하는 것이다.

110 수은도 금속인데, 왜 액체인가?

❂ 많은 금속 중 수은이란?

수은이 다른 금속과 현저하게 다른 것은, 상온에서 액체라는 것이다. 이와 같은 특이한 성질을 가진 수은을, 우리가 원소 기호 Hg(그리스 어의 hydr(물)+argyros(은)을 기원으로 한 라틴어 hydragyrum으로부터 만들어진 것)으로 나타낸다든지, 일본에서도 옛날부터 수은이라고 써서 '물쇠'라고 부르며, '물과 같은 은'이라는 말 가운데에 집약하고 있었던 것이다. 옛날부터 알려진 금속인 수은의 '이 불가사의하고 알기 힘든 성질'을 우리는 아직 충분히 설명하고 있지 않다고 생각된다. '수은이 상온에서 어떻게 액체로 있을 수 있는가?'라는 의문을 생각하는 것은, 수은의 특이한 물리적 화학적 성질을 이해하는 것만으로 멈추지 않을 것이다. 여러 가지의 물질 실험 중에서, 그 물리적 · 화학적 성질의 특이함을 이용한 측정기구나 장치로 또는 실험 재료로 수은을 써왔지만, 수은은 인체에 매우 유해하고 취급에 주의가 필요한 물질이기도 하다. 물리 실험을 올바로 또 안전하게 하기 위해서도, 수은에 대한 깊은 이해는 절대로 빼놓을 수 없다. 이제부터 수은의 특이한 성질을 여러 가지의 수준에서 생각하며, 액체, 고체, 기체 상태 및 화합물로의 이용에 대해 알아보자.

✪ 수은을 원자 내의 전자 상태로부터 생각하면?

우선 첫째로, 고립된 수은 원자의 전자 배치로부터 수은 원자의 성질을 생각해 보자.

일반적으로 전자는 에너지가 낮은 궤도로부터 순서대로 궤도를 차지한다. 원자 내의 이와 같은 전자 배치를 알기 쉽게 나타내기 위하여, 에너지가 낮은 곳부터 전자 궤도의 순서를 1, 2, 3, …으로, 또 그 종류의 차이를 나타내는 s, p, d, …의 기호를 써서 아래에 적어 보자. 단, s, p, d, …의 기호의 오른쪽 위첨자의 숫자는 s, p, d,…의 궤도에 있는 전자의 수를 나타내고 있다.

$$[\mathrm{Hg}] = 1s^2 2s^2 2p^6 3s^2 3p^6 3d^{10} 4s^2 4p^6 4d^{10} 5s^2 5p^6 4f^{14} 5d^{10} 6s^2$$

$$= [\mathrm{Xe}]\, 4f^{14} 5d^{10} \boxed{6s^2}$$

단, [Xe]는 크세논의 전자 배치를 나타낸다.

$$= [\mathrm{Xe}]\, \boxed{4f^{14} 5d^{10} 6s^2}$$

전자가 들어가는 궤도 에너지의 순서는, $\cdots 5s \cong 4d < 5p \ll 4f \cong 5d \cong 6s < 6p\cdots$로 되어 있으나, $\cong$는 에너지의 값이 매우 비슷하여 하나의 전자에 대한 다른 전자의 차폐 작용, 전자 간의 반발력 등이 조금 바뀌면 그 순서도 달라진다. 예를 들면, 수은과 같이 $5d$ 궤도가 모두 전자로 채워져서 내각의 일부가 되면, 보다 안정해지기 때문에 에너지의 순서는, $\cdots 5p < 5d < 6s < 6p\cdots$로 바뀌어 버린다.

　　가장 외각의 전자 배치만을 보면, ⬜부분이 전형(典型) 원소인 제2족의 알칼리 토류 금속 원소와 마찬가지이며, 내각의 전자까지 포함해 보면, ⬜부분이 원자핵으로부터의 ‘전기적 인력’을 차단하기 어려운 d궤도를 안쪽에 가지고 있다는 점에서 제3~11족의 전이 원소와 비슷하다. 또한 $4f$궤도와 $5d$궤도 및 $6s$궤도가 모두 전자로 채워져 있다는 점에서는 제18족의 안정한 불활성 원소의 전자 배치에 가까운 폐각 구조를 취한다고 말할 수 있다. 이와 같이 제12족의 수은은 원자핵 주위의 전자 배치로 보면, 전형(典型) 원소적인 성질, 전이(移) 원소적인 성질과 불활성 원소의 성질 등 다양한 측면을 함께 가진다고 생각된다. 또한, $4f$궤도의 전자는 결합에 거의 관여하지 않는다.

　　알칼리 토류 금속 등의 제2족 원자는 최외각 전자의 안쪽은 s, p궤도의 전자뿐이므로, 원자핵으로부터 가장 외각의 전자에 미치는 정전 인력이 차단되어 약해지기 때문에 원자 반지름이 크다. 반지름이 크다는 것은 밀도가 작아진다는 것을 의미한다. 더욱이 원자핵이 전자를 끄는 힘은 거리가 멀어질수록 약해지므로, 전자가 결합에 관여하기 쉬워져 화학적으로 활성이 된다. 또, 원자가 모여서 결정을 만들었을 때에는, 자유 전자를 당기는 힘이 약하므로, 알칼리 토류 금속의 결정은 부드러워지는 동시에 녹는점도 낮아지는 것이다.

　　아연 등 제12족 원소는 d궤도에 들어온 전자가 궤도를 모두 채운 상태로 존재한다. 내각이 되어 버린 d궤도의 전자는 에너지가 낮아져 안정하므로, 결합에는 관여하지 않는다. 그림 1에 오비탈의 모습이 그려져 있지만, d궤도는 중심으로부터 떨어져 s, p만큼 대칭적이 아니므로, 원자핵의 ＋의 정전 인력을 차폐하는 효과가 약한 데에 더해서, 수은 원자(원자 번호 80)에서는 동족의 Zn(원자 번호 30), Cd(원자 번호 48)에

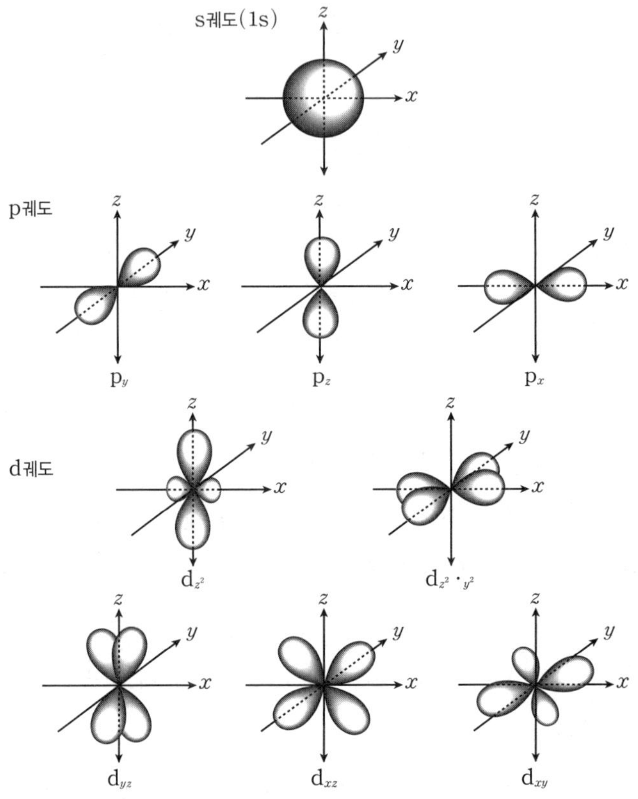

그림 1 • 전자 궤도의 모양

전자는 각각 어떤 방향으로 치우쳐서 존재하고 있으며,
이것은 부각(副殻)마다에 일정한 궤도를 돌고 있으면 근사할 수 있다.
p궤도는 서로 직교하는 세 개의 방향, d궤도는 그림과 같은 다섯 개의 방향으로 벌어지고 있다.
(사이토 가즈오[齊藤一夫] 《원소의 이야기》 바이후칸(培風館)에서 전재)

비해서 원자 번호가 대폭으로 증가하기 때문에, 원자핵의 정전 인력과
원자핵의 질량이 현저하게 증가한다. 그러므로 수은의 원자 반지름이
작아지는 동시에 밀도가 커진다. 그래서 가장 외각의 6s궤도의 전자는
점점 더 붙게 된다. 수은은 이온화 에너지가 금속 중에서 가장 큰 값

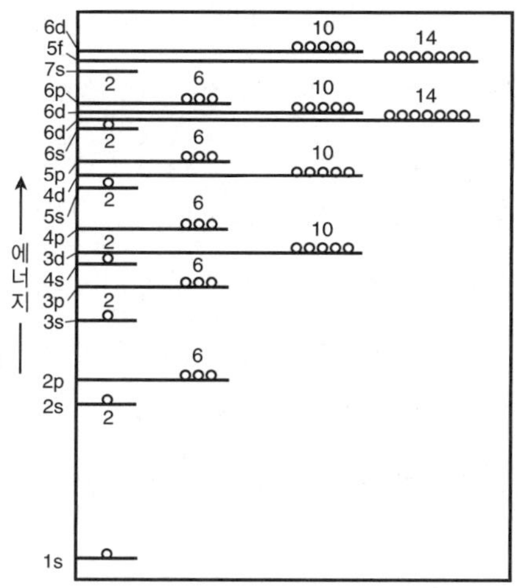

그림 2 • 기저 상태에 있어서의 전자 궤도 에너지의 순서
이 순서는, 원자의 종류(원소의 종류)에 의해서
거의 바뀌지 않는다.
(사이토 가즈오 《원소의 이야기》 바이후칸에서 전재)

10.4(eV)를 가지며, 최 외각 전자를 방출하기 어렵다. 그렇기 때문에, 알칼리 토류 금속 원소에 비해서 반응성도 낮고, 금속 결합에 관여하는 자유 전자의 수가 적으며 녹는점이 낮아진다.

이상의 것을 금속 결합의 메커니즘인, 자유 전자가 존재하는 것과 그 자유 전자가 양이온과 상호작용하여 양이온끼리 응집시킨다고 하는 2가지 관점에서 간단히 요약해 보자.

알칼리 금속 원소의 경우는 이온화 에너지가 작으므로 자유 전자를 방출하는 한편, 이온 반지름이 크기 때문에 양이온과의 상호작용은 약하고 양이온을 응집하기 어렵게 하므로, 녹는점이 낮아진다.

한편, 아연족 원소의 경우는 이온 반지름이 작기 때문에 양이온과의 상호작용은 강하고 양이온을 응집하기 쉬우나, 이온화 에너지가 커서 자유 전자를 방출하기 어렵기 때문에, 녹는점이 낮아지는 것이다.

다음은 모여있는 수은 원자의 전자 궤도로부터 금속 수은의 성질을 생각해 보자.

수은 원자의 고유한 성질 즉, 화학적 성질을 생각한다면 원자 내부의 전자 배치나 이온화 에너지로 충분하지만, 금속이라는 것은 다수의 원자가 금속 결합에 의해 집합해서 만들어진 것이며, 금속의 성질은 하나의 고립된 원자 내의 전자 배치 상태나 이온화 에너지로는 모든 것을 설명할 수 없다. 원자 집단으로서의 성질 즉, 물리적 성질은, 원자들에 의한 상호작용의 결과 생기는 전자 궤도의 변화 등을 고려해야 한다.

전자 배치에 있어서 궤도 간의 에너지 간격은, n이 증가할수록 $(n-1)d$와 ns의 에너지 차는 작아지며, ns와 np의 차는 커진다. 그 때문에 원자가 집합했을 때 주기율표 아래쪽 원소의 원자만큼 d, s궤도가 포개어져서 원자 간에 강한 결합이 생기는데, 반대로 s, p 혼성 궤도는 만들기 어려워진다.

제12족 알칼리 토류 금속의 원자가 s궤도를 채우고 있음에도 불구하고 금속 결합을 만들 수 있는 것은, s, p궤도의 에너지 차가 작고 다수의 원자가 모이면 s, p궤도가 포개져서 밴드를 만들며 최외각의 전자가 자유로이 이동할 수 있게 되기 때문이다. 또한, 불과 몇 개의 원자가 모이더라도 s, p의 혼성 궤도를 만들기 쉽고 화학적으로 활성화된다. 그런데 알칼리 토류 금속의 원소에서는 주기표의 아래로 갈수록 s, p혼성

표 1. 순금속의 녹는점—낮은 융점을 주안으로 한—
　　　《화제원[話題源]화학》 도쿄법령출판, 132페이지에서 전재)

원소		녹는점 °C	원소		녹는점 °C
Hg	수은	−138.9	Sn	주석	231
Ga	칼륨	29.7	Bi	비스무트	271
Cs	세슘	28.4	Cd	카드뮴	321
Rb	루비슘	39.5	Pb	납	327
K	칼륨	60.2	Zn	아연	419
Na	나트륨	97.8	(Au	금	1063)
Li	리튬)	180.5	(Fe	철	1536)
In	인듐	156.6	(W	텅스텐	3480)

(Rb~Li 항목 왼쪽에 "알칼리 금속" 세로 표기)

궤도를 만들기 어려워지고, 금속 결합이 약해져 융점이 내려가게 된다
(표 1). 마찬가지의 일이 제12족에서도 일어나며, Zn, Cd, Hg의 순으
로 융점이 내려간다. 그렇지만 같은 제12족의 Zn, Cd은 2원자 분자의
상태로 기체가 되어 있지만, Hg은 단원자 분자로 되어 있다. 이 차이는
Zn, Cd에서는 s, p 혼성 궤도를 만들어서 결합하는 것에 비해서, Hg
과 같은 n이 큰 s, p궤도에서는 그 에너지 차가 크기 때문에 궤도의 포
개어짐이 적고, s, p 혼성 궤도가 만들어지기 어려운 것이 그 원인이다.

여기서 주의해야 할 것은, 제1족이나 제2족 이외에도 융점이 낮은 금
속이 존재하며, 그 이온화 에너지가 반드시 큰 것은 아니라는 것이다.
이온화 에너지란 고립한 원자로부터 최외각의 전자를 떼어낼 때에 필요
한 에너지를 말한다. 금속으로 수은의 전자 상태를 생각할 때에는, 이온
화 에너지가 아니고 일함수로 생각하지 않으면 안 되는 것이다. 일함수
란 자유 전자를 금속 결정으로부터 떼어낼 때에 필요한 에너지를 말한
다. 이 에너지의 크기는 양이온과 최외각 전자와의 정전 인력뿐만 아니
라, 양이온끼리나 전자끼리의 반발 강도 및 표면 상태 등 여러 가지의
조건에 따라서 결정된다. 수은에서는 수은 원자의 이온화 에너지가
10.43 eV이라는 것에 비해 금속 수은의 일함수는 4.49 eV 밖에 안되는
것이다(표 2). 이것은 수은뿐만 아니라 일반적인 현상으로 금속 원자가

표 2. 금속 원자의 이온화 포텐셜과 고체의 일 함수[eV]
(가지모토 오키쓰구[梶本興亞] 《클러스터의 화학》 바이후칸[培風館]에서 전재)

원소＼회합수	Na	K	Al	V	Fe	Cu	Hg
원 자	5.14	4.34	5.98	6.74	7.90	7.74	10.43
이중체	4.93	4.05	?	6.10	6.30	7.89	9.40
고 체	2.36	2.28	4.06	4.3	4.31	4.4	4.4

집합한 금속 결정으로부터 전자를 떼어낼 때의 에너지는 이온화 에너지에 비해서 훨씬 작다. 그래서 금속 중 자유 전자의 상태를 엄밀하게 생각할 때 이온화 에너지가 아니라 일함수의 값에 주목하지 않으면 안 된다.

녹는점이 낮은 금속으로 $Fr(20\,℃)$, $Cs(28.5\,℃)$, $Ga(29.8\,℃)$이 있다.

일함수가 자유 전자의 존재 상태를 수량적으로 표시한다고 생각하면, 자유 전자와 양이온과의 상호작용에 의한 양이온의 응집 상태를 수량적으로 나타내는 것은, 절대 영도일 때의 승화열이다.

또한, 절대 영도일 때의 승화열이란 절대 영도로부터 열을 가해서 결

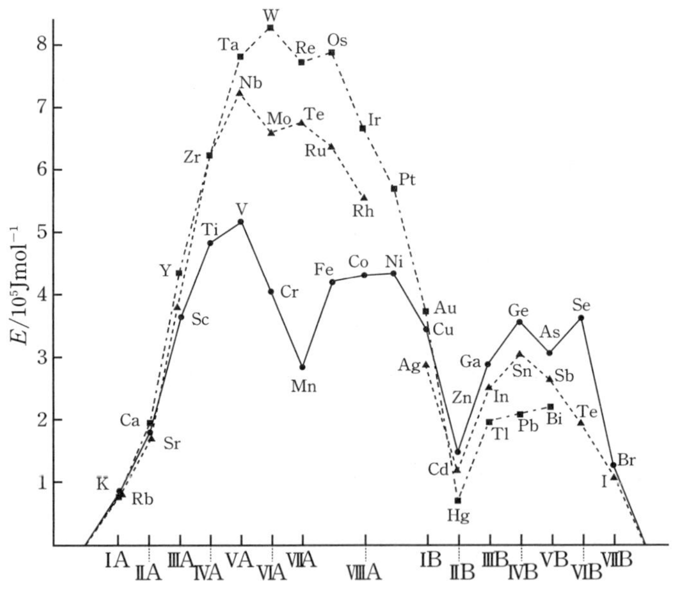

그림 3 ● 금속 결합 에너지와 주기표 아족(亞族)과의 관계.
●제1장주기, ▲제2장주기, ■제3장주기
(사이토 가즈오 ≪현대화학 5주기표의 화학≫ 이와나미 서점에서 전재)

정이 흩어져 증발하기까지의 열에너지이고, 뒤집어서 말하면, 흩어진 원자가 집합해서 결정을 만들 때 방출하는 결합 에너지라고 생각된다.

왜냐하면, 양이온을 응집시키는 작용은 하나의 자유 전자가 어느 정도 양이온에 속박되어 존재하고 있는가 뿐만 아니라 그 자유 전자의 수라든가, 양이온의 크기나 배열 방법 등 여러 가지의 요인에 의해서 결정되는 것이며, 이와 같은 복합적인 요인의 작용의 총합이 승화열이라는 모양으로 나타난다고 생각되기 때문이다. 따라서, 녹는점은 어디까지나 금속 결합의 강도 즉, 결합 에너지의 대소로 결정되는 것이다(그림 3).

표를 보고 알 수 있듯이, 자유 전자를 만들어내서 양이온이 된 수은 원자들을 금속 결합으로 결합시키는 힘은 약하고, 수은이 낮은 융점을 가진다면 상온을 포함하는 넓은 온도 범위($-38.33 \sim 356.7 \, ℃$)에서 액체의 상태로 존재하게 되는 것이다.

❂ 액체 · 고체 · 기체 상태로부터 본 수은이란?

◉ 액체로서의 수은

수은은 상온에서 액체이고 그중에서 가장 밀도가 높다. 이것에 착안하여 큰 압력인 대기압의 측정을 1 m도 되지 않는 수은주의 높이로 치환할 수 있으므로, 기입계에 이용한다.

수은의 밀도는 13.5 g/cm^3로 금 : 19.32 g/cm^3, 납 : 11.35 g/cm^3, 또 철 : 7.87 g/cm^3 등과 비교하여 상당히 크다. 또 관측 실험에 사용되는 포르틴(Fortin)형의 정밀도는 760 $mmHg$ 부근에서 0.05 $mmHg$정도이다.

금속이란 원자로부터 떨어진 자유 전자가 원자끼리 결합시킨다든지, 그 전자가 움직임으로씨 전기나 열을 용이하게 전달할 수 있는 물질을 말한다. 따라서 금속 원자의 여러 성질들은 자유 전자의 상태 차이에 의해서 만들어지는 것이다. 수은은 자유 전자가 적기 때문에, 금속으로서는 특이하게 큰 전기 저항을 갖는다. 그러므로 수은은 전기 저항의 기준으로도 사용되는 것이다.

지름 1 mm, 길이 106.300 cm인 수은의 0 ℃에서의 전기 저항을 1.000495 Ω으로 하는 것이 옴(Ohm) 단위 기준이다.

그러나 열전도도가 전기 저항과 달리 작지 않은 것은, 열을 전하는 것이 주로 자유 전자가 아니라 액체이며 자유로이 움직일 수 있는 원자·이온의 진동에 의해서 전해지기 때문이다. 이것으로부터 팽창 계수가 크고, 넓은 온도 범위에 걸쳐서 거의 일정하기 때문에 온도계에 이용되고 있다.

광범위한 온도 t의 변화(0 ℃∼100 ℃)에서 체팽창률은 거의 일정하고 부피는 다음 식으로 주어진다.

$$V = V_0(1 + 1.8182 \times 10^{-4}t + 0.78 \times 10^{-8}t^2)$$

◉ **고체로서의 수은**

고체가 된 수은은 주석 백색의 금속광택을 가지며, 칼로 절단할 수 있다. 고체에는 α형(3방정형, 三方晶形)·β형(정방정형)이라는 변형한 6방최밀(六方最密) 구조를 취하는 2종의 동소체가 존재하며, 금과 마찬가지로 전성(展性), 연성(延性)이 크다. 수은은 높은 순도로 정제할 수 있어, 저온의 고체 상태로 초전도를 나타내는 현상이 최초로 발견된 금속이기도 하다.

◉ 기체로서의 수은

수은은 원자 자신이 불활성 원소에 가까운 성질도 가지고 있으며, 기체 상태에서는 단원자 분자로 존재한다. 그 때문에 수은 원자의 이온화 에너지가 크므로, 전기적으로 여기하면 효율이 좋은 광원으로써 형광등을 비롯해서 각종 수은등으로 널리 사용되고 있다.

수은은 25 ℃에서, 1.84×10^{-3} mmHg의 포화 증기압을 가진 액체이며, 온도의 상승에 따라서 급격하게 증기압이 커진다.

수은은 그 증기뿐만 아니라 수은 이온도 살균작용이 강하며, 매우 유독하다. 공기 중에 방치된 수은은 증기로 확산되지만, 조금이라도 장시간 동안 수은 증기를 흡입하면 신경 장애를 일으킨다. 또한 수은의 허용 한도는 0.05 mg/m^3이하로 되어 있지만, 25 ℃에서 공기 중의 포화량은 19.9 mg/m^3이므로 극히 위험하다.

실제로 《이과연표》에 의하면, 액체 수은과 평형상태에 있는 수은의 증기압 p는 25 ℃($=298$ K)에서 $p=0.245$ Pa이므로, 부피 V가 포함하는 수은의 질량 m은, 기체의 상태 방정식

$$\frac{m}{V} = \frac{p}{RT} M$$

으로부터 계산할 수 있다. 여기서 $M=201$ g/mol은 수은의 원자량이다. 기체 상수 $R=8.31$ J/mol · K이므로

$$\frac{m}{V} = \frac{0.245 \text{ Pa}}{(8.31 \text{ J/mol·K}) \cdot (298 \text{ K})} \cdot (201 \text{ g/mol})$$
$$= 1.99 \times 10^{-2} \text{ g/m}^3 = 0.019 \text{ mg}/L$$

가 된다. 또한, 20 ℃에서의 물에 대한 용해도는 0.02 mg/L이다.

수은은 백금, 망간, 철, 니켈, 코발트를 제외한 거의 모든 금속과 직접 접촉시키든지 약간 가열만 해도, 서로 섞여서 고용체를 만들거나 화합해서 금속 간 화합물을 만든다. 수은과 금속을 섞는 비율에 따라 액체상, 반고체상, 고체상의 것이 만들어진다.

다른 합금과 비교하여 다른 점은 온도를 약간만 올려도 유연해지는 것이다. 이 때문에 수은의 합금을 총칭하여, 그리스 어의 '부드러운 것'과 관련지어 '아말감' 이라고 부른다. 이 아말감의 성질을 정리해 두자 :

- 아말감의 대부분은 처음에는 부드럽지만 시일이 지남에 따라 결정이 되어서 단단해진다.

- 아말감을 가열하면 수은이 기화해서 합금을 만든 금속과 분리된다.

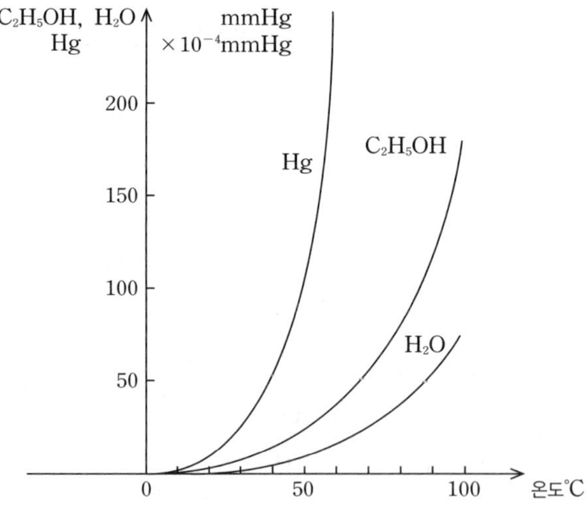

그림 4 ● 증기압곡선
(《이과연표》 1의 수치를 그래프로 함)

• 아말감화한 금속은 원래의 금속보다 반응하기 쉬워지거나 반응하는 속도가 느려진다.

수은은 여러 가지의 금속과 쉽게 합금을 만드는 성질이 있으므로, 사용 중에 다른 금속을 아말감의 형태로 포함하며 순도가 떨어지기 쉽다.

특히, 이온화경향이 작은 금속을 불순물로 포함하고 있으면, 공기 중의 산소와 반응하여 회색의 피막이 생겨 버린다. 실험에서 수은을 사용할 때는, 한 번 정제하여 사용하는 것이 좋다.

또 수은을 보관할 때는 아말감을 만들지 않는 철제 용기에 넣어두면 좋다.

속임을 당하지 않기 위한

원자력의

12 왜?

원자력 발전소가 없으면 전력이 부족하다는 것은 정말인가?

원자력 발전은 아직 완성된 기술이 아니다. 현재 원자력 발전의 가장 큰 문제는 처리문제를 해결하지 못한 대량의 방사성 폐기물이며, 지금은 단순히 저장만 해두고 시간이 흘러가기를 기다리고 있을 뿐이다. 하지만 전력회사는 이 사실을 언급하지 않고 원자력 발전을 홍보만 하고 있다. 우리는 이 문제를 냉정하게 과학적으로 검토해 볼 필요가 있다. 또 폐기물 이외에도 회사의 홍보내용에도 의문이 많다. 이번 장에서는 그들의 홍보내용이 올바른가를 생각해보자.

✪ '석유가 곧 고갈된다.'는 것은 정말인가?

(검증) 1960년대에 대부분의 사람들이 석유자원은 앞으로 30년이면 고갈된다고 했지만 1990년대에도 석유는 고갈되지 않았다. 그리고 최근에는 앞으로 45년 정도 후면 석유가 고갈될 것이라고 전망하고 있다. 왜 석유의 고갈 연수에 대한 전망이 달라질까? 석유 고갈에 대한 추정치로부터 해답을 구할 수 있다.

이런 추정치는 그 해의 확인 매장량을 그 해의 석유 생산량으로 나눈 것인데, 확인 매장량이란 각 석유회사가 확보하고 있는 양을 참고로 산정한 것이며, 각 회사가 대략 20~30년 분을 확보하고 있는 것이 보통이다. 그리고 확인 매장량은 기술의 발달과 채산성의 개선으로 항상 증가하고 있다. 따라서 1930년대부터 채굴가능(可採) 연수는 20, 30, 40년으로 올라가면서 안정되고 있다. 이와 같이 가채 연수만을 사용한 단순한 논의는 기술발전을 고려하면 의미가 없다고 할 수 있다. 물론 지구 자원이 유한하다는 것은 당연하지만, 차세대 에너지 자원으로 각광받는 메탄하이드레이트 등도 함께 고려하여 논의할 필요가 있다 할 것이다.

✪ 현재 일본 발전량의 3분의 1은 원자력 발전이다. 그래서 원자력 발전을 멈추면 극도의 혼란 상태에 빠진다는 것은 정말인가?

(검증) 1994년의 연간발전총량에서 각 발전방식이 차지하는 비율은 원자력 31.8 %, 수력 8.7 %, 화력 60 %이다. 이것만 놓고 보면 화력의 비율이 가장 크지만 3분의 1에 해당하는 원자력 발전을 멈추면 전기에너지가 매우 부족할 것으로 보인다. 그러나 각 설비를 최대로 가동했을 때를 100 %로 했을 때 각 발전방식의 설비이용률을 보면 원자력 79 %, 수력 22 %, 화력 51 %로 원자력의 설비이용률이 가장 크다. 요약하면 원자력만 거의 최대로 가동하고 있고 다른 발전방식은 절반 이하의 설비이용률을 보이고 있어 원자력 발전을 줄인다고 하더라도 다른 발전방식의 이용률을 늘린다면 전체 전력공급에는 큰 차질이 없을 것으로 보인다.

왜 원자력 발전의 설비만 최대로 이용하고 있을까? 쓰리 마일(Three Mile)의 사고가 출력조정을 시도한 것이 원인이었다는 것을 생각하면 원자력은 최대로 가동하지 않을 수 없기 때문이다. 만약 전체 발전 설비를 최대로 가동한다면 발전총량에서 각 발전방식이 차지하는 비율은 원자력 20 %, 수력 20 %, 화력 60 % 정도일 것으로 추정되는데, 따라서 전력회사의 홍보를 100 % 신뢰할 수는 없다고 할 수 있다. 그렇다면 화력과 수력만으로 전력을 공급할 수 있는지를 생각해보자.

전력은 저장이 매우 어렵기 때문에, 전력을 최대로 소비할 때의 전력을 전력회사가 충분히 공급할 수 있는지가 가장 중요하다. 1980년대 중반까지는 수력과 화력의 발전량으로 연간 최대소비전력을 공급할 수 있었다. 그러나 현재에는 여름의 최대 소비량이 드디어 화력과 수력으로 공급할 수 있는 한계를 넘어서서 원자력 발전이 필요한 것은 부인할 수 없는 사실이다. 하지만 연간 최대소비전력을 공급하기 위해 원자력 발전이 필요한 시점은 냉방 등에 전력소모가 큰 더운 여름날 낮의 몇 시간 동안만의 일이라고 할 수 있다.

지금까지 원전 홍보의 문제점을 폭로하였는데, 원자력 발전이 꼭 필요한 것인가의 문제는 우리의 판단에 달려있다. 일단 급하지만 냉방을 유지하기 위하여 원전이 부득이하다고 생각할 수도 있고, 다른 발전 수단을 최대로 가동하여 해결하는 것이 좋을 수도 있다. 또한 과도한 냉방이나 자동차 등에서 방출되는 열 때문에 여름철 한낮의 기온이 올라가는 것도 사실이므로 에너지 절약을 통해 기온을 낮추는 것도 하나의 방법이 될 수 있다. 이에 대한 예로 주민투표로 원전을 폐쇄하고 절전 전기제품을 사용하어 에어컨을 일정한 간격으로 끊는 등의 방법으로 전력수요를 줄이고, 대체 에너지 수단인 태양열 발전 등으로 성공한 새크라멘토(Sacramento) 전력공사가 있다. 물론 앞에서 언급하지 않았던 CO_2의 문제도 포함하여 과학적으로 검토하는 것이 필요하며 이때 물리학은 모든 사람들에게 도움이 될 것이다.

112. 왜 고속증식로(高速增殖爐)가 위험한가?

✪ 고속증식로란 어떤 것인가?

한정된 에너지 자원을 유효하게 사용한다는 것이 고속증식로(高速增殖爐)의 홍보문구이다.

일반적인 경수로형 원자로는 두 개의 동위 원소로 구성된 우라늄을 연료로 사용하는데, 우라늄은 대부분을 차지하는 우라늄 238과 소량의 우라늄 235로 구성되어 있다. 우라늄 235는 중성자가 충돌하면 핵분열하는 동시에 또 다른 중성자를 방출하여 차례로 연쇄반응이 일어난다. 이때 우라늄 238은 중성자가 충돌했을 때 분열이 일어나지 않고 흡수하여 플루토늄으로 바뀐다. 이 플루토늄은 우라늄 235와 마찬가지로 연쇄반응을 일으키므로 이것을 핵연료로 사용할 수 있다.

이와 같이 고속증식로는 우라늄을 핵연료로 사용하여 우라늄 238을 플루토늄으로 바꿈으로써 원자력 발전과 더불어 핵연료를 재생산하는 원자로이다. 경수로에서는 중성자의 속도를 줄이지 못하면 연쇄반응에 의해 핵무기와 동일한 효과를 내기 때문에 경수를 사용하여 중성자의 속도를 제어해야 하지만 고속증식로에서는 중성자를 감속시키지 않아야 우라늄 238에 많이 흡수시킬 수 있어서 플루토늄을 많이 생산할 수 있다.

일본에서는 사자를 지혜로 다스린 보살의 영향을 받아서 이름을 붙인 '몬주(文殊)'라고 이름을 붙인 고속증식로를 실용화 단계에서 실험하고 있었지만 1995년 12월 나트륨 화재 사고로 인해 중지할 수밖에 없었다.

❂ 위험한 나트륨이 냉각제

고속증식로에서는 노심(爐心)의 열을 보일러에 전달할 때 경수로의 물 대신 금속 나트륨을 사용한다. 이 금속 나트륨은 매우 위험한 물질로 물이나 공기와 격렬하게 반응하는데, 화학 실험 시간에 소량의 금속 나트륨을 물에 떨어뜨리면 발생하는 격렬한 불꽃반응을 본 사람도 있을 것이다. 1995년 '몬주'에서 일어난 나트륨 유출사고는 공기 중에서 일어난 것으로 그 피해가 경미했지만 만약 노심의 가까이나 증기발생기 안에서 일어났다면 방사능을 가진 나트륨 방출이나, 증기발생기의 물과 격렬한 반응을 보여 수소폭발과 같은 매우 위험한 상황이 초래되었을 가능성도 있다. 사실 '몬주'의 사고 때에도 일부 학자는 수증기 폭발의 위험이 있음을 지적하기도 했다.

또한 나트륨을 이용한 고속증식로는 열충격에 약하다는 위험성을 지니고 있다. 고속증식로는 노심에서 발생한 열을 나트륨을 통해 스테인리스로 만들어진 배관에 전달하고, 스테인리스 배관은 이 열을 보일러로 보내게 된다. 이때 나트륨은 스테인리스보다 3배 정도 열전도성이 좋기 때문에 나트륨의 온도변화를 스테인리스 배관에 전달하는 과정에서 스테인리스가 채 열을 전달하지 못한 상태에서 나트륨으로부터 추가

적인 열을 받게 되므로 스테인리스 배관의 내부와 외부의 온도 차가 급격히 증가하게 되어 열을 전달하는 배관에 변형이 발생한다.

왜 이렇게 위험한 나트륨을 열매체로 사용하는 것일까? 고속증식로에서는 열매체가 중성자의 속도를 줄이지 않아야 유리하기 때문에 무거운 원자를 사용해야 한다. 마치 공과 공의 충돌에서 상대방이 가벼우면 자기는 느려져서 튀어나오지만 상대방이 무거우면 거의 같은 속도로 튀어나오는 것과 같은 원리이다. 그렇다고 무겁기만 해서 좋은 것도 아니다.

열매체는 적당한 온도에서 액체가 되어주지 않으면 배관에 열을 전달하기가 어려운데 금속으로써 98 ℃의 낮은 녹는점을 가진 나트륨은 얼마 안 되는 후보자 중 하나이다. 그러나 매우 위험한 공생관계라고 할 수 있다.

✪ 플루토늄 독성 강도와 핵무기 전용의 위험

일본 이외에도 일찍이 미국, 영국, 프랑스, 독일, 소련 등이 고속증식로를 계획하였고, 실제로 고속증식로를 만들어 실용화를 향해 실험을 하던 나라도 있었다. 그러나 일본 이외의 모든 나라에서는 계획을 포기하였는데, 특히 프랑스의 예가 흥미롭다.

프랑스에서는 1997년 6월 리오넬 조스팽(Lionel Jospin) 수상이 고속증식로 '슈퍼 페닉스' 계획을 포기한다고 선언하였는데, 그 주요 이유로는 나트륨의 위험성 외에 다음과 같은 것 등이 있었다.

❶ 적은 양이라도 매우 독성이 강한 플루토늄이 외부로 유출되면 중대한 환경오염이 발생하며, 또한 보존이나 운반이 어렵다.

❷ 플루토늄은 원자폭탄으로 쉽게 전용할 수 있다. 플루토늄을 갖는 것은 핵무기를 갖는 것과 거의 같다고 볼 수 있는데, 만약 어디서나 간

단히 플루토늄을 구해 핵무기를 만들 수 있어서는 안 된다.

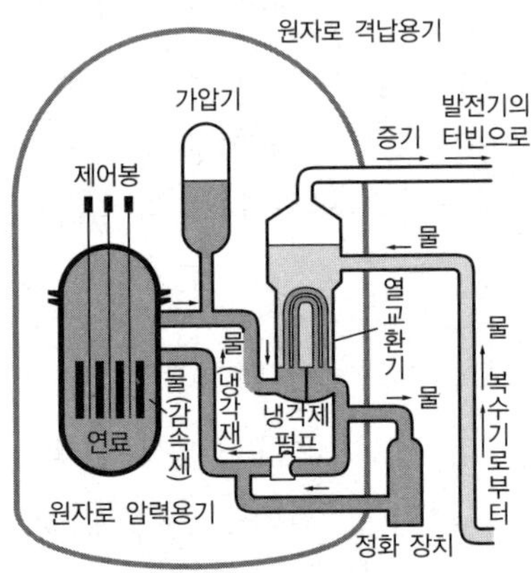

가압수형 경수로 | 노내의 경수가 비등하지 않도록
높은 압력을 걸어서, 고온고압수(280 ℃ 67 kg/cm² 정도)로 하여,
이것을 열교환기를 통해서 증기를 만들어 터빈에 보낸다.

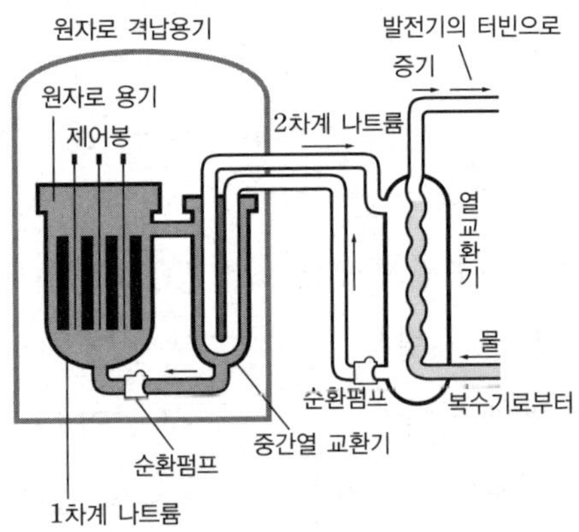

고속 증식로 | 고온 나트륨의 열을 열교환기로 경수에 전해서 비등시킨다.
냉각재로 나트륨을 사용하며, 중성자는 감속하지 않는다.
또 우라늄 연료의 주위에 ^{238}U를 다수 늘어놓고,
소비한 양 이상의 플루토늄으로 변환한다.

(도모키요 히로아키[友淸祐昭] ≪플루토늄—초우라늄 원소의 정체≫ 고단샤[講談社]에서 전재)

113: 수소 폭탄은 핵융합을 이용하여 만들었는데 왜 방사능이 나오는가?

'핵융합의 연료가 되는 중수(重水)는 바닷물에 무한히 있기 때문에 태양 내부에서 일어나는 고온 고압의 핵융합 반응을 지구상에서 실용화할 수 있다면 인류는 방사능의 위험 없이도 반영구적으로 에너지원의 문제로부터 해방될 것이다.' 라고 고교 물리 교과서 등에서 배운 기억이 있을 것이다. 이 사고방식은 수소폭탄 개발 중이던 1951년 미국의 우주물리학자 로버트 스피처(Robert L. Spitzer, 1914~1997)가 제창한 것인데, 수소폭탄을 비롯한 핵융합 연구 등에 거액의 예산을 얻는 근거로 사용되고 있다. 이 때문에 핵분열 반응과 비교하여 핵융합 반응은 방사능 오염이 없는 깨끗한 에너지원이라고 생각해 버리는 사람이 많다. 하지만 핵융합 반응에서 방사능이 방출되지 않는다는 것은 허구임이 드러났다.

1954년 3월 1일 남태평양 마샬군도의 비키니 환초(環礁)에서 실시된 미국의 수소폭탄 실험이 끝난 후, 약 190 km 떨어진 위치에서 참치 잡이 중이던 일본 선적 제5 후쿠류마루(福龍丸)호가 '죽음의 재'를 맞아

23명의 선원 전원이 피폭되었으며, 선원 중에 구보야마 아이키치(久保山愛吉) 씨는 6개월 후에 사망하였다. 또한 수폭 실험 도중 남태평양 상에서 조업하고 있었던 총 270척의 참치 어선이 같은 해 3월 하순경부터 차차 일본으로 귀항하였는데, 방사능으로 오염된 457톤이나 되는 '원폭참치'는 땅속에 매립 처분되었다. 방사능 오염은 물고기에만 멈추지 않고 같은 해 5월에는 그대로 마시면 위험할 정도의 오염된 방사능비가 일본열도에 세차게 쏟아졌는데, 비키니 수폭실험의 '죽음의 재'가 대기권 상층의 기류를 타고 일본에까지 다가온 것이었다.

수소폭탄의 원리는 원자폭탄을 사용하여 핵분열 반응을 일으킴으로 발생한 약 1억 ℃의 고온상태에서 고속의 이중수소와 삼중수소의 원자핵끼리 충돌시켜 핵융합 반응을 일으키는 것이다. 히로시마 원폭의 약 1,000배의 에너지가 발생한 비키니 수폭 실험에서는 다량의 잔류 방사능이 발생하였는데, 주로 원폭의 핵분열 생성물에 의한 '죽음의 재'는 바람에 날아간 산호초의 파편에 부착되어 있다가 비에 의해 지상으로 내려온 것이었다. 또한 핵융합 반응에 의해 발생한 대량의 중성자는 공기, 해수, 산호 등 모든 물질을 방사능 화하여 유도 방사능을 만들어 냈으며, 방사성 나트륨이나 염소 등 방사능의 반감기가 짧은 것까지 고려하면 실험 직후의 방사능은 매우 강했을 것으로 생각된다.

현재 지구상에서 가장 실현가능성이 큰 핵융합로는 중수소와 삼중수소의 핵융합 반응($D+T \rightarrow {}^4He+n+17.4\,MeV$)을 이용하는 것이다. 이 융합로에서 사용하는 연료인 삼중수소는 β선을 방출하는 방사성 물질로 반감기가 12년이다. 그리고 고온으로 가열된 삼중수소는 철이나 콘크리트 벽을 모두 투과하기 때문에 몇 겹의 방호벽이 필요하며, 비록 사고가 일어나더라도 삼중수소가 유출되지 않을 만큼 충분한 대책이 필요하다. 이 핵융합 반응으로 생기는 것은 고속의 헬륨 원자핵과 중성자로, 헬륨 원자핵은 α선이며, 중성자는 투과력이 강하고 에너지가 매우 높은(14MeV) 방사선이다. 이 때문에 핵분열 원자로에 비해 핵융합로에는 훨씬 두꺼운 노벽(爐壁)이나 방호벽이 필요하다. 또한 고속의 중성자는 노벽의 물질을 구성하는 원자와 충돌하여 노벽의 구조를 파괴하므로 수년마다 노벽을 교환하지 않으면 안 된다. 이때 발생하는 노벽 폐기물도 중성자에 의해 방사능화 되었기 때문에 거대한 방사성 폐기물이 된다.

'지상에 태양을 만든다.' 는 핵융합로의 꿈은 위와 같은 기술적 문제가 산적해 있으며 융합로를 설계하는 단계까지는 아직 갈 길이 멀다. 현재는 어떻게 핵융합 반응을 지속시킬 것인가와 어떻게 고온을 유지할 것인가 등의 기초적인 연구 단계에 머물러 있다.

일본에서
왜 원폭을 만들 수 없었는가?

일본의 원폭 연구의 역사

제2차 세계대전 중 일본에서도 원폭 제조를 위한 연구가 있었다. 일본의 연구는 어떻게 진행되었는가는 일본 물리학의 성격이나 그 사회적 기반에도 관계가 있었다.

✪ 출발점은 같다.

1939년 핵분열의 발견이 공표된 이후 그 이용에 대해서는 누구나 관심을 갖게 되었는데, 같은 해 미국에서는 아인슈타인의 편지를 계기로 우라늄 자문위원회가 발족되었고, 일본에서도 이화학연구소(이연理研)에서 사이클로트론(cyclotron)을 사용하여 우리늄 외에 토륨(thorium)으로도 핵분열이 일어난다는 것을 확인하였다. 그리고 교토대학의 아라카쓰 분사쿠(荒勝文策) 연구소에서는 우라늄이 분열할 때 중성자가 평균 2.6개 방출되는 것을 밝혀냈는데, 당시 일본의 물리학은 이론 및 실험분야에서 세계 최고 수준이었다고 말할 수 있다. 또한 일본은 원자력을 이용한

무기에도 관심을 갖고 있었다.

✪ 일본에서 연구의 시작

일본의 원폭 연구는 육군과 이연(理研), 니시나 요시오 연구소에 의한 2호(號)연구와 해군과 교토대학 아라카쓰 연구소에 의한 F호 연구가 있었다.

2호연구는 1940년 육군항공기술연구소 야스다(安田) 중장의 조사 지시에 따라 시작되어 1941년 4월 이연에 정식연구가 위탁되었고, 1943년에는 도조(東條) 총리의 지시까지 추가로 받아서 예산 100만 엔이 책정되었다. 이는 육군 전체 연구비의 0.1 %이며, 현재의 가치로는 10억 엔에 해당한다.

한편, 해군에서도 1941년에 기술연의 이토(伊藤) 대령 등이 원자력 연구의 필요성을 설명하였는데, 처음에는 추진용 동력으로도 고려되다가 1942년 7월부터 예산 2,000엔이 책정되어 니시나, 사가네 료키치(嵯峨根遼吉), 오사카대학의 기쿠치 세이시(菊池正士) 등으로 핵물리 응용 연구위원회를 조직하여 검토를 진행하였다. 결론은 '원폭은 만들 수는 있지만 미국이라도 이번 전쟁이 끝날 때까지는 만들 수 없다.'는 것이었다. 이후 위원회는 1943년 중단되어 니시나 연구소로 합병되었다.

이와는 별도로 해군의 F호연구는 1943년부터 위탁되었지만 기초연구가 주를 이루었고, 실제로 우라늄 235의 분리 등 현실적인 연구가 시작된 것은 종전이 되던 해였다.

✪ 일본에 우라늄은 있었는가?

미국과 같이 콩고(Congo)나 캐나다로부터 순도가 높은 우라늄을 손에 넣을 수 있는 상태는 아니었지만 일본에도 우라늄은 있었다. 이연의 이모리 사토야스(飯盛里安) 박사 등이 우라늄 추출법을 연구하였는데, 이연의 아다치(足立), 아라카와(荒川) 공장 등에서 우라늄이 약간 함유된 광석에서 흑사(黑砂), 모나즈석(monazite), 카르노석(carnotite) 등을 추출한 다음 다시 이를 처리하여 상당한 양의 우라늄을 추출하여 축적하였다고 한다. 그러나 이 우라늄 등은 대량 사용까지는 이르지 못했던 것으로 보인다.

❂ 일본의 우라늄 농축 실패

원폭을 만들기 위해서 가장 중요한 기술은 우라늄의 농축이다. 천연 우라늄의 대부분은 우라늄 238이며, 핵분열을 일으키는 것은 천연우라늄 중 0.7 %에 해당하는 우라늄 235이다. 따라서 우라늄 235를 분리하여 비율을 높이도록 농축하는 것이 원폭 제조의 성패가 된다. 하지만 우라늄 238과 우라늄 235는 질량만 다를 뿐, 화학적 성질이 거의 같기 때문에 우라늄 235는 쉽게 분리되지 않았다. 따라서 질량차이를 이용한 기체 확산, 열확산, 전자 분리, 원심 분리의 4가지 방법이 고안되었다.

2호연구에서의 농축법은 니시나의 지시를 받은 다케우치 마사토(竹內柾) 등이 연구한 결과 열확산법으로 결정되었는데, 장치가 간단하고 싸다는 경제적인 이유와 같은 방법으로 질소의 동위원소를 분리해 본 경험이 있었기 때문이다. 먼저 구리를 재료로 길이 5 m의 이중 통을 만들어 안쪽은 니크롬선으로 가열하고 바깥쪽은 물로 냉각시킨 다음 6불화 우라늄 가스를 넣으면 대류가 일어나 가벼운 우라늄 235가스가 위로 분리되는 방식이었다.

1943년 봄부터 3명의 연구원으로 시작하여 44년부터는 기술장교 10

명도 참가하였고 1944년 7월부터는 우라늄 가스를 분리탑에 넣는 실험이 시작되었다. 온도차는 30 ℃정도였으며, 목표는 5 m의 관 4개로 하루 300 mg을 생산하는 것이었는데, 불소의 반응과 압력이 내려가는 문제 때문에 잘 되지 않았고, 농축의 결과도 오차 범위 내에서만 성공하였다.

이 분리탑은 공습으로 파괴되었지만 만약 이 방식이 성공적이라고 하더라도 분리탑 제작에 필요한 구리는 일본군 전체 소요량의 거의 절반 정도이고, 소모 전력도 일본 전체의 10 %에 해당되어 거의 경제성이 없었다고 볼 수 있다.

이 연구에 참여했던 기술장교들은 오사카대학과 스미토모(住友) 금속에서 분리탑을 다시 만들었지만 가동되기 전에 전쟁이 종료되어 둘 다 모두 강물에 던져버렸다. 나중에 기고시 구니히코(木越邦彦)들의 분자간 힘의 계산에서도 이 방법은 거의 불가능하다는 것을 알게 되었다.

아라카쓰 연구소에 의한 해군의 F호 연구는 1943년부터 종전까지 총 60만 엔이 지출되었는데, 금속 우라늄을 만들거나 사이클로트론의 제작에 중심을 두었으며, 우라늄의 분리방법은 겨우 1945년에 고속회전에 의한 원심 분리기를 생각해내는 수준으로 실질적인 진전은 없었고, 기초 연구 수준이었다.

☸ 세계에서 기술의 진전

일본에서 원폭개발이 진행되는 동안 세계에서는 원폭을 만드는 데 필요한 중요한 진전이 두 가지가 있었다.

하나는 고속 중성자에 의한 핵분열을 사용한 임계량의 재검토이다. 우라늄에 중성자를 부딪쳐서 핵분열을 일으킬 때 중성자의 속력을 느리게 해주면 연쇄반응이 일어나는 확률을 한층 더 높일 수 있다. 따라서 원자로를 만들 때는 감속재를 사용하여 발생한 중성자의 속도를 줄인다. 그러나 이것은 원자로에서는 괜찮지만 폭탄에서는 감속재의 사용으로 인해 장치가 커지고 진행이 느리므로 충분한 반응이 진행되지 않은 상태에서 더 이상 핵분열이 일어나지 않게 된다. 그래서 폭탄을 만들 때에는 연쇄반응의 확률은 낮지만 반응을 충분히 진행시키기 위해서 고속 중성자를 그대로 사용하는데, 연쇄반응의 가능성은 고속 중성자의 산란(散亂) 단면적과 반사재의 질과 양에 따라 달라진다. 이에 대해서는 1940년 루돌프 에른스트 파이얼스(Rudolf Ernst Peierls, 1907~1995)에 의한 연구로 임계량이 골프공 정도가 적당하다는 것이 알려지면서 운반 가능한 폭탄의 가능성이 매우 높아졌다.

또 하나는 플루토늄의 발견이다. 원자로에서 중성자가 우라늄 238에 부딪쳐서 만들어지는 플루토늄이 핵분열을 일으킨다는 것이 발견되었다. 이것은 우라늄과는 다른 원소이므로 화학적인 분리가 가능하여 곤란했던 분리의 문제가 해결되었다. 즉, 원자로에서 플루토늄을 충분히 생산할 수 있다면 보다 간단하게 원폭을 만들 수 있게 된다. 다음에 설명할 미국의 본격적인 최초의 원자로는 플루토늄을 만드는 것을 중요한 목적으로 설계되었으며, 트리니티(Trinity)라는 이름으로 알려진 알라모고르도(Alamogordo)의 제1회 원폭실험은 실은 우라늄이 아니라 플루토늄의 핵분열이었다.

✪ 영국, 미국에서의 진전

미국도 1939년 단계에서는 아직 천연 우라늄의 폭발 가능성이나 잠수함의 동력으로써의 이용에 대한 가능성을 생각하고 있는 단계였고,

4 t의 흑연과 50 t의 산화 우라늄을 확보하고 있었으며, 6,000 달러의 예산만을 편성했을 뿐이었다. 연구는 영국이 먼저 시작했다. 영국 때문에 미국도 1941년 11월에 폭탄 개발을 정식으로 결정하여 맨해튼 계획을 수립하고, 1942년 이후 본격적인 생산태세에 들어간다. 미국의 특징은 우라늄 235의 모든 분리 방법을 각 팀마다 동시에 대규모로 진행한 것이었다.

우라늄과 흑연의 원자로는 엔리코 페르미(Enrico Fermi, 1901～1954) 등에 의해 비로소 개발되어 연쇄반응과 반응의 제어에 성공하였는데, 350 t의 흑연과 36.6 t의 산화 우라늄 및 0.562 t의 금속 우라늄이 사용되었다. 이후 핸포드(Hanford)에 의해 만들어진 최초의 본격적인 원자로는 플루토늄 제조용이었고, 1944년부터 플루토늄이 외부로 반출되어 원폭으로 사용되었다.

플루토늄 외에도 우라늄 235를 이용한 원폭개발에서는 오크리지(Oak Ridge)에 전자 분리와 기체 확산을 사용하는 공장이 만들어졌는데, 히로시마에 투하되었던 리틀 보이(Little Boy)의 우라늄은 하루에 200g을 제조했던 전자 분리에 의한 것이 대부분이었다.

또한 아벨슨(Abelson) 등이 해군의 지원으로 열확산법을 연구하였는데, 온도차를 600 ℃로 하여 성공하였다. 열확산법은 14.6 m의 관 100개를 이용하여 우라늄 235를 분리하고 전자 플랜트 864기의 칼루트론(calutron)으로 순도를 올리는 등의 방법이 사용되었다.

전체 맨해튼 계획에 종사했던 사람은 작게 잡아 12만 5,000명에서 많게는 50만 명 정도가 동원되었고 20억 달러의 비용이 소요되었다.

✪ 왜 일본은 성공하지 못했는가?

이 책 외에도 다른 책을 보면 원폭의 연구 개발에 성공한 미국의 경우에도 여러 가지 문제가 있었지만 여기서는 일본에서 왜 만들 수 없었는가에 한정시켜 고찰하기로 하자.

❶ 경제력, 공업 규모의 차이

우라늄 235를 분리하는 과정에서 미국은 대규모의 지원에 의한 병렬방식을 시행한 반면 일본은 열확산법에 의한 분리법만을 실행에 옮겼을 뿐이었다. 즉, 경제력이나 공업 규모의 차이 때문에 성공하지 못했다.

❷ 첨단연구와 기술의 연계 및 독창적 연구 풍토에 대한 육성 의지
   부족

일본에서는 평가가 확실하지 않은 실험단계에서는 필요한 투자를 얻을 수 없었다. 원폭개발에 종사하는 인원이 3명이나 10명 정도였다는 것은 경제성이라는 말이 나오기 이전에 일본 정부의 의지문제이기도 할 것이다. 즉, 첨단연구에 필수적인 기술적인 뒷받침이나 독창적 연구를 지원하고자 하는 의지가 부족했다고 할 수 있다. 원폭개발 외에서 일본정부의 소극적인 면은 다른 곳에서도 찾아볼 수 있다. 야기 히데쓰구(八木秀次)와 우다 신타로(宇田新太郎)가 발명한 야기 우다 안테나도 일본에서 인정받을 수 없었고(제1권 참조), 레이더의 원리도 1935년 가을 일본에서 최초로 발견하고 실험하였지만 해군에서 실질직으로 레이더 개발을 지시한 것은 영국, 미국에서 실용화되었다는 정보를 입수한 1941년 8월이었다. 이 시기에 오카베 긴지로(岡部金治郎)가 발명한 마그네트론(magnetron)은 해군에서 독자적인 방향으로 연구된 것임에도 불구하고 이에 대한 지원보다는 당장 급한 발신과 수신을 포함한 레이더 시스템을 짜는 데에만 고심하고 있었던 것이다.

❸ 통제와 공무원의 일

일본 정부의 통제와 관료주의 때문에 연구에 필요한 자재의 입수가 매우 곤란하였다. 군 항공본부는 실험 자재에 대해서는 전혀 지원하지 않았고, 자재의 입수, 운반 등은 니시나 연구소에서 하도록 하였으며, 모터 하나 사는데 전 부품의 자재 일람이나 납땜의 성분까지 만들어서 유명 회사의 제품만을 구입해야 했다. 또한 제품 회사의 담당 자재계가 모두 다른 상태였고, 비밀 연구라 하더라도 특별한 대우를 받지 못하고 기다리다가 겨우 배급 전표를 받아 지정 업자에게 가서 받을 정도였다. 또한 이에 대한 모든 잡무를 연구자가 처리하지 않으면 안 되었다. 이러한 국가 프로젝트가 있을까?

❹ 과학 분야에 대한 이해부족과 경시 풍조

'우라늄은 물에 닿아 수중에서 폭발하는가?' 에 대한 군의 조회와 육군기술연구소의 회답 등에서도 알 수 있듯 과학 분야에 대한 이해가 부족했으며 군의 연구담당의 능력에 문제가 있었다. 또한 '가미카제(神風)' 와 같은 정신주의, 인명경시가 주를 이루다 보니 과학 분야를 경시하는 풍조가 만연해 있었다.

❺ 연구자 사이의 교류 협력의 부족

원폭개발에 참여했던 과학자인 다케우치(竹內)의 메모에는 과학자의 협력, 팀워크가 충분하지 않다는 사실에 대해 분개하는 구절이 나온다. 자기의 참여보다 먼저 1939년부터 연구가 시작되었지만 구체적인 데이터가 인계되지 않은 것에 대한 불만이었다. 또 가까운 사이클로트론의 전문가는 자기의 연구에만 틀어박혀 서로 교류가 없었고, 각각의 전문가가 참여해서 공동으로 연구해야 한다는 진언도 받아들여지지 않았다. 이것은 영미의 과학자가 집단적인 협력 체제를 구축하고, 각 팀이 여러 각도에서 우라늄의 분리에 몰두하여 원폭개발에 성공했던 것과는 대조적이다. 또한 일본에서는 자신의 전문분야를 넘어 협력 체제를 통해 원자력 연구를 진행하지 않았으며, 과학자로서 국민들에게 원폭의 위험성을 설명할 수도 없었다.

그러나 일본의 연구자들이 원폭제조에 어떤 의식을 가지고 있었는가에 대한 문제도 언급하지 않으면 안 될 것이다. 아라카쓰의 메모에는 '전쟁과 무관하게 연구를 진행하고 싶었다. 젊은 연구원이 군대에 끌려가지 않도록 남겨두고 싶다고 생각했다.', '니시나도 마찬가지로 원폭이 목적이 아니라 우선 연구용으로 농축 실험을 생각했을 것이다.' 라고 씌어있다. 이는 전쟁에 관계하고 싶지 않다. 젊은 연구자들을 헛되이 죽이고 싶지 않다. 또는 더 적극적으로 일본의 침략 전쟁에 협력하고 싶지 않다는 뜻일 것이다. 그리고 일본이 원폭을 갖는다면 무엇을 할지 모른다는 생각을 가진 연구자도 있었으리라 생각된다. 그것이 영미에서는 과학자가 자주적으로 정부에 손을 뻗어 나치보다 먼저 필사적으로 연구에 몰두한 것에 비해 일본에서는 군의 주도로 연구가 시작되었기 때문에 그리 적극적이라고 할 수 없는 연구로 끝난 이유가 아닐까 하는 생각이 든다.

연구의 중심이 된 니시나 등이 개발에 열심이었다는 증언도 있지만 확실하지 않고 오히려 고바야시 미노루(小林稔)의 증언에 의하면 일본, 독일, 이탈리아의 추축동맹이 성립되던 날 니시나는 '이제 일본도 세계의 무뢰한 무리에 들어가는가?' 라고 내뱉듯이 말하였다고 전해진다.

115 : 원수폭 개발을 둘러싼 스파이 사건

1949년 9월 소비에트 연방(현 러시아)의 원폭실험 성공이 공표되자 그때까지 핵무기를 독점하고 있던 미국의 우위가 흔들리게 되었다. 이 무렵에 원수폭과 과학자에 관계된 스파이 사건이 몇 가지 역사에 등장하는데 이 중 3가지의 큰 사건을 살펴보자.

✿ 푸크스의 사건

글라우스 푸크스(Klaus Fuchs, 1911~1988)는 독일 출신의 물리학자로 영국으로 망명하여 박사 학위를 취득했고, 같은 독일 밍멍자인 파이얼스(Rudolf Ernst Peierls, 1907~1995)의 초빙에 응하여 핵분열 연쇄반응의 연구에 종사하게 되었다. 이미 영국에서는 1940년에 모드 위원회(Redcliffe Maud Commission)가 만들어져 원폭 제조의 검토에 들어가 있었고, 파이얼스와 푸크스는 임계량 계산과 열확산법에 의한 우라늄의 분리에 몰두하고 있었다. 푸크스는 1942년 영국 시민이 되었고, 1943년 원폭 제조 협력에 관한 영미비밀협정 조인 후에 파이얼스와 함께 미국에 갔다. 그리고 원폭 연구의 중심이던 로스 알라모스에서 플루토늄 폭탄의 이론적 문제를 연구하였는데, 이때 유명한 파인먼(Feynman)과 친해진다. 전쟁 종료 후 푸크스는 영국으로 돌아와 1946년에 하웰(Harwell)의 원자력 기관에 취임하여 영국 핵무기의 평화적 이용 연구에 중심적인 역할을 수행하게 된다.

그는 1950년 2월에 체포되었는데, 그 이유는 소련에 플루토늄 폭탄의 설계에 대한 정보를 제공했다는 것이었다. 주위를 속여서 정보를 제공했다면 위법이지만 그의 경우에는 보통의 스파이 사건과는 다른 특징을 볼 수 있다.

❶ 정보는 흘렸지만 수고비는 받으려고 하지 않았다.

❷ 그가 흘린 것은 훔친 정보라기보다는 그의 연구와 지식이 중심이었다. 특히 자기의 연구 성과에만 국한하였고, 파이얼스의 연구결과를 포함한 다른 자료를 흘리지 않았다.

여기서 떠오르는 것은 다음과 같은 모습이다. 그는 '원래 나는 스파이가 목적이 아니었다. 그러나 내가 관여하는 현재의 물리학 연구는 매우 중대한 전기를 맞고 있으며, 나치즘에 대항하기 위해 이를 진행해야 했다. 그런데 함께 싸우고 있는 소련을 제외하고 영미에서 비밀리에 연구되고 있다. 원래 나는 나치와 싸워 공산주의자로 쫓겨시 영국에 왔다. 나는 무엇에 충실하면 좋겠는가? 나의 과학적 성과를 어떻게 해야 하는가?' 라고 생각했을 것이다.

그의 행위는 잘못된 것인지도 모르지만, 원래 인류 전체의 것인 과학의 성과가 국가의 다툼 중에서 기밀의 벽에 부딪쳤을 때 과학자가 직면하는 고뇌를 잘 보여주고 있다. 그리고 당시 보어를 비롯한 많은 과학자들이 소련과도 원폭계획을 공유하여 협력해야 한다고 주장하기도 했다.

그는 1959년 금고 14년의 형을 받았는데, 사형이 아니었던 것은 정보를 제공한 나라가 적국이 아니고 동맹국이었기 때문이었다. 그는 결국 9년 6개월을 복역한 후 출옥하여 동독으로 갔으며, 그의 정보 덕분에 소련의 원폭 연구는 1, 2년이 더 빨라졌다는 의견이 있기도 하다.

❂ 로젠버그 부부의 사건

소련이 원폭을 보유하고 한반도에서 6. 25전쟁이 발발한 후 미국에서는 반공의 거센 바람이 불었다. 푸크스가 체포된 해인 1950년 매카시(McCarthy) 상원의원 등에 의해 공산주의자에 대한 일제 탄압이 시작되자 9명이 원폭정보를 소련에 제공한 혐의로 체포되었다. 그 중에는 기계공장을 경영하던 줄리어스와 에셀 로젠버그(Julius and Ethel Rosenberg)가 포함되어 있었는데, 원래 이 사건은 푸크스 사건과 관련되어 일어난 것이었지만 프레임 업(frame-up), 소위 조작되었다는 의심이 강하게 제기되었다. 부부는 사형 판결을 받았지만 물증은 거의 없고 공범자의 증언만이 중요하게 다루어졌다. 또한 당시부터 현재까지 이 사건에 대해 많은 연구가 발표되었지만 모두 증거가 불확실하고 증인이 거짓말을 하는 버릇이 있음을 명백하게 나타내고 있다.

그러나 1953년 6월 19일 자백하면 목숨을 보장한다는 거래를 최후까지 거부해서, 아인슈타인 등을 비롯한 많은 사람들의 전 세계적 항의와 구명 탄원에도 불구하고 사형이 집행되었다. 부부 사이에는 10세와 6세의 아들이 있었는데, 사형 집행 후 두 아들의 끈질긴 규명노력에 힘입어 1974년 로젠버그 사건 재심실현위원회가 결성되었고 1982년 의회의 하원사법위원회 소위원회에서 청문회가 개최되기도 하였다.

❂ 오펜하이머의 추방

존 로버트 오펜하이머(John Robert Oppenheimer, 1904~
1967)는 미국 원폭의 창시자로 불리고 있으며 원폭 연구를 추진한 로스
알라모스의 연구소장이었다. 또 그 후에도 미국 원자력 계획의 중요한
담당자였던 그에게 원자력 위원회로부터 추방과 국가 기밀로부터의 차
단 사실이 구두로 전달된 것은 1953년 12월 21일이었다. 다음날 오펜하
이머는 이를 거부하며 전면적으로 반론하였고, 다음 해 이루어졌던 그
레이(J. S. Gray) 위원회의 증인 심문 및 심사는 추방결정을 바꾸지
않았는데, 이를 오펜하이머 사건이라고 한다.

오펜하이머가 고발당했던 이유는 다음과 같다.

❶ 연인, 부인, 동생 부부는 공산당원이며, 소비조합 등 공산당과 가
까운 조직에 속해 있다. 본인도 공산당이었다는 의심을 받고 있으며, 또
원폭계획에 공산당과 관계가 있는 학자를 고용한 책임자이다.

❷ 친구를 통해서 정보가 새어나가는 것을 보고하지 않았다.

❸ 수폭의 계획에 반대하여 계획을 고의로 지연시켰다.

이에 대해 오펜하이머는 다음과 같은 반론을 제기하였다.

㉮ 시사 문제에 무관심했던 나도 독일에서 유대인의 부당한 대우와
불황으로 나의 학생들이 취업할 수 없다는 사실을 알고 정치 경제나 사
회에 좀 더 관여할 필요를 느꼈다. 당시는 통일전선의 시대이며 공산당
과 다른 조직이 제휴하여 활동하였으며 나도 거기에 참가했지만 나 자
신은 공산당원이 아니었다.

㉯ 우리들의 연구는 긴급하여 그 사람의 과거가 어떠하였는지를 묻지
않았고 성실함과 신뢰성에 확신을 가질 수 있으면 배제하지 않았다. 로
스 알라모스에서 내가 당시 알고 있었던 공산당원은 다만 한 사람, 나의

부인이다.

㉰ 나는 원폭실험의 성공에는 만족하였지만 이것이 미래에 무엇을 의미하는가에 대해 불안을 느끼게 되었다. 나는 핵무기에 대한 국제적인 관리의 유효한 방법으로 전쟁 그 자체를 없애는 방법을 고안하는 일에 열중하였다.

㉱ 소소련의 원폭 성공 직후 원자력 위원회는 내가 속한 일반 자문위원회에 수폭의 개발을 자문해 왔다. 우리들은 핵무기의 우위성을 증대시키자는 권고를 하였지만 수폭개발의 강행계획에는 다수가 반대하였다. 이 계획은 미국의 지위를 약하게 하는 것이라고 생각할 정도였다. 수폭 개발에 대해 설명이나 의견 표명을 하였지만 의도적으로 개발을 방해한일은 없다.

과연 그는 무엇 때문에 재판을 받았을까? 이미 심사가 끝난 교우관계 등은 문제가 되지 않았다. 그렇다면 추방당한 이유는 미국의 원자력 정책에 영향력을 가진 그가 핵의 위험으로부터 세계를 구하기 위해 소련과도 제휴하는 원자력의 국제적인 관리를 제창하고 수폭의 개발에 반대했기 때문일 것이다. 스스로의 사상과 신조를 바탕으로 핵에 대한 전망과 의견을 말하는 것이 정치적인 이유에 의해 배제된 것이다.

3개의 사건을 통해서 제기되는 것은 과학의 민주성, 자주성, 공개성이 어떠해야 하는가이다. 만약 핵을 국제적으로 관리한다면 기초 지식이나 정보를 기밀로 유지하는 것이 무너져야 하고 서로의 교류가 필수적이다. 오펜하이머는 핵의 국제 관리의 첫걸음은 정보의 공개에 있다고 강연 중에 몇 번이나 역설하고 있다.

116: 원폭 개발과 아인슈타인의 책임

❂ 나치스 · 독일 원폭에 대한 공포와 '자문위원회'

대부분의 사람들은 아인슈타인이 원폭개발을 진언하는 편지를 미국 대통령 루즈벨트에게 보낸 것이 계기가 되어 원폭 제조에 관한 거대 프로젝트인 '맨해튼 계획'이 추진되었으며, 히로시마, 나가사키에 원폭이 투하됨으로써 오늘날의 핵 시대의 문을 열었다고 말하고 있다. 사실은 어떠할까?

1939년 8월 2일자로 쓴 아인슈타인의 편지가 백악관에 도착한 것은 유럽에서 제2차 세계대전이 발발하고 6주 후인 10월이었다. 나치스의 박해를 피해 미국으로 망명했던 헝가리의 과학자 게르투르투 바이스 실라드(Gertrud Weiss Szilard, 1898~1964) 등은 '만약 나치스독일이 원폭을 먼저 개발한다면 세계는 파멸에 이를 것이다.' 라는 두려움으로부터 미국이 원폭개발에 앞장설 필요가 있다는 생각을 가지고 있었다. 당시 루스벨트 대통령을 움직이려면 망명자의 한 사람이면서 저명한 아인슈타인을 이용하는 것이 효과적일 것이라고 생각한 그들은 아인슈타인과 이야기한 후 동의를 얻어 서명을 받았다. 이에 대해 아인슈타인은 1945년 12월 한 오찬회의에서 '우리들은 이 새 무기를 만들어내는 데에 도움을 주었지만 그것은 인류의 적(나치스)이 우리들보다 앞서 그것을 완성하는 것을 막기 위해서였다.'라고 말했다.

이 편지는 대통령의 눈에 들어 우라늄 연구에 관한 '자문위원회'가 만들어졌다. 그러나 이 위원회에 1940년 2월까지 4개월 동안 지원된 예산은 불과 6,000달러로 맨해튼 계획의 전체 예산이 20억 달러임을 감안하면 개발이 본격적으로 시작되었다고 말할 수 있는 상황은 아니었다. 이론적으로도 아인슈타인의 편지에 씌어있던 구상은 천연 우라늄을 이용한 것이어서 폭탄으로는 물리적으로 불가능한 것이었다. 천연 우라늄으로는 중성자를 충돌시켜도 대부분을 차지하는 우라늄 238에 포획되기 때문에 연쇄반응 자체가 중도에서 멈추게 된다. 또 정치적으로는 '미국의 시민권을 갖지 않은 자에게 기밀사항을 다루게 하는 것은 바람직하지 않다.'는 의견에 의해 그 해 6월에 과학의 군사동원을 본격적으로 진행하는 국방연구위원회(NDRC)가 조직되면서 '자문위원회'는 망명과학자들을 배제하고 '우라늄위원회'로 재편성되었고, 실라드 등의 연구는 천연 우라늄 원자로에 연구가 한정되이 실제 원폭 제조에 관련된 연구에서 제외되었다. 이에 아인슈타인의 노력은 일단 어기서 중단된다.

◎ 원폭계획을 결정한 영국 정보

실제로 폭발이 가능한 원자폭탄을 고안한 것은 영국에 망명해 있던 과학자들이었다. 파이얼스는 지속적으로 연쇄반응을 일으키는 데에 충분한 질량인 임계량을 산출할 때, 천연 우라늄을 사용한다면 1톤 또는 최대 40톤이라고 계산했는데, 이는 너무 커서 폭탄으로 만들 수 있는 규모가 아니었다. 이에 영국의 망명과학자들은 핵분열에 대해서 새롭게 검토하게 되었고, 핵분열에 관여하는 것은 느린 중성자와 함께 천연 우라늄 중에 불과 0.7 %밖에 포함되어 있지 않은 우라늄 235임을 발견하였다. 이후 우라늄 235의 농축을 연구하고 있던 오토 로버트 프리슈(Otto Robert Frisch, 1904~1979)와 파이얼스는 공동연구를 통해 폭발 가능한 고농축우라늄 폭탄을 구상하였는데, 이 연구는 1940년 2월경에 정리되어 영국정부를 움직이게 하여 원폭개발을 목적으로 하는 ‘모드(Redcliffe Maud) 위원회’가 설치되었다. 영국은 동맹관계에 있었던 미국과의 정보교환 협정에 의거하여 1941년 7월 모드위원회의 보고서 사본을 미국 측에 넘겨주게 된다.

미국의 과학연구개발국(OSRD)의 국장 배너바 부시(Vannevar Bush, 1890~1974)는 이 보고서를 읽고 원자폭탄이 전쟁의 귀추를 결정할 수 있는 지대한 위력이 있음을 인정하였으며, 전 미국 과학아카데미의 검토와 최고정책그룹의 회의를 거쳐 그해 12월 6일 드디어 ‘원폭개발에 전력을 다하라’는 지시가 내려지게 된다.

❂ 원폭개발의 진전과 과학자들의 의문

맨해튼 계획의 최초 시설로 1942년 시카고대학에 암호명 ‘야금연구소’라는 명목으로 실험용 연쇄반응로가 만들어졌으며, 육군 직할 하에 ‘맨해튼 계획(Manhattan Project)'이 정식으로 발족하게 된다. 이어서 테네시 주 오크리지(Oak Ridge)에 우라늄 분리공장, 워싱턴 주 핸포드(Hanford)에 플루토늄 제조공장, 뉴멕시코 주 로스 알라모스에 폭탄 제조의 최종기지가 되는 연구소의 건설이 시작되어 원폭 제조가 본격적으로 시작되었다. ’나치스독일에 뒤떨어져서는 안 된다. '는 대의명

분이 있었기 때문에 맨해튼 계획에 동원된 과학자들은 연구개발에 더욱 몰두하게 되었다.

한편 정책 결정자들은 1944년 초반 독일에는 원폭이 없다는 정보를 입수했지만, 이 유례가 없는 위력의 원폭을 전후 대 소련 전략의 비상수단으로 보유하려고 했기 때문에 '맨해튼 계획'을 중지할 생각이 없었다.

그러나 독일의 항복이 시간문제가 된 상황을 보고 과학자들 중에는 '원폭 제조의 이유가 없어졌다.'며 그 이상의 계획 추진에 의문을 갖는 사람도 나타났다. 조지프 로트블랫(Joseph Rotblat, 1908~2005)은 1944년 말에 로스 알라모스를 떠났고, 실라드는 1945년 봄에 전후의 원폭관리에 대한 국제 조직의 필요성을 설명한 편지를 대통령에게 제출하였다. 7월에는 야금연구소의 과학자들을 중심으로 일본에 경고 없는 원폭 투하를 반대하는 청원 서명운동이 전개되기도 하였다.

그렇지만 당초의 목표였던 독일이 아닌 일본의 히로시마에 8월 6일 원폭이 투하되고, 8월 9일에는 나가사키에 두 번째 원폭이 투하되면서 과학자들 중에는 정부와 군에 대한 불신을 표명하는 사람도 나타났고, 원폭의 개발, 제조 및 사용에 대한 결정권이 과학자들의 손을 떠나버린 것을 깊이 깨닫게 되었다.

이렇게 보면 아인슈타인이 루스벨트에게 보낸 편지를 히로시마, 나가사키에까지 결부시키는 것은 조금 지나친 비약으로 보인다. 그러나 그는 자기가 원폭 제조 계획이 시작되게 한 책임이 있다는 것을 깊이 반성하였고, 전후 적극적으로 평화운동에 참여하게 된 것은 바로 이 깊은 반성에 기인한 것이라고 할 수 있다.

누구나 알고 싶어하는 우주의 13 왜?

117: 어떻게 별까지의 거리를 측정하는가?

최근 뉴스에서는 지금까지 생각하고 있던 우주의 나이보다 별의 나이가 더 오래되었다는 측정결과가 나와서 우주의 나이를 다시 추정하려는 논의가 소개되었다. 그렇다면 우주의 나이는 어떻게 측정할 수 있을까? 빅뱅이론을 기초로 하면 현재 성운(星雲) 사이의 거리와 그들이 서로 멀어지는 속도를 통하여 역으로 추산하면 우주의 나이와 크기를 추정할 수 있다. 따라서 우주의 나이는 성운, 더 나아가 별의 거리를 어떻게 측정하는가에 따라서 크게 달라진다고 할 수 있다. 그러므로 별까지의 거리를 측정하는 방법에 대하여 이해하는 것이 매우 중요하다.

✪ 삼각 측량

고대부터 멀리 떨어진 지점까지의 거리를 정확히 측정하고자 도입된 방식이 바로 삼각 측량이다. 그림과 같이 강 너머의 C지점까지의 거리를 측정하려면, 강의 이쪽 부분에 A, B의 두 지점을 지정하고, 그 둘을 이은 기선(基線)과 $\overline{AC}$, $\overline{BC}$가 이루는 각도를 각각 측정한다. 이때 C점

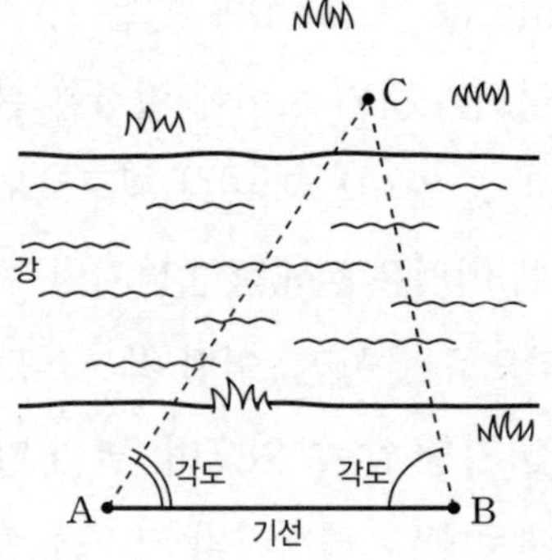

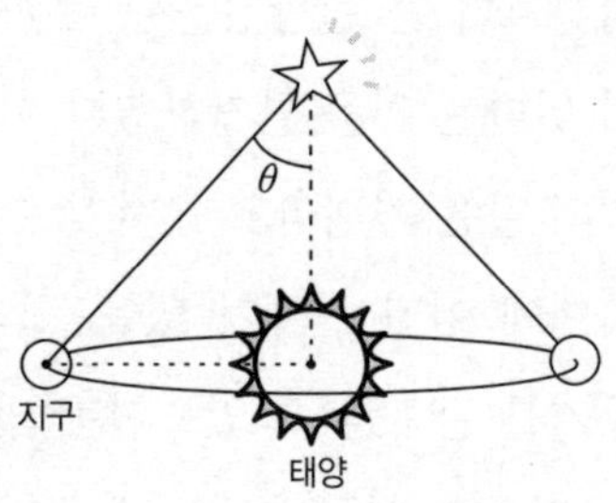

까지의 거리는 기선의 길이와 각도로부터 삼각형의 닮음 조건을 이용하면 쉽게 구할 수 있다.

이 삼각 측량에서는 기선의 길이가 길수록 좀 더 먼 거리를 정확히 측정할 수 있는데, 지구로부터 멀리 떨어진 별까지의 거리를 측정할 때에는 태양을 중심으로 하는 지구의 공전반지름을 기선으로 잡는다. 이때 각도 θ가 1초(1도의 3600분의 1)가 되는 거리를 1파섹(parsec)이라고 한다. 그러나 이 방법으로는 기껏해야 30~40파섹 정도까지 밖에 측정할 수 없으며, 가장 가까운 항성이라도 θ기 0.8초 정도이므로 대부분의 별은 이 방법으로 측정하기가 매우 어렵다.

✪ 세페이드 변광성에 의한 측정

삼각 측량으로 구할 수 없는 먼 거리는 어떻게 측정할까? 우주에는 주기적으로 밝아지고 어두워지는 세페이드 변광성(Cepheid 變光星)이라 부르는 종류의 별들이 존재하는데, 이중 지구에 가장 가까운 것은 북극성으로 거리가 90파섹이며 변광 주기는 3.97일이다. 1차 세계대전 전에 하버드대학 천문대의 헨리에타 스완 리비트(Henrietta Swan Leavitt, 1868∼1921)여사는 마젤란 성운(Magellanic Cloud)에 있는 주기가 하루보다 큰 변광성을 관측하여 주기와 겉보기 밝기 사이에 일정한 관계가 있다는 것을 발견하였다. 마젤란 성운의 별은 어느 것이나 지구로부터 거의 같은 거리라고 근사할 수 있기 때문에 이것은 절대적인 밝기와 주기 사이에 어떤 관계가 있음을 의미한다. 역으로 말하면, 어떤 세페이드의 주기를 관측할 수 있으면 별의 절대적인 밝기를 알 수 있으며, 별의 밝기는 거리의 제곱에 반비례해서 줄어들기 때문에 그 별까지의 거리를 측정할 수 있게 된다. 물론 여기에는 세페이드가 우주의 어디에서나 같은 성질을 가지고 있다는 가정이 성립되어야 한다. 또한 절대적인 밝기를 결정하려면 다른 방법으로 거리를 알고 있는 세페이드를 기준으로 정해야 한다. 세페이드 변광성의 거리를 알아내기 위해서는 어떤 방법이 사용될까?

기준이 되는 세페이드 변광성까지의 거리는 거의 같은 밝기라고 생각되는 별의 그룹 운동을 관찰함으로써 얻을 수 있었다. 먼저 어떤 별이 우리를 향해 다가오는 경우에는 별에서 오는 빛의 진동수가 도플러 효과 때문에 보라색 쪽으로 치우치게 되고, 반대로 멀어지면 빨간색 쪽으로 치우치게 되기 때문에 변광성의 스펙트럼을 분석해 보면 시선방향의 속도를 결정할 수 있다. 한편 시선과 직각을 이루는 방향의 속도는 사진촬영을 통해 구할 수 있는데, 이때 직각방향의 속도는 거리에 따라 달라지는 값이며, 일정한 주기운동을 한다고 가정하면 우리로부터 거리가 멀수록 작아지는 값이다. 이때 목표로 설정한 별의 운동을 분석하여 시선방향의 속도분포와 직각방향의 속도분포를 비교하면 대략적인 거리를 측정할 수 있다. 1913년 덴마크의 헤르츠스프룽(E. Hertzsprung, 1873∼1967)

은 가까이 있는 13개의 세페이드로부터 6.6일의 주기를 가진 세페이드가 −2.3등급의 절대 광도를 가짐을 발견했는데, 이 주기와 광도의 기준으로부터 할로 섀플리(Harlow Shapley, 1885~1972)는 은하계의 크기를 계산하였고, 에드윈 파월 허블(Edwin Powell Hubble, 1889~1953)은 먼 성운과 적방변위(赤方變位)를 관측하는데 응용되었다.

그러나 곧 문제점이 발견되었다. 허블과 월터 바데(Walter Baade, 1893~1960)가 관측한 결과에 이 기준을 적용하면 안드로메다 성운(Andromeda Nebula)의 별은 우리 은하계에 비해 너무 어둡다는 결론에 도달한다. 이를 해결하기 위해 관측을 계속한 결과 세페이드에는 소용돌이 은하의 팔 안에 있는 젊은 세페이드와 은하 중심 근처의 구상 성단에 속하는 늙은 세페이드의 두 가지 종류가 있음이 바데에 의해 발견되었다. 또한 두 종류의 세페이드의 주기와 광도에 관한 기준이 새롭게 정의되어 다시 계산한 결과 안드로메다까지의 거리가 2배가 되었다. 즉, 바데 이전까지 성공적으로 보이던 거리 측정은 젊은 세페이드가 은하계의 평면 가까이에 있으며, 먼지나 가스에 의해 차단되다 보니 지구에서 관측할 때에는 늙은 세페이드와 거의 동일하게 관측되었기 때문이라는 우연한 사실 때문이었다. 현대 천문학에서 세페이드에 의한 거리의 측정은 별의 표면온도의 관찰에 의해 보정되고 있으며 더욱 정밀화되고 있는 상황이다.

✪ 다시 삼각 측량(VERA 계획)

세페이드를 통한 거리 측정은 간접적인 방식이므로 언제나 검토가 필요하다는 약점이 있다. 이에 비해 삼각 측량은 보다 직접적인 거리 측정 방식으로 재론의 여지가 없기 때문에 직접적인 삼각 측량이 재검토되고 있다. 기선으로서 지구의 공전궤도반지름을 사용하는 것은 전과 마찬가지이지만, 전파망원경 2대를 1조로 하여 만든 전파간섭계인 상대 VLBI를 이용하여 세페이드나 별의 생성 영역에 많은 전파원(메이저, maser)에서 오는 전파를 관측하는 방법을 사용하고 있다. 이는 전파망원경 1대는 전파원을 관측하고 나머지 1대는 전파원에 근접하는 퀘이사(quasar)를 동시에 관찰하여 공통적인 대기의 흔들림을 제거함으로써 종래의 삼각 측량보다 1,000배 이상 정확한 측정을 할 수 있게 되었다.

일본의 국립천문대는 구경 20 m의 전파망원경을 이와테현 미즈사와(岩手縣水澤), 오가사와라 지치지마(小笠原父島), 가고시마현 이리키(鹿兒島縣入來), 오키나와현 이시가키지마(沖繩縣石垣島)에 4대의 전파간섭계를 설치하여 관측함과 동시에 지구 자전의 흔들림인 세차운동이나 지각의 운동도 측정하여 반영함으로써 정밀도를 높일 야심찬 계획을 추진하고 있다. 우주의 크기와 나이는 이와 같은 과학기술의 발전과 더불어 정확해질 것이다.

118: 왜 행성은 모두 거의 같은 평면을 돌고 있는가?

태양계에는 지구를 포함하여 모두 9개의 행성이 태양을 중심으로 회전하고 있다.[1] 태양계에는 행성 이외에도 행성 주위를 도는 위성, 소행성, 혜성, 운석, 티끌 등도 포함되어 있다. 하지만 불가사의한 것은 모든 행성이 타원 궤도를 따라 거의 동일한 평면 위를 같은 방향으로 돌고 있다는 사실이다(그림1, 표를 참조)(가장 어긋나 있는 명왕성이 지구의 궤도면과 17.2도, 다른 행성은 몇 도 이내이다). 다른 방향의 면 위를 돌거나 빈대방향으로 도는 것도 물리법칙 상으로는 가능한데 왜 행성의 운동은 그렇지 않을까? 이것을 생각하기 위해서는 태양계의 탄생까지 거슬러 올라가야 한다.

현대적인 행성 형성 이론을 최초로 제안한 사람은 18세기 후반의 대철학자 칸트(Kant)와 수학자물리학자인 라플라스(Laplace)이다.

태양도 항성의 하나이므로 다른 항성과 마찬가지 과정에 의해 생성되

---

1 ● 역주 : 최근에 명왕성은 행성에서 제외되었다.

었을 것이다. 우주에는 수소를 주성분으로 하는 성간(星間) 가스와 실리케이트(silicate)나 얼음의 미립자로 되어 있는 더스트(dust)라는 물질이 분포하고 있다. 이 물질들 사이에 작용하는 힘은 중력 즉, 인력(引力, 잡아당기는 힘)이 작용하는데, 전자기력 같은 척력(斥力, 밀어내는 힘)이 없으므로 물질의 분포가 균일하더라도 인력이 작용하면 한 지점에 상대적으로 많은 물질이 모이게 된다. 한 번 모이기 시작한 물질은 더욱 큰 인력을 갖게 되어 주변의 물질을 계속 모으게 되어 결국에는 천체가 만들어진다.

태양계도 성간 물질이 스스로의 인력에 의해 집중됨으로써 시작되었다고 생각되는데, 일단 모이기 시작한 성간 물질은 더욱 큰 인력을 발휘

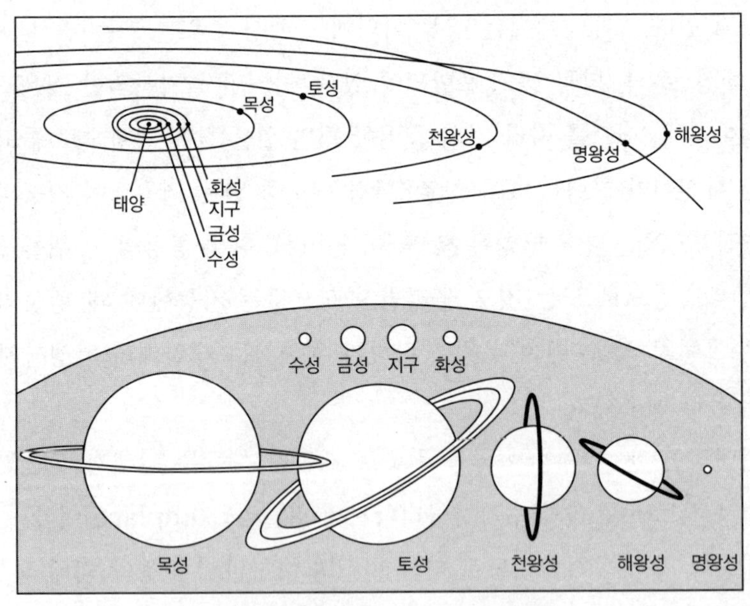

그림 1 • (가토 마리코[加藤萬里子] 《신판 100억 년을 나는 우주》
고세이샤 고세이카쿠[恒星社厚生閣], 116페이지에서)

하여 주변의 성간 물질을 끌어들이게 되어 중심부분에는 고온 고압의 상태가 되므로 핵융합 반응이 시작되고, 결국 밝게 빛나는 원시 태양을 만들게 된다. 이때 원시 태양의 가스덩어리에 회전이 전혀 없었다면 작용하는 힘은 인력뿐이기 때문에 태양계의 모양은 둥근 별 모양이 되었을 것이고, 반대로 회전이 매우 강했다면 구심력이 약한 가스덩어리는 링 모양으로 분열하여 연성계(連星系)가 되었을 것이다.

실제로는 태양계의 가스 덩어리가 약하게 회전하고 있었을 것으로 추정되고 있으며, 대부분의 성간 물질은 중심부분에 모였지만 회전하는 성분을 지닌 가스는 약한 구심력 때문에 원시 태양에 흡수되지 못하고 주위를 회전하게 된다. 한편 중심부분에 모인 가스는 자체의 중력 때문에 수축하게 되는데, 이 수축과정에서 중심부분이 3000도 정도로 뜨거워지고, 중력에 의한 수축이 일단락되면 더 이상 에너지를 얻지 못하게 되므로 주변에 열을 방출하게 되어 식어가는 원시 태양이 만들어졌을 것이다.

이때 원시 태양과 주변을 회전하는 가스 덩어리 사이에는 원심력과 중력의 합력의 수직방향 힘(그림 2)에 의해 가스 덩어리는 태양의 적도면 부근을 회전하는 얇은 원반 모양으로 되어 간다. 가스 안에 생긴 암석 물질이나 얼음 등의 고체 입자는 무겁기 때문에 가라앉고 원반의 중심면 위에 더 모여서 지구 궤도 부근에는 1 cm정도의 먼지덩어리가 원시 태양을 회전하는 형태가 된다. 이 먼지에는 중력이 작용하기 때문에 고체 입자가 계속해서 모이게 되는데 작은 공간에 많은 입자가 모이게 되면 상호간의 인력이 증가하여 모양을 유지할 수 없게 되고, 결국 링 모양으로 분열하는데 이 과정을 반복하다 보면 거대한 파편 덩어리가 생성된다. 미행성(微行星)이라고 부르는 이 파편은 지름이 수 km의 크

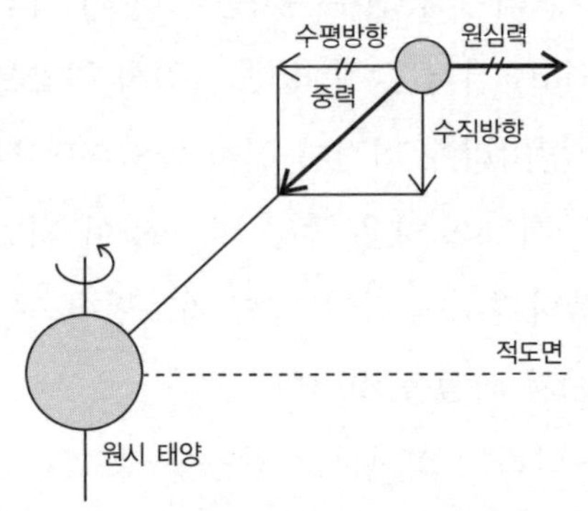

원시 태양의 주위를 회전하고 있는 물질은 적도면상으로
중력의 수직방향의 힘에 의해서 끌어당겨진다

그림 2

기이고 그 수는 1조 개 정도였던 것으로 추정된다. 결국 태양계는 원시 태양 주위를 다수의 미행성이 같은 평면 위를 같은 방향으로 회전하는 형태로 진화한 것이다.

한편, 미행성은 서로 충돌하게 되는데, 충돌속도가 느리거나 중력의 크기가 충분하면 미행성들끼리 합체하여 그 크기가 점점 커진다. 이와 같이 미행성은 오랜 시간에 걸쳐 반지름 1000 km 정도의 원시행성으로 성장한다. 이와 같이 성장한 원시행성은 증가된 질량에 의해 더욱 큰 중력을 발휘하여 가까운 곳에 있는 가스나 미행성을 더욱 끌어당겨 계속해서 성장한다. 즉, 큰 원시행성일수록 중력이 미치는 공간이 넓어지므로 가까이에는 다른 원시행성이 성장할 수 없게 되고 결국 하나의 영역에는 하나의 원시행성만이 성장할 수 있다.

이러한 과정으로 100만 년 정도의 시간이 흐르게 되고 현재와 같은 행성으로 성장한 것으로 추정되고 있다. 하지만 그림 1에서와 같이 목성, 토성, 천왕성, 해왕성 등의 크기가 큰 행성은 부피는 크지만 밀도가 낮아서 가스에 가깝다. 태양계 바깥쪽의 행성은 왜 이러한 특징을 갖게 되었을까? 이들 행성은 바로 중앙에 주변의 성간 물질이 집적되어 만들어진 것으로 추정된다. 하지만 원시 태양에서 방출되는 태양풍에 의해

태양계 행성의 공전, 자전의 성질

	수성	금성	지구	화성	목성	토성	천왕성	해왕성	명왕성
궤도면[주1] 경사각(도)	7.005	3.395	0.001	1.850	1.303	2.489	0.773	1.770	17.145
자전 주기 (일)	58.65	243.01	0.9973	1.0260	0.414	0.444	0.649	0.768	6.387
적도 경사각 (각)	~0	177.3	23.44	25.19	3.1	26.7	97.9	29.6	121.9

주1 궤도면 경사각, 적도 경사각은 지구 공전면을 기준으로 잡고 있다. (《이과연표》 마루젠에서)

날아간 내행성 주위의 가스를 포획하면서 성장하게 되어 지금과 같이 큰 덩치를 갖는 행성으로 성장했다고 보는 설도 있다.

결국 원시 태양 주위에는 행성과 미행성만이 남겨지는데 행성이 미행성과 충돌하거나 행성의 위성이 미행성과 고속으로 충돌한 다음 부서져서 현재의 소행성지대가 형성된 것으로 추정되고 있으며 이와 같은 작용으로 현재의 태양계가 탄생했다고 여겨지고 있다.

이와 같이 생각하면 행성들이 거의 동일한 평면 위를 같은 방향으로 공전하고 있는 이유는 원시 태양계를 이루던 성간 가스들이 회전하여 적도면 상의 평평한 원반의 형태가 되었기 때문으로 추정할 수 있다. 하지만 행성의 자전 방향은 원시 행성이 성장하고 있을 때 각 행성마다 결정되었기 때문에 규칙성을 볼 수는 없다. 또한 자전 속도도 행성마다 다르다.(표 참조)

이와 같이 행성들이 동일한 평면 위를 운동하고 있는 이유는 물리 법칙 뿐만 아니라 태양계 생성의 역사에 의해서 결정된 것이다. 물리학을 고정적 혹은 기계적으로 보는 시각도 있지만 물리학에서 자연을 역사적으로 보는 시각도 중요함을 나타내는 좋은 예라고 할 수 있다.

119:
우리의 몸이 초신성의
잔해로 되었다는 것이 정말인가?

우리들의 몸은 세포를 기본 단위로 하고 있는데, 그 세포를 만드는 물질이 무엇인지를 생각하면 이야기는 별의 진화에까지 이어진다.

그림 1을 보면 우리 몸의 약 80 %는 물이며, 나머지는 단백질이나 탄수화물, 지방 등의 유기물과 철, 칼슘 등의 무기물임을 알 수 있다.

이것을 구성원자로 보면

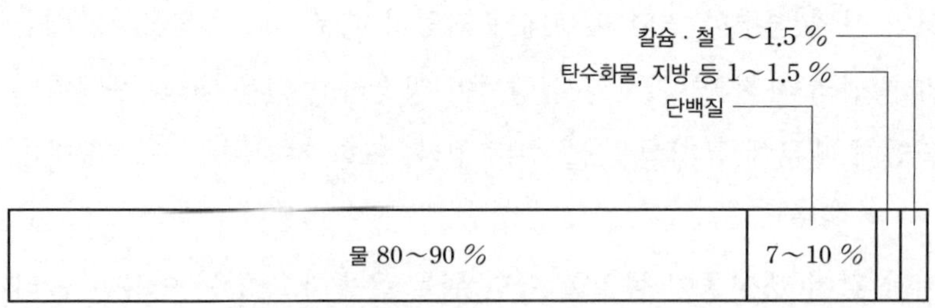

그림 1 • 일반적인 생물의 몸을 만드는 성분

물	H와 O	단백질	C, H, O, N
당질(탄수화물)	C, H, O	지질	역시 C, H, O
무기질	P, Ca, Fe, S, Na, K		

이 되는데 양이 많은 순으로 배열하면 표 1과 같다.

우리는 이 지구상에 태어나고 자라고 또 죽는다. 살아 있는 동안 지구상의 물질을 먹고 마시고 있다. 그러므로 우리의 몸은 지구상의 물질로 되어 있다고 볼 수 있다. 표 1에서 원자가 많은 순서를 비교하면 인체와 바다의 조성이 상당히 닮아 있으므로 생명은 바다에서 탄생되었다고 생각된다. 어쨌든 지구상의 생명체는 모두 지구상의 물질로 되어 있다고 해도 과언이 아닐 것이다. 그렇다면 지구는 46억 년 전에 성간 물질이 모여서 만들어졌다고 여겨지고 있기 때문에 우리 몸을 이루는 원자로 그 근본을 찾아보면 성간 물질에 이르게 된다.

그리고 그 성간 물질은 항성이라는 별의 일생 동안 항성 내부에서 만들어지는데, 항성이란 태양과 같이 스스로 빛을 방출하는 별을 부르는 이름이다. 밤하늘에서 볼 수 있는 별은 소수의 행성이나 위성을 제외하고는 거의 모두 항성이다. 항성도 사람과 마찬가지로 일생이 있는데 항성의 일생은 다음과 같다.

❶ 성간 물질이 중력에 의해 모

표 1. 원자 조성의 비교 [1]

많은 순	원자 조성			
	인체	우주	바다	지표
1	H	H	H	O
2	O	He	O	Si
3	C	O	Cl	H
4	N	C	Na	Al
5	Ca	N	Mg	Na
6	P	Ne	S	Ca
7	S	Mg	Ca	Fe
8	Na	Si	K	Mg
9	K	Al	C	K
10	Cl	Fe	N	Ti
11	Mg	S	…	…

이게 되면 중력이 계속 증가하게 되고 중력에 의한 수축에 의해 항성이 생긴다. 항성의 중심부는 수축에 의하여 고온 고압 상태가 되는데 성간 물질의 주성분인 수소원자는 양성자와 전자가 분리된 상태로 서로 부딪치게 된다. 중심의 온도가 1000만 도를 넘으면 4개의 양성자로부터 헬륨이 생기는 핵융합 반응이 시작되어 막대한 에너지를 방출하면서 빛을 낸다. 이것이 소위 '주계열성(主系列星)'의 시대이고 지금의 태양도 이 시기에 속한다.

❷ 핵반응이 진행되면 중심부에 헬륨이 많아지고 발생하는 에너지가 점점 줄어들게 된다. 이때 헬륨의 중력에 의해 외부의 가스가 다시 중심을 향해 수축하게 되는데, 이 때문에 중심부의 온도가 다시 상승하여 1,500만 도 이상이 되면 이번에는 헬륨이 핵융합을 일으켜 더욱 무거운 원소로 바뀌게 된다. 이때에는 별이 뜨거워지면서 다시 팽창을 시작하는데 이를 적색거성이라고 한다. 만약 태양이 적색거성이 되면 지구까지도 꿀꺽 삼켜버릴 것이다.

❸ 헬륨이 핵반응을 완성하면 결국 산소와 탄소가 남게 되는데, 그 다음에 핵반응을 지속할 것인지의 여부는 핵융합 반응에 필요한 질량이 충분한 지에 의해 결정된다. 이를 세분화하면 다음과 같다.

❸-① 만약 항성의 질량이 태양 질량의 3배보다 작다면 더 이상의 핵융합은 일어나지 않고 계속 수축하게 되어 그 크기가 지구 정도까지 작아진다. 이때 원자핵과 진자는 흐트러지며 1 cm^3당 $1,000\text{ kg}$까지 되는 고밀도의 백색 왜성(矮星)이 된다. 태양의 운명도 백색 왜성이 될 것으로 예측된다.

❸-② 항성의 질량이 태양 질량의 3배보다 크다면 수축에 의해 중심부의 온도는 지속적으로 상승하여 4억 도 이상이 되면 탄소가 핵융합

반응을 개시하게 된다. 이 반응이 진행되면 더 이상 통제가 불가능해지기 때문에 별 전체가 흔적도 없이 날아가는데 이를 초신성 폭발이라고 한다. 이때에는 별의 내부에서 만들어진 원자핵이 우주공간으로 날아가게 되고, 또 폭발할 때 대량의 중성자가 방출되면서 베타 붕괴를 일으켜 양성자, 전자 및 중성미자(뉴트리노, nutrino) 등이 생성되기도 한다. 또한 중성자와 양성자가 결합하기도 하는데 이 과정에서 무거운 원자핵이 합성되기도 한다.

❸-③ 항성의 질량이 ❸-②보다 더 큰 별에서는 탄소가 안정적인 핵융합 반응을 할 수 있으며 드디어 가장 안정한 원자핵인 철이 된다. 이 단계에서 별은 천천히 수축하는데 중심부가 40억 도를 넘게 되면 철은 급격하게 헬륨으로 분해된다. 이때는 많은 에너지를 주위로부터 흡수하게 되므로 중심부의 압력이 내려가서 별이 붕괴하는데, 붕괴의 결과 밀도가 $1\,cm^3$당 100억 kg까지 증가하면 그때까지 원자핵 주위를 돌고 있던 전자가 원자핵에 포획되면서 양성자와 반응하여 중성자가 된다. 수축과정이 더욱 진행되면 중성자끼리 서로 반발하여 폭발을 일으키게 되고, 별의 태반은 우주공간으로 날아가지만 나머지 부분은 중성자의 덩어리인 중성자별로 별의 일생을 마무리하게 된다.

❸-④ 항성의 질량이 ❸-③보다도 더 큰 별에서는 중성자의 반발력보다 수축하는 인력이 우세하여 끝없이 수축하게 되고 결국 '블랙홀(black hole)'이 된다.

종합하면 우주공간에 흐트러져 있는 성간 물질은 대부분 초신성 폭발의 잔해라는 사실을 알 수 있다. 이 성간 물질은 다시 별의 재료가 되며 $1\,cm^3$ 당 1개~100개 정도의 원자로 구성되어 있고 성간 가스라고도 한다.

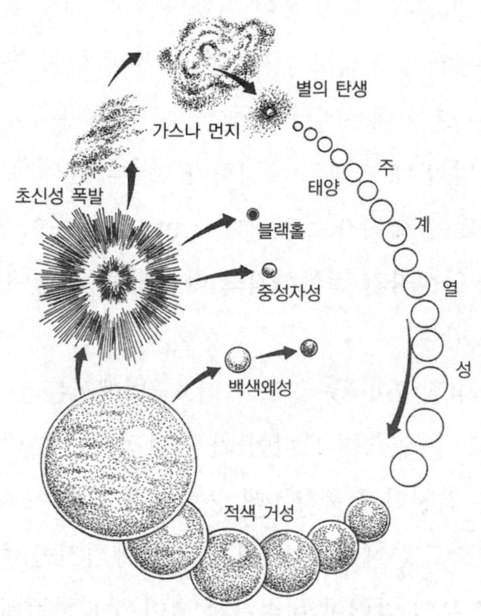

그림 2 ● (미즈타니 히토시[水谷仁]
《우주인은 있는 것일까》 이와나미 서점에서 전재)

그림 2는 별의 일생을 정리하여 그린 것이다. 이 연구에 있어 하나의 지침이 된 것은 1956년에 일본이 과학자 다케타니 미쓰오(武谷三男), 하타나카 다케오(畑中武夫), 오비 신야(小尾信彌) 등에 의해서 발표된 'THO 이론'이고, 당시는 '도저히(T) 정말이라(H) 생각되지 않는다(O)'고 불리기도 했던 이론이있지만 기본적으로 옳다는 것이 40년 후인 지금에 와서야 증명되고 있다.

그 하나는 그림 3과 같이 태양계가 초고온(약 100만 K)의 극히 얇은 가스에 싸여 있다는 주장이었는데, 그림 4에서와 같이 약 100만 년 전의 초신성 폭발의 흔적에서 강한 X선이 방출되고 있음이 관측됨으로써

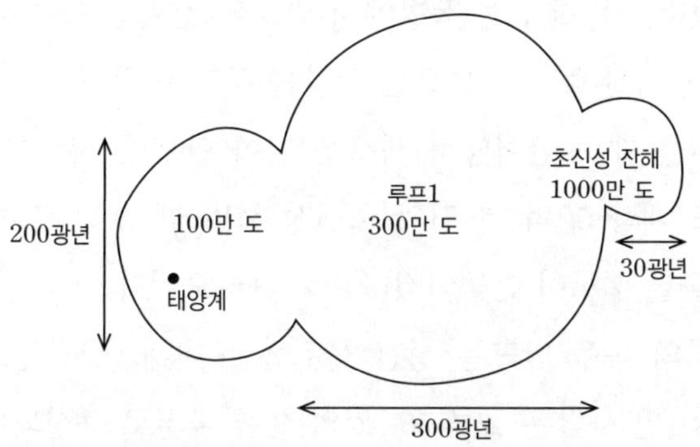

그림 3 ● 태양계를 둘러싸는 뜨거운 가스의 바다에는,
루프1이라고 부르는 더욱 거대한 거품이 이어져 있다.
그 저편에도, 여우자리 초신성 잔해가 이어져 있는 것 같다.
(이케우치 사토루[池内了] ≪우주의 모양을 더듬어 찾는다≫ 이와 나미 서점에서 전재)

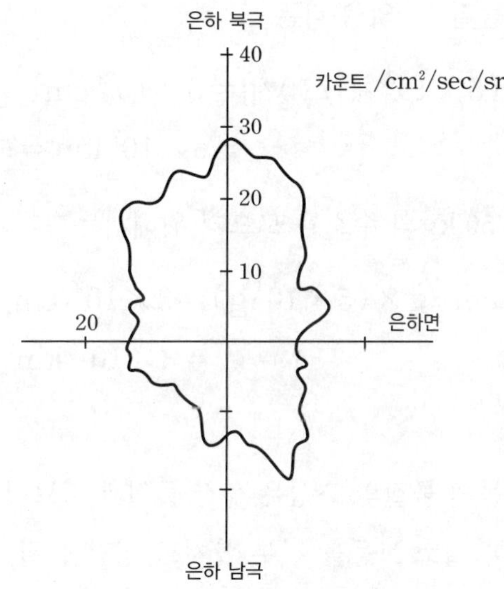

그림 4 ● 태양계 중심(좌표 원점)에
디퓨즈연X선원(Soft X-ray Diffuse)의 강도를 플로트한 것(다나카[田中] 등
1977). 이 벌어짐이 태양을 둘러싸는 고온 가스의 크기에 대응한다.
(마쓰오카 마사루[松岡勝] ≪X선으로 본 우주≫ 교리쓰[共立]출판에서 전재)

증명되고 있다. 즉, 초신성 폭발에서 발생된 강력한 충격파가 우주공간에 전파될 때 성간 물질을 모으는 역할을 하고 이렇게 모인 성간 물질이 주변의 물질을 계속 끌어당겨 새로운 별이 탄생한다는 이론이며, 우리들의 태양도 대략 50억 년 전의 초신성 폭발 때 생긴 충격파가 계기가 되어 성간 물질이 모여 만들어졌다는 시나리오이다.

한편 우리의 몸을 만드는 성간 물질은 도대체 어느 정도의 양일까? 체중이 50 kg인 사람은 물론 50 kg의 성간 물질로 구성되어 있다. 하지만 성간 물질의 밀도를 고려할 때 어느 정도 부피의 물질이 모여야 우리의 몸을 구성하고 있는 지를 살펴보도록 하자.

성간 물질의 주성분은 수소 H이다. 수소 원자는 6×10^{23}개가 모여야 1g이 되므로 성간 물질 1 cm^3 중에 수소 원자가 약 10개 정도 있다고 가정하면 성간 물질 1 g의 부피는

$$1 \text{ cm}^3 \times \{(6 \times 10^{23}\text{개})/10\text{개}\} = 6 \times 10^{22} \text{ cm}^3$$
$$= 6 \times 10^7 \text{ km}^3 = 6\text{천만 km}^3$$

이다. 따라서 50 kg의 수소를 모으기 위해서는

$$6 \times 10^{22} \text{ cm}^3/\text{g} \times (5 \times 10^4 \text{ g}) = 3 \times 10^{27} \text{ cm}^3$$
$$= 3 \times 10^{12} \text{ km}^3 = 3\text{조 km}^3$$

이 필요하다.

하지만 우리 몸의 물질의 조성은 성간 물질과 다르기 때문에 주성분이 탄소 C, 산소 O, 질소 N등을 전부 합쳐도 성간 물질 중에 2~3 %정도이고 수소 H는 약 70 %이므로 실제로 우리 몸을 만드는 성간 물질은 위의 약 30배인 9×10^{28} cm^3 = 90조 km^{3}이 된다.

이 값이 어느 정도의 부피인지 어림할 수가 없는데 지구의 부피와 비

교해 보면, 지구의 부피는

$$4\pi(6400\times10^5\,\text{cm})^3/3 \fallingdotseq 10^{27}\text{cm}^3 = 1조\ \text{km}^3$$

이므로 약 지구 90개분의 부피에 해당하는 성간 물질이 모여서 우리 인간 한 사람의 몸을 만들고 있는 셈이 된다.

120 우주에 끝이 있는가?

우리가 살고 있는 우주의 끝은 어떻게 되어 있을까? 그것은 아직 확실히 알고 있는 것이 아니며, 연구가 진행되고 있는 중이다. 그렇다면 현재 물리학에서는 어디까지 생각할 수 있을까?

우주의 끝에 대해서는 2가지의 문제가 있다. 하나는 실제 우주의 끝이 어떻게 되어 있는가 이고, 또 하나는 우리들이 볼 수 있는 한계가 어디까지인가라는 것이다.

✪ 우주의 모델과 우주의 끝

우리 우주의 모델과 끝을 설명하기 위해서는 다음과 같은 사항이 성립한다고 먼저 가정하자.

❶ 아인슈타인의 일반 상대성 이론이 성립한다.

❷ 우주는 은하를 많이 포함하고 있지만 큰 범위에서 볼 때 어느 장소에서나 균일하고 어느 방향에서나 같다.

우리가 이와 같은 가정을 하는 이유는 현재의 관측사실과 물리 법칙에 위배되지 않게 하기 위해서이다. 일반 상대성 이론은 시간과 공간의 변화를 기술하는 이론인데, 일반적으로 생각되어지는 구대칭인 공간과 균일한 시간을 가정할 때 시공간의 모습을 나타내는 계량을 로버트슨-워커 계량(Robertson-Walker Metric)이라고 부르며 다음과 같다.

$$ds^2 = c^2 dt^2 - R^2(t)\left\{\frac{dr^2}{1-kr^2} + r^2(d\theta^2 + r^2\sin^2\theta d\varphi^2)\right\}$$

여기서는 r은 무차원의 동경(動徑) 변수이고 R은 길이의 차원을 갖는다.

위 수식은 매우 어려워 보이지만 다음과 같은 의미를 갖는다. 우리들이 친숙한 유클리드 공간에서 두 점 사이의 거리를 나타내는 식인 $dx^2 + dy^2 + dz^2$은 극 좌표계에서는 $dr^2 + r^2(d\theta^2 + \sin^2\theta d\phi^2)$이라고 쓸 수 있다. 또한 제1항이 있는 것은 상대성 이론에 의해 시간 좌표가 더해졌기 때문이다. 즉, ds는 시간과 공간을 모두 포함하는 거리가 된다. 우리에게 친숙한 빛이 공간상을 직진하는 모습은 이 수식에서 $ds^2 = 0$과 같다.

알렉산더 프리드먼(Alexander Friedmann, 1888~1925)은 이 계량에 의거하여 R의 방정식을 만든 다음 그 해를 구하여 우주의 모델을 만들어 내는데 성공하였다. 해는 다음의 3가지로 나뉜다.

❶ $k = -1$: 우주는 열려 있는 무한한 공간에서 영원히 팽창을 계속한다. 우주공간을 2차원의 모델로 생각하면 곡률이 음(−)의 값을 갖는 말의 안장과 같은 면으로 설명하는데, 말안장에서 평행선을 그리면 사이의 간격은 계속 증가하게 되며, 삼각형을 만

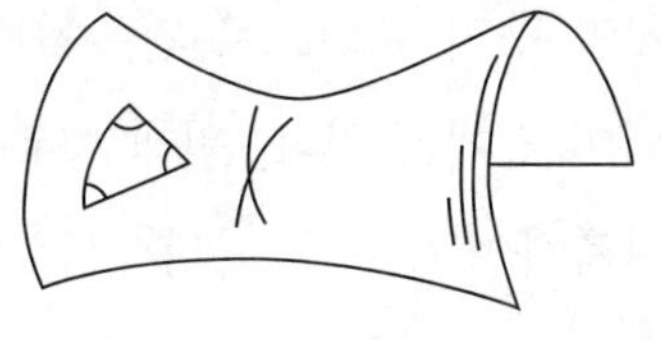

들면 내각의 합은 180°보다 작아진다. 이와 같은 우주는 팽창을 지속하려는 에너지가 원래의 상태로 되돌리려는 중력에너지보다 클 때 생긴다.

❷ $k=0$: 위의 말안장과는 달리 평탄한 모형으로 설명하는 모델로 우주는 무한히 팽창을 계속하게 된다. 왜냐하면 길이의 차원을 갖는 R이 시간 $t^{\frac{2}{3}}$에 비례해서 증가하기 때문에 시간이 무한대로 가더라도 길이 R이 어떤 값에 수렴하지 않고 발산하기 때문이다. 이와 같은 모형을 아인슈타인-드 시터(Einstein−de Sitter) 모형이라고 부른다.

❸ $k=1$: 이 모형은 그 끝이 닫힌 유한한 우주에 
서 팽창하고 있지만 머지않아 수축하게 된다는 모델이다. 끝은 없지만 유한하다. 이것은 모순으로 들리겠지만 2차원의 모델에서는 곡률이 양(+)의 값을 갖는 구면으로 설명할 수 있다. 구면에서 표면적은 유한하지만 경계가 없기 때문에 유한하지만 끝은 없다는 표현이 가능하게 된다.

이러한 공간에서는 평행선을 그리면 반드시 만나게 되고, 삼각형 내각의 합은 180°보다 크게 된다. 이와 같은 우주는 팽창하려는 에너지보다 끌어당겨 제자리로 되돌리려는 중력에너지가 큰 경우에 해당한다.

위의 결과를 종합하면 어느 모델에도 우주의 끝은 없다. R은 우주의 반지름처럼 보이지만 $k=1$일 때 우주는 4차원 공간에 존재하는 반지름 R인 구의 표면으로 간주될 뿐이며, 다른 경우에는 '전형적 길이'라는 의미 밖에는 없다. 원래 ''우주'의 어디에서 관측하여도 또 어느 방향을 관측하여도 모두 같다'라는 앞의 가정이 처음부터 '끝이 없다'라는 것을 가정한 것인지도 모른다. 우주가 팽창하고 있다는 사실을 실험적으로 관측한 허블(Hubble)이 앞의 예측과 같은 발견을 했을 때 자신의 견해를 설명해야 할 프리드만은 이미 사망한 뒤였다.

위의 3가지 모델 중 어느 모델이 맞는 이론인가를 결정하려면 관측에 의한 확인이 유일한 방법인데, 그중 한 가지 방법은 우주의 질량밀도를 관측하는 것이다. 현재 관측되는 우주의 밀도는 $k=1$을 나타내고 있는 것처럼 보인다. 그러나 우주에는 빛을 내지 않는 많은 질량, 예를 들어 뉴트리노, 왜소타원은하, 블랙홀 등이 존재하기 때문에 성급하게 결론을 내릴 수도 없다. 또 우주의 팽창이 멈출 것인가 오히려 가속될 것인가를 관측할 수 있으면 좋겠지만 그것도 앞으로의 문제로 남아있다.

✪ 우리들이 볼 수 있는 우주의 한계

인간이 만든 망원경으로는 하늘을 어디까지 볼 수 있을까? 언뜻 생각하기에 인간이 볼 수 있는 범위에는 제한이 있으며, 아무리 성능이 좋은 망원경을 만든다 하더라도 결코 인간의 능력으로는 볼 수 없는 우주의 지평선이 존재하는 것처럼 보인다. 왜냐하면 우주의 지평선이 존재하는 이유는 팽창하고 있는 우주의 저 끝에서 출발한 유한한 속도의 빛이 현재의 지구에 도달할 수 있는가 하는 문제가 되기 때문이다.

빛의 전파는 일반 상대성 이론에서 생각하지 않으면 안 된다. 앞에서 살펴본 로버트슨–워커 계량에서 각도의 변화를 0으로 하고 r방향만 생각하면

$$ds^2 = c^2dt^2 - R^2(t)\frac{dr^2}{1-kr^2}$$

이 되는데, 이 공간에서 빛의 진행은

$$ds^2 = 0 \quad \text{즉} \quad c^2 dt^2 = R^2(t)\frac{dr^2}{1-kr^2}$$

으로 정해진다. 따라서 빛이 시각 $t=0$에 $r=0$을 나와서 시각 t에 r에 도달했다고 가정하면

$$c\int_0^t \frac{dt'}{R(t')} = \int_0^r \frac{dr}{\sqrt{1-kr^2}}$$

이 성립한다. 이때 일반 상대성 이론에서 $r=0$과 r과 동일한 시각을 가리키는 에 있어서의 '고유거리' 는

$$l_{prop}(t) = R(t)\int_0^r \frac{dr}{\sqrt{1-kr^2}}$$

으로 주어지므로

$$l_{prop}(t) = R(t)\int_0^t \frac{cdt'}{R(t')}$$

이 된다. 이 거리를 구하면 빛이 전파되어 오는 범위의 한계를 알 수 있는데, 그 결과는 다음과 같다.

❶ $k=0$의 아인슈타인-드 시터 모델에서는

$$R(t) = R_0\left(\frac{3}{2}\ H_0 t\right)^{\frac{2}{3}}$$

이며, 이를 사용하면 $l_{prop}(t) = 3\,ct$가 되고 따라서 t_0를 우주의 나이라고 하고 대입하면 $3\,ct_0$가 우주의 지평선까지의 고유거리가 된다. 그러나 이것은 우주의 나이와 함께 증가하게 된다. 또한 빛이 $3c$로 전파된 것처럼 보이는데 이는 아인슈타인의 상대성이론이 광속 불변의 가정에서 출발한 것을 감안하면 모순이 됨을 알 수 있다.

❷ $k=1$의 경우에 자세한 계산은 다른 문헌을 참고하기로 하고, 감속

매개변수 q_0를 1이라고 놓으면

$$l_{prop}(t_0) = \frac{\pi c}{2H_0}$$

가 되는데, 우주의 지평선까지의 고유거리 l은 $\frac{c}{H_0}$가 된다. H_0는 허블 상수이므로 H_0^{-1}은 13×10^9년 정도이므로 고유거리는 대략 10^{10}광년 정도가 된다.

❸ $k = -1$ 인 경우도 ❶과 마찬가지로 우주의 지평선은 시간과 함께 벌어진다.

이와 같이 일반 상대성 이론으로 구한 우주의 한계를 우리가 관측할 수 있는 우주의 모습이라고 할 수 있다.

일반적으로 H_0^{-1}은 우주의 나이로 간주되기 때문에 위의 모든 경우에 대해서 우주의 나이를 t_0라고 한다면 우리가 볼 수 있는 관측의 범위

는 t_0광년이 된다.

이와 같은 논의가 우리에게 시사하는 바는 우리가 우리 주변의 사물을 볼 때 현재의 모습을 보고 있다고 생각하지만 실제로는 거리가 멀수록 현재가 아닌 과거의 모습을 보고 있다는 것이다. 예를 들어 친구들이

여기저기에서 보일 때 A군이 나와 악수를 하고 있다면 현재 나와 관계하고 있는 사람은 A군 뿐이며 멀리 보이는 친구의 모습은 좀 더 과거에서 출발한 빛이 나에게 도달하는 것이므로 더욱 젊은 시절의 친구를 보고 있는 것이 된다. 이것은 현재 상태가 거기에 접촉하고 있는 것에 의해 결정된다는 사고방식이기도 하다.

121 : 궁극의 이론은 존재하는가?

화학의 기본 법칙 중의 하나인 질량 보존의 법칙은 화학 반응의 전후에 반응에 관여한 물질의 전체 질량이 보존된다는 것이다. 그러나 원자핵 반응에서는 질량 보존의 법칙이 성립하지 않는다. 원자는 질량의 거의 대부분을 차지하면서 전체 원자의 정도의 부피만을 차지하는 원자핵과 그것을 둘러싼 전자로 구성되어 있다. 또한 원자핵은 양성자와 중성자로 구성되어 있으며, 이 둘 사이의 결합은 화학적인 결합에 비해 매우 강하다. 여기에 상대론을 적용하면 에너지는 곧 질량과 같기 때문에 결합에너지도 질량으로 생각할 수 있다('질량이란 무엇인가?'의 주제를 참고하시오). 종합하면 화학 반응에서 성립하는 법칙도 미시 세계인 원자핵 반응에서는 성립하지 않지만, 보다 보편성이 있는 에너지 보존 법칙은 항상 성립한다고 볼 수 있다.

법칙은 인류가 한정된 경험으로부터 추출한 것이기 때문에 추출한 경험의 영역을 넘어서 그 법칙을 적용하면 적용의 한계를 만날 수 있다. 위의 질량 보존의 법칙이 하나의 예가 될 수 있으며, 뉴턴 역학은 광속에 비해 충분히 느린 행성의 운동이나 지구상의 물체의 운동으로부터 추출된 것으로 광속에 가까운 운동에서는 상대론을 적용하지 않을 수 없다. 또한 19세기까지는 원자 내부의 미시 세계를 경험하지 못했기 때문에 뉴턴 역학과는 매우 이질적인 양자 역학이라는 법칙이 미시 세계를 지배한다는 것을 20세기 초반에서야 알게 되었다.

자연법칙은 경험의 산물인 만큼 미경험의 세계에 적용할 수 있다는 보증은 어디에도 없다. 이렇게 말하면 신비주의자나 반과학론자에게 악용될 소지가 있기 때문에 미경험의 세계가 무엇을 의미하는지 정확하게 이해할 필요가 있다. 앞에서 말한 질량 보존의 법칙은 무수히 많은 모든 화학 반응에 대해서 확인된 것은 아니기 때문에 아직 검증되지 않은 화학 반응에 있어서의 질량 관계에 대해 아무 것도 말할 수 없는 것은 절대 아니다. '질량이란 무엇인가'의 주제에서 설명하고 있는 것처럼 이 법칙의 배경에는 미시세계에서의 에너지 보존 법칙이 있으며 화학결합의 에너지가 정지질량 에너지에 비해서 무시할 수 있으면 성립하는 법칙이라고 알고 있다.

즉, 이론적으로 접근하면서 다른 법칙과 조합이 가능하다면 미경험이라고 불리는 범위는 신비주의자가 큰소리칠 만큼 넓은 것은 아니다.

예를 들어 지구상의 물질은 여러 가지 원자로 되어 있는데 손에 쥐어 본 일이 없는 다른 별들의 물질은 무엇으로 구성되어 있을까? 우리는 지구상의 실험을 통해 뜨거운 가스 상태의 원자는 고유의 파장을 갖는 빛을 방출하고, 차가운 가스 상태의 원자는 특정한 파장 영역의 빛을 흡수한다는 사실을 알고 있다. 이를 이용하여 다른 별의 방출 혹은 흡수스펙트럼을 분석하면 그 별의 구성 원자를 확인할 수 있다.

그렇다면 관측이 불가능하거나 관측한 일이 없는 별의 구성성분은 어떻게 알아낼 수 있을까? 멀리 있는 별일수록 우리에게서 다른 별보다 빠른 속도로 멀어지고 있다는 관측 사실로부터 빅뱅이론이 탄생했는데, 이 학설에 의하면 지금부터 약 100억 년 정도 전에는 우리의 우주가 초고온과 초고밀도의 상태에 있었고, 이 때문에 시작된 팽창이 지금도 계속되고 있다고 한다. 처음에 쿼크(Quark)의 수프였던 물질이 우주의 팽창에 의해 냉각되면 쿼크가 결합해서 중성자가 되며, 좀 더 시간이 지나면 중성자는 일부 붕괴하여 양성자와 전자가 만들어지게 된다. 시간이 더 지나면 양성자와 중성자의 반응으로 여러 가지 원자핵이 만들어지고, 팽창으로 인해 더욱 냉각되면 (+)전하를 가진 원자핵이 (−)전하를 가진 전자를 얻어 중성화된 다음 현재의 원자가 되었다고 빅뱅이론은 말한다. 이 학설을 적용하면 우주에 있는 수소 원자와 헬륨 원자 등의 존재 비율을 계산할 수 있고, 우주에 대한 관측사실을 뒷받침하는 이론적 배경이 되기도 한다. 그 외에도 빅뱅이론의 예언이나 이론이 우리가 관측할 수 있는 우주의 성질을 잘 설명하고 있기 때문에 세세한 부분의 오류를 제외하면 기본적으로 옳은 이론이라고 인정받고 있다. 또한 빅뱅이론이 옳다면 우주를 구성하는 물질은 모두 빅뱅 이후에 만들어진 것이기 때문에 지구상의 물질과 동일한 물질이라고 할 수 있으므로 안드로메다 성운에 있는 행성에서도 지구상에서와 같은 법칙이 지배한다고 할 수 있다. 그러나 빅뱅 초기와 같은 초고온, 초고밀도 상태에서 성립하는 법칙은 알 수가 없고, 하물며 빅뱅 이전에 대해서는 이론적으로도 경험적으로도 설명할 수 있는 방법이 현재로서는 없다.

이와 같이 미경험의 세계란 전혀 경험한 일이 없는 초고에너지의 세계나 초고밀도나 초미시세계와 같은 물리적 조건으로 표현되는 극한 현상의 세계를 말하며 이러한 세계에서는 우리가 추출한 법칙에 적용 한계가 나타난다고 할 수 있다. 세상의 과학자 중에는 최종 법칙이나 궁극의 물질이 존재한다고 생각하는 사람도 있지만 이와 같은 견해는 경험 세계의 논의를 벗어나 자연관이나 철학에 속하는 영역이 되기 때문에 자연과학의 논의에서는 흑백을 정확히 가릴 수 없다. 그러나 최종 법칙이 있다면 무엇이 생기는지에 대한 논의 자체는 해볼 수 있다. 액체인 물의 운동은 물의 비중이나 점성의 정도 등을 결정하면 구체적인 형태가 결정되는 유체 방정식을 통해 기술할 수 있다. 그러나 물의 점성은 이 방정식으로 결정할 수는 없는데 점성을 결정하려면 물이 무엇으로 구성되어 있는가에 대한 논의가 필요하다. 물의 구성성분을 기술하기 위해서는 원자핵이나 전자의 성질에 따라 구체적인 형태가 결정되는 양자역학의 방정식으로 기술해야 하는데, 이는 미시 세계에서는 물이라는 개념이 없는 상태이므로 유체 방정식의 적용 한계를 뛰어넘었기 때문이다. 그러나 논의는 여기에서 끝나지 않고 원자핵을 만드는 양성자나 중성자의 질량은 어떻게 결정되는가 하고 묻는다면 양성자나 중성자는 쿼크로 이루어져 있으므로 쿼크를 기술하는 방정식이 필요하게 된다. 이와 같은 방식으로 최종 방정식을 구할 수 있다고 하더라도 왜 최종 방정식이 그와 같은 형태를 가지고 있는가에 대해서는 설명할 수 없으며 신의 존재가 여기에 등장할 지도 모른다. 물론 최종 법칙 그 자신이 그 모양을 결정하는 것이라고 강변하는 사람도 있겠지만, 비록 그 사람의 주장이 맞는다고 하더라도 거기에 등장하는 개념이 왜 등장해야 하는 지의 이유는 설명할 수 없을 것이다.

나는 자연에 있는 사건은 언제든지 자연에 왜인가 물을 수 있는 유물론의 입장을 취하고 있기 때문에 최종 법칙, 최종 구성요소는 존재하지 않고 이론에는 반드시 적용의 한계가 있다고 생각한다.

후기...

　고등학생들과 이야기하면 '나는 무엇에 재능이 있는가' 라는 화제가 자주 등장한다. 나는 '이해가 늦은,' '융통성이 없는', '사람이 말하는 것을 믿지 않는, 듣지 않는' 사람이 물리에 적합하다고 말하고 싶다. 이 책에서는 우리들도 자신들이 납득이 가기까지 얽매인 셈이다. 그중에는 '여러 가지의 가능성이 제기되어 현재까지 결론이 없다' 고 말하는 것까지 있다.

　최근 젊은 사람들이 이과를 기피하는 현상이 두드러지고 있다. 그 대책으로 '즐겁고 재미있는 실험' 을 보여주거나 체험하는 것이 진행되고 있다. 그것도 물론 중요한 요소 중 하나이지만, 때로는 그 진귀함, 남에게 보이기 위한 면이 강조되어, '왜?' 라고 하는 본질적인 질문이 감추어지는 경우가 있다. 물리는 장난감이나 과자 같은 것이 아니다. 물리의 즐거움은 객관 대상에 대해, '왜?', '이렇지는 않은가?' 라고 사고하여, 자기가 실험을 시도해 보는 것이다. 그 본질적인 즐거움을 모르고 무조건 이과를 기피하는 것은 옳지 않다.

　이 책을 만드는 데에 있어서 동료로 함께 해주신 에자와 선생님의 도움을 받아, 지금은 절판된 과학 잡지 〈자연〉을 비롯하여 일찍이 일본에서 나온 과학의 저작, 기사, 교과서의 여러 가지를 언급하였다. 그것은 하나의 놀라움이기도 하였다. 이렇게 우수한 것이 일본에 있으며 지금은 잊혀지고 있다는 사실이있다. 거기에서는 주변의 '눈 안에 보이는 티끌과 같은 것은 무엇인가?' 라는 화제로부터, '물리와 인간, 물리와 사회' 의 문제까지도 논하고 있었다. '문화로서의 과학' 을 누구든지 언급할 수 있는 잡지의 출판이나 사회적인 활동을 왜 지금 할 수 없는가. 젊은 사람들이 '이과를 멀리함' 이 문제가 아니라, 어른과 사회가 '과학을 멀리함' 이 그야말로 문제인 것이다.

마지막에 사적인 감정을 표현하는 것을 용서해 주기 바란다. 줄곧 도쿄물리서클을 대표하여, 이 책을 편집하기도 하였던 니시오카 유지(西岡佑治) 씨는 1995년 8월 2일 갑자기 사망하셨다. 이 책의 완성을 마음으로 기다렸던 그와 남겨진 사랑하는 부인과 따님에게 이 책을 바치며 다시 한 번 애도의 뜻을 표하고 싶다.

그는 1964년부터 도립 공예고교를 출발점으로 교사생활을 시작해서 일찍부터 토론과 실험에 의하여 학생의 자주성을 끌어내는 수업에 몰두하였다. 필자도 처음으로 그의 수업을 참관하고, 학생들이 열중해서 토론, 실험하는 모습에 경탄한 기억이 있다. 또 교직원조합의 교육연구집회에서 만들어진 도쿄물리서클을 만들어냈다. 과묵하면서도 끈질기게 계속 활동하던 그가 없었다면 물리서클은 없었을 것이다.

그는 또 평생 평화운동에도 몰두했다. 1977년에 쿠바, 1980년에 '생존을 위한 동원' 으로 미국, 1987년 제3회 유엔군축특별총회 말하자면 SSD III을 위해서 다시 미국에 그 발자국을 남기고, 살고 있던 세타가야구(世田谷區)의 비핵도시 선언을 실현하는 데에도 힘을 다했다.

부인이 입원하여 간호를 하면서도 참가한 피폭지 히로시마의 과학교육협의회의 밤에, 다음 날의 '평화와 과학교육 분과회' 의 사회 준비를 하다가 그가 돌연한 죽음을 맞이한 것은 상징적이다. 최후까지 평화 운동과 젊은 사람들에게 과학을 보급하는 활동에 진력한 것이다.

나는 그의 사후에 일체 추도문을 쓰지 않았다. 지금 처음으로 여기에 쓴다. 니시오카 씨, 언젠가 우리들이 만나면 또 마음껏 물리 이야기라도 합시다. 아니 이 책의 한 절에 있었던 것과 같이, 언젠가 우리들을 구성하고 있던 소립자가 초신성 폭발을 거쳐 우주의 어딘가에서 만날 날이 올지도 모르지요.

'왜?' 편집위원회 도쿄물리서클

찾아보기...

뉴턴도 놀란
영재들의 물리노트 II

지은이 • 도쿄물리서클
옮긴이 • 영재들을 위한 과학교사 모임
펴낸이 • 조승식
펴낸곳 • 도서출판 이치 SCIENCE
등록 • 제9-128호
주소 • 142-877 서울시 강북구 수유2동 258-20
www.bookshill.com
E-mail • bookswin@unitel.co.kr
전화 • 02-994-0583
팩스 • 02-994-0073

2008년 7월 5일 1판 1쇄 발행
2011년 2월 5일 1판 2쇄 발행

값 16,000원

ISBN 978-89-91215-94-8
978-89-91215-92-4 (세트)

※ 잘못된 책은 구입하신 서점에서 바꿔 드립니다.
· 이 도서는 (주)도서출판 북스힐에서 기획하여 도서출판 이치에서
출판된 책으로 도서출판 북스힐에서 공급합니다.
142-877 서울시 강북구 수유2동 258-20
전화 • 02-994-0071 팩스 • 02-994-0073